学ぶ人は、
変えて
ゆく人だ。

目の前にある問題はもちろん、
人生の問いや、
社会の課題を自ら見つけ、
挑み続けるために、人は学ぶ。
「学び」で、
少しずつ世界は変えてゆける。
いつでも、どこでも、誰でも、
学ぶことができる世の中へ。

旺文社

大学入試 全レベル問題集

物　理

2 共通テストレベル

三訂版

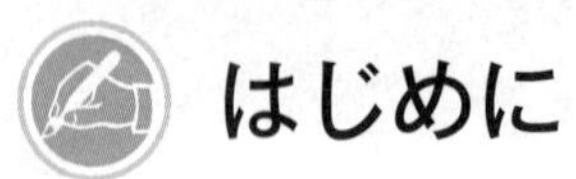

はじめに

日本では，これまで 11 人の先生方がノーベル物理学賞を受賞されています。受賞内容は，画期的な予言や理論体系の提唱であったり，先駆的な実験や発明・発見など様々ですが，一ついえることは，どの先生方もはじめは皆さんと同じように物理の勉強をはじめられたということです。

またこれは，ノーベル賞受賞者に限ったことでもありません。もっと身近なところでは，学校の先生，予備校や塾の先生，先輩，友人やライバルだって，この問題集のレベルを一度は学習し，力を付けています。

本書は共通テスト「物理」受験対策用にオススメで，分野によっては「物理基礎」の範囲からも出題されそうな融合問題も収録。全問マークセンス方式に対応した選択解答となっています。また，入試の基礎的な力を付けるのにも適しています。

どんどん問題にチャレンジしてみてください。

物理では問題を解くにあたり，何よりも大切なのは「考える」ことです。解答を覚えるのではなく，じっくり考えた結果を他の問題にもあてはめて考えることで，どんどん解けるようになります。科目によっては，たくさん暗記をすればある程度有利かもしれませんが，物理ではこの考えた結果をどれだけ持っているかがカギとなります。すぐに解けない場合は，実際に教科書を開いて公式や考え方を確認したり，学校で配られた副教材，その他の参考書などを参照してみるのも有効です。あきらめずに，自分なりの答えを導き出すのが一番の近道です。

そして次のステップへ向けて，本書が大いなる礎となりますことを，願っております。

旺 文 社

目 次

はじめに……2
本シリーズの特長……4
本書の使い方……5
学習アドバイス……6

第1章 力 学
1 等速直線運動……8
2 等加速度直線運動……8
3 落体の運動……9
4 力のつりあい……13
5 運動の法則……15
6 仕事と力学的エネルギー……18
7 慣性力……23
8 剛体のつりあい……25
9 運動量保存と反発係数……28
10 等速円運動……33
11 単振動……35
12 万有引力による運動……42

第2章 熱
13 気体の状態変化……45
14 気体の内部エネルギー……49
15 熱力学第一法則……52

第3章 波 動
16 屈折の法則……57
17 波の干渉……58
18 ドップラー効果……60
19 レンズ……63
20 光の屈折……65
21 ヤングの実験，回折格子……67
22 薄膜による光の干渉……69
23 くさび形空気層における光の干渉……71

第4章 電 磁 気
24 静電誘導，クーロンの法則……72
25 点電荷による電場・電位……73
26 コンデンサー……75
27 コンデンサーを含む回路……77
28 電気抵抗……79
29 直流回路，ブリッジ回路……79
30 非直線抵抗……82
31 電流と磁場……83
32 ローレンツ力……84
33 電磁誘導……86
34 交流回路……90

第5章 原 子
35 トムソンの実験……91
36 光電効果……92
37 X線の発生……94
38 ボーア模型……95
39 放射性崩壊，半減期……99
40 核エネルギー……100

第6章 実験・考察問題……101

装丁デザイン：ライトパブリシティ
本文デザイン：イイタカデザイン
編 集 協 力：吉田幸恵
企画・編集：椚原文彦

本シリーズの特長

1. 自分にあったレベルを短期間で総仕上げ

本シリーズは，理系の学部を目指す受験生に対応した短期集中型の問題集です。4レベルあり，自分にあったレベル・目標とする大学のレベルを選んで，無駄なく学習できるようになっています。また，基礎固めから入試直前の最終仕上げまで，その時々に応じたレベルを選んで学習できるのも特長です。

レベル①…「物理基礎」と「物理」で学習する基本事項を中心に総復習するのに最適で，基礎固め・大学受験準備用としてオススメです。

レベル②…共通テスト「物理」受験対策用にオススメで，分野によっては「物理基礎」の範囲からも出題されそうな融合問題も収録。全問マークセンス方式に対応した選択解答となっています。また，入試の基礎的な力を付けるのにも適しています。

レベル③…入試の標準的な問題に対応できる力を養います。問題を解くポイント，考え方の筋道など，一歩踏み込んだ理解を得るのにオススメです。

レベル④…考え方に磨きをかけ，さらに上位を目指すならこの一冊がオススメです。目標大学の過去問と合わせて，入試直前の最終仕上げにも最適です。

2. 入試過去問を中心に良問を精選

本シリーズに収録されている問題は，効率よく学習できるように，過去の入試問題を中心にレベル毎に学習効果の高い問題を精選してあります。なかには入試問題に改題を加えることで，より一層学習効果を高めた問題もあります。

3. 解くことに集中できる別冊解答

本シリーズは問題を解くことに集中できるように，解答・解説は使いやすい別冊にまとめました。より実戦的な問題集として，考える習慣を身に付けることができます。

本書の使い方

問題編は学習しやすいように分野ごとに，教科書の学習進度に応じて問題を配列しました。最初から順番に解いていっても，苦手分野の問題から先に解いていってもいいので，自分にあった進め方で，どんどん入試問題にチャレンジしてみましょう。問題文に記した基マークは，主に「物理基礎」で扱う内容を示しています。学習する上での参考にしてください。

(※問題の出典は，「大学入学共通テスト」または「大学入試センター試験」の本試験並びに追・再試験の略です。)

問題を一通り解いてみたら，次は別冊解答に進んでください。解答は問題番号に対応しているので，すぐに見つけることができます。構成は次のとおりです。解けなかった場合はもちろん，答が合っていた場合でも，解説は必ず読んでください。

答 …一目でわかるように，最初の問題番号の次に明示しました。

解説 …わかりやすいシンプルな解説を心がけました。

Point …問題を解く際に特に重要な知識，考え方のポイントをまとめました。

注意 …間違えやすい点，着眼点などをまとめました。

参考 …知っていて得をする知識や情報，一歩進んだ考え方を紹介しました。

右注 …解説の補足説明や公式，式変形の仕方など，ストレスなく解説が理解できるように努めました。

志望校レベルと「全レベル問題集 物理」シリーズのレベル対応表

＊ 掲載の大学名は購入していただく際の目安です。また，大学名は刊行時のものです。

本書のレベル	各レベルの該当大学
[物理基礎・物理] ① 基礎レベル	高校基礎～大学受験準備
[物理] ② 共通テストレベル	共通テストレベル
[物理基礎・物理] ③ 私大標準・国公立大レベル	[私立大学] 東京理科大学・明治大学・青山学院大学・立教大学・法政大学・中央大学・日本大学・東海大学・名城大学・同志社大学・立命館大学・龍谷大学・関西大学・近畿大学・福岡大学 他 [国公立大学] 弘前大学・山形大学・茨城大学・新潟大学・金沢大学・信州大学・神戸大学・広島大学・愛媛大学・鹿児島大学・東京都立大学 他
[物理基礎・物理] ④ 私大上位・国公立大上位レベル	[私立大学] 早稲田大学・慶應義塾大学／医科大学医学部 他 [国公立大学] 東京大学・京都大学・東京工業大学・北海道大学・東北大学・名古屋大学・大阪大学・九州大学・筑波大学・千葉大学・横浜国立大学・大阪公立大学／医科大学医学部 他

学習アドバイス

 共通テストでは幅広い知識が試される！

共通テスト「物理」では科学の基本的な概念や原理・法則に関する深い理解を基に，自然の事物・現象の中から本質的な情報を見い出したり，課題の解決に向けて主体的に考察・推論したりするなど，科学的に探究する過程が重視されます。

また，受験生にとって既知ではないものを含めた資料等に示された事物・現象を分析的・総合的に考察する力を問う問題や，実験結果などを数学的な手法を活用して分析し解釈する力を問う問題，科学的な事物・現象に係る基本的な概念や原理・法則などの理解を問う問題などの出題が予想され，幅広い知識が試されます。

よって，ただ公式の暗記をするのではなく，その公式がどのように導かれたのかを理解し，その公式がどのように適用でき，応用できるのかまで，深い理解をしておく必要があります。また，2つの物理量の関係をグラフで表す練習もしておくとよいでしょう。

 教科書の図や写真も要チェック！

共通テストでは，グラフや図を答えさせる問題の出題が多数予想されます。教科書に載っている図や実験結果の写真も，しっかり読み込んでおくことも知識の定着や公式のイメージにもつながるオススメの学習法です。

日ごろから教科書を眺めるだけでも，そして何といっても教科書を丸々1冊読み切ってしまうのも，幅広い知識の習得には有効です。

 考え方のポイントをたくさん押さえよう！

本書では，過去にセンター試験で出題された問題から，効率よく学習できる問題を精選し，収録しました。また，これまで出題のなかった一部の分野では，他の大学で出題された問題を改題し，知識の定着を図っておきたい問題として収録しました。

問題を解くにあたり，何よりも大切なのは「考える」ことです。解答を覚えるのではなく，じっくり考えた結果を他の問題にもあてはめて考えることで，どんどん解けるようになります。

その際，特に注意したいのが考え方のポイント，つまり設問の条件を式に落とし込む際のコツをしっかり押さえることです。これはどの問題にもあてはまることですが，本書の解説では **Point** として一目でコツがわかるようになっていますので，しっかりと身に付けてください。

また，このレベルでは公式をしっかり身に付けていることが大前提です。解けないからといって，すぐに解説を読むのではなく，実際に教科書を開いて公式や考え方を確認したり，学校で配られた副教材，その他の参考書などを参照してみるのも有効です。あきらめずに，自分なりの答えを導き出すのが一番の近道です。

 解ける問題を１つでも多く自分の味方に！

試験本番では，小問形式の比較的易しい問題も出題されるので，まず，ここから解き始めるのが一番です。そして，次に着手するのは一目見て「解けそう！」と感じた問題から取り組んでください。

そのためには，本書に収録された問題を完全に理解できるまで，何度も解いて，練習を積んで自分のものにしてください。そして１つでも多く「解けそう！」と感じる問題を増やしていきましょう。

それでは，はじめましょう！

第1章　力　学

1　等速直線運動

1　速度の合成

静水中を一定の速さ V で進むことができる船がある。図のように，左側から右側へ一定の速さ $\frac{V}{2}$ で流れている川を，地点Aから真向かいの地点Bまでまっすぐ船で渡りたい。船首をどの方向に向けて進めばよいか。最も適当なものを，図の①～⑦のうちから一つ選べ。［　　］　〈2004年 本試〉

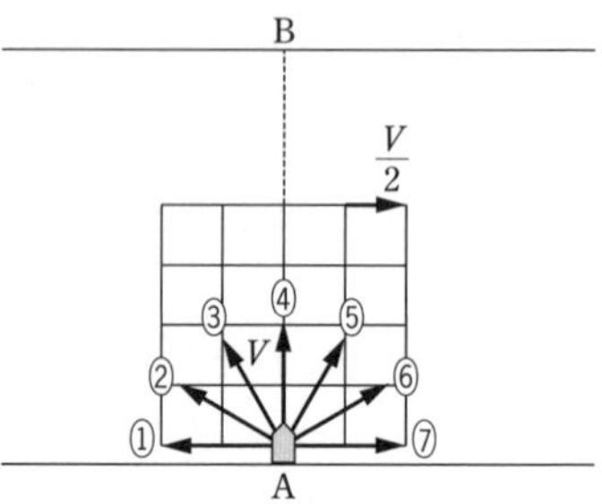

2　等加速度直線運動

2　等加速度直線運動　基

おもりに軽くて細い棒をつけ，図のように棒のおもりに近い部分を手でつかんで静止させる。手の位置は変えずに力を少しゆるめ，摩擦力を一定に保ちながらおもりに等加速度運動をさせたところ，はじめの1.0秒間に0.50 m降下した。ただし，重力加速度の大きさを $9.8\ \mathrm{m/s^2}$ とする。　〈1997年 本試〉

問1　おもりの加速度の大きさはいくらか。次の①～⑤のうちから正しいものを一つ選べ。［　　］$\mathrm{m/s^2}$

①　0.50　　②　1.0　　③　2.0　　④　4.9　　⑤　9.8

問2　0.50 m降下したときのおもりの速さはいくらか。次の①～⑤のうちから正しいものを一つ選べ。［　　］m/s

①　0.50　　②　1.0　　③　2.0　　④　4.9　　⑤　9.8

3 落体の運動

3 鉛直投げ上げ 基

地上で，ある物体を鉛直方向に投げ上げた。このとき，物体の高さ y と時刻 t の関係は，図に示すグラフのようになった。ただし，図のグラフの横軸の1目盛りは1秒である。縦軸の1目盛りの大きさは記入していない。

〈2006年 本試〉

問1 最高点の高さはいくらか。最も適当な数値を，次の①～⑤のうちから一つ選べ。ただし，重力加速度の大きさを $9.8\ \mathrm{m/s^2}$ とする。［　　］m

① 1.0　② 2.5　③ 4.9　④ 7.6　⑤ 9.8

問2 火星上の重力加速度の大きさはおよそ $3.7\ \mathrm{m/s^2}$ である。火星上で，同じ物体を，同じ初速度で鉛直方向に投げ上げたとき，その運動を表すグラフはどのようになるか。最も適当なものを，次の①～④のうちから一つ選べ。ただし，グラフの目盛りは図と同じものとする。［　　］

①

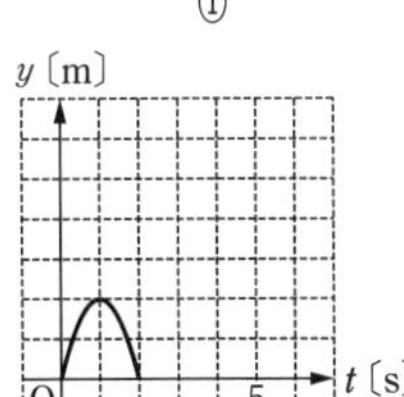

②

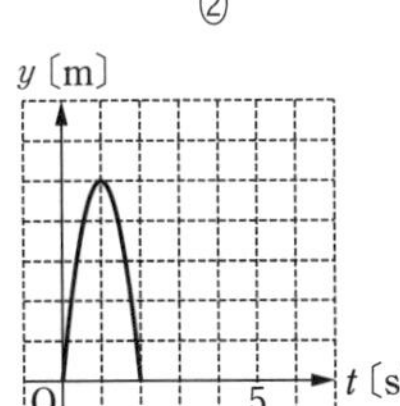

③

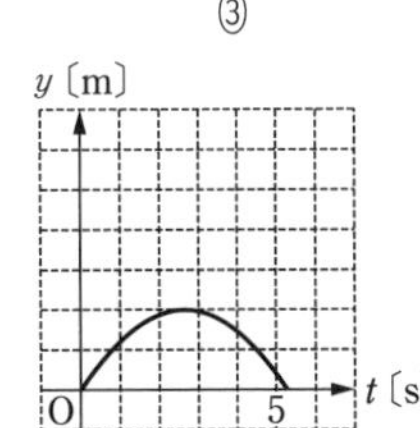

④

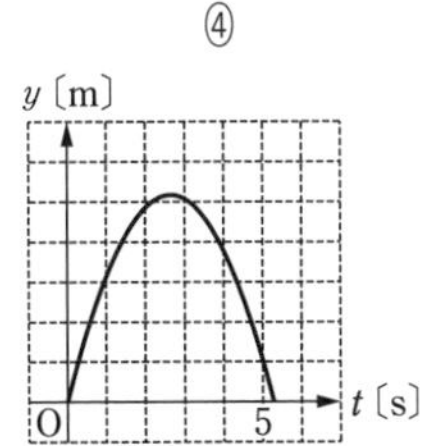

問3 地表面付近にある物体にはたらく重力に関する記述として**間違っているもの**を，次の①～⑤のうちから一つ選べ。［　　］

① その力の大きさを，物体の重さという。
② その力の大きさは，物体の質量に比例する。
③ その力の大きさは，物体の地表面からの高さに比例する。
④ その力の向きは，鉛直下向きである。
⑤ その力による物体の位置エネルギーは，基準面からの高さに比例する。

4 放物運動

図のようになめらかな斜面ABとそれにつづく水平面があり，斜面上の点Aに質量mの小物体を置く。点Aから静かにすべり出した小物体は点Bから空中に飛び出し，水平面上の点Cに落下する。点Aの水平面からの高さはh，点Bで飛び出すときの速さはv_0，そのときの角度は水平面に対しθ($0° \leqq \theta \leqq 90°$)とする。また，重力加速度の大きさを$g$とし，空気の抵抗は無視できるものとする。

〈1997年 本試〉

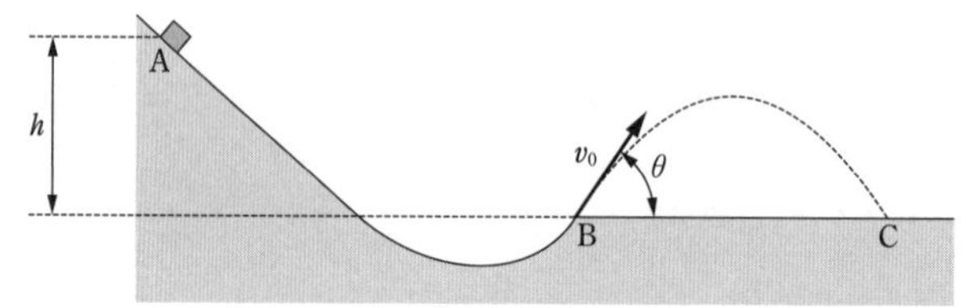

基 **問1** 点Bでの小物体の速さv_0はいくらか。次の①～④のうちから正しいものを一つ選べ。v_0=□

① $\sqrt{mgh}$　② $\sqrt{2gh}$　③ $\dfrac{1}{\sqrt{2gh}}$　④ $\dfrac{1}{\sqrt{mgh}}$

問2 点Bを飛び出した小物体はある時間の後，軌道の最高点に達する。水平面から測った最高点の高さはいくらか。次の①～④のうちから正しいものを一つ選べ。

□

① $\dfrac{{v_0}^2}{2g}\cos^2\theta$　② $\dfrac{{v_0}^2}{2g}\sin^2\theta$　③ $\dfrac{{v_0}^2}{2g}\sin\theta\cos\theta$

④ $\dfrac{{v_0}^2}{2g}\sin^2\theta\cos^2\theta$

問3 小物体は最高点を通過したのち点Cに落下する。2点BC間の水平距離xはいくらか。次の①～④のうちから正しいものを一つ選べ。x=□

① $\dfrac{2{v_0}^2}{g}\sin\theta\cos\theta$　② $\dfrac{2{v_0}^2}{g}\sin^2\theta\cos\theta$

③ $\dfrac{2{v_0}^2}{g}\sin\theta\cos^2\theta$　④ $\dfrac{{v_0}^2}{g}\sin\theta\cos\theta$

問4 角度θをいくらにとると，水平到達距離xが最大となるか。次の①～⑤のうちから正しいものを一つ選べ。θ=□

① 30°　② 40°　③ 45°　④ 50°　⑤ 60°

5 水平投射

小球の運動についての次の問いに答えよ。ただし，空気抵抗は無視できるものとする。

〈2023年 本試〉

図1は，ある初速度で水平右向きに投射された小球を，0.1 s の時間間隔で撮影した写真である。壁には目盛り間隔 0.1 m のものさしが水平な向きと鉛直な向きに固定されている。

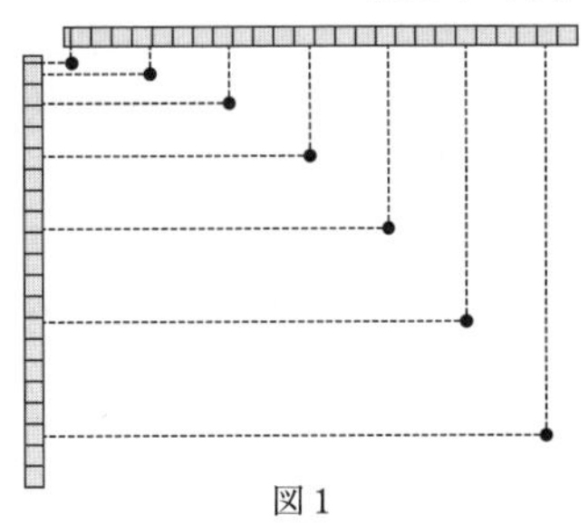

図1

問1 水平に投射されてからの小球の水平方向の位置の測定値を，右向きを正として 0.1 s ごとに表1に記録した。表1の空欄に入れる，時刻 0.3 s における測定値として最も適当なものを，下の①～⑤のうちから一つ選べ。［　　］

表1

時刻〔s〕	0	0.1	0.2	0.3	0.4	0.5
位置〔m〕	0	0.39	0.78		1.56	1.95

① 0.39　② 0.78　③ 0.97　④ 1.17　⑤ 1.37

問2 鉛直方向の運動だけを考えよう。このとき，小球の鉛直下向きの速さ v と時刻 t の関係を表すグラフとして最も適当なものを，次の①～④のうちから一つ選べ。［　　］

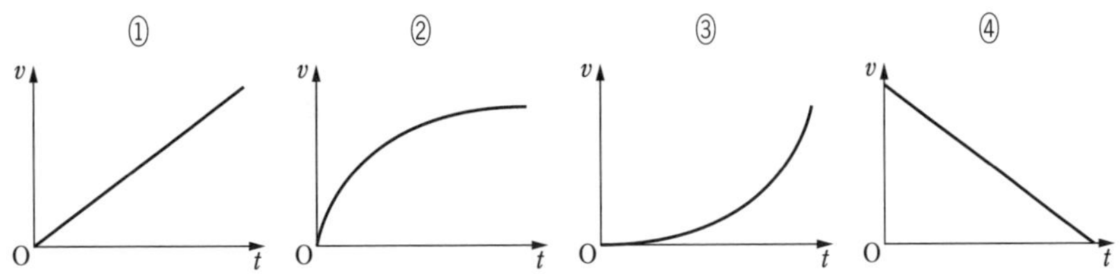

問3 次の文章中の空欄 ［1］・［2］ に入れる記述として最も適当なものを，それぞれの直後の｛　｝で囲んだ選択肢のうちから一つずつ選べ。

図1の水平投射の実験を実験ア，初速度の大きさを実験アより大きくして水平投射させた実験を実験イ，初速度の大きさを実験アより小さくして水平投射させた実験を実験ウとよぶ。同じ質量の三つの小球を使って実験ア，実験イ，実験ウを同じ高さから同時に行い，三つの小球を水平な床に到達させた。このとき，

［1］｛① 実験アの小球が最も早く　② 実験イの小球が最も早く　③ 実験ウの小球が最も早く　④ 実験ア，実験イ，実験ウの小球が同時に｝床に到達した。

また，床に到達したときの速さを比べると，力学的エネルギー保存の法則より，

2	① 実験アの小球の速さが最も大きい。 ② 実験イの小球の速さが最も大きい。 ③ 実験ウの小球の速さが最も大きい。 ④ 実験ア，実験イ，実験ウの小球の速さはすべて等しい。

次に，同じ質量の二つの小球A，Bを用意した。図2のように，水平な床を高さの基準面として，小球Aを高さhの位置から初速度0で自由落下させると同時に，小球Bを床から初速度V_0で鉛直に投げ上げたところ，小球A，Bは同時に床に到達した。

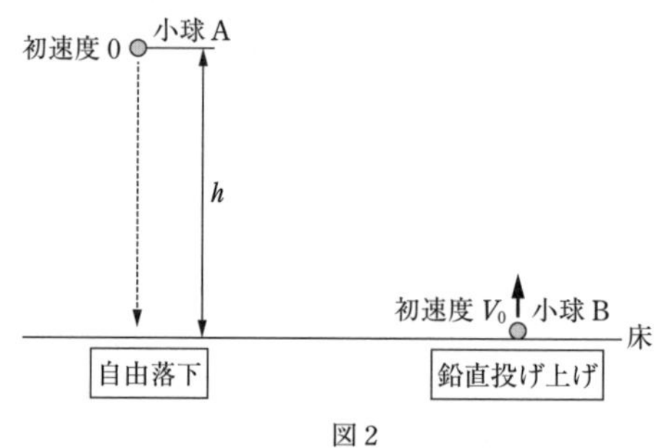

図2

問4 V_0を，hと重力加速度の大きさgを用いて表す式として正しいものを，次の①～⑥のうちから一つ選べ。$V_0=$［　　］

① $\sqrt{\dfrac{h}{g}}$　② $\sqrt{\dfrac{g}{h}}$　③ $\sqrt{gh}$　④ $\sqrt{\dfrac{h}{2g}}$　⑤ $\sqrt{\dfrac{g}{2h}}$　⑥ $\sqrt{\dfrac{gh}{2}}$

問5 次の文章中の空欄［ア］・［イ］に入れる式の組合せとして正しいものを，下の①～⑨のうちから一つ選べ。［　　］

床に到達する時点での小球A，Bの運動エネルギーK_A，K_Bの大小関係は，計算をせずとも以下のように調べられる。

小球Bの最高点の高さをh_Bとする。運動を開始してから床に到達するまでの時間は小球A，Bで等しいことから，hとh_Bの大小関係は［ア］であることがわかる。小球が最高点から床に達する間に失った重力による位置エネルギーは，床に到達する時点で運動エネルギーにすべて変換されるので，K_AとK_Bの大小関係は［イ］であることがわかる。

	ア	イ
①	$h=h_B$	$K_A>K_B$
②	$h=h_B$	$K_A<K_B$
③	$h=h_B$	$K_A=K_B$
④	$h<h_B$	$K_A>K_B$
⑤	$h<h_B$	$K_A<K_B$
⑥	$h<h_B$	$K_A=K_B$
⑦	$h>h_B$	$K_A>K_B$
⑧	$h>h_B$	$K_A<K_B$
⑨	$h>h_B$	$K_A=K_B$

4 力のつりあい

6 力のつりあい

次の文章中の空欄 [　　] に入れる数値として最も適当なものを，下の①～⑥のうちから一つ選べ。
〈2021年 本試〉

なめらかに回転する定滑車と動滑車を組合せた装置を用いて，質量 50kg の荷物を，質量 10kg の板にのせて床から持ち上げたい。質量 60kg の人が，図のように板に乗って鉛直下向きにロープを引いた。ロープを引く力を徐々に強めていったところ，引く力が [　　] N より大きくなると，初めて荷物，板および自分自身を一緒に持ち上げることができた。ただし，動滑車をつるしているロープはつねに鉛直であり，板は水平を保っていた。滑車およびロープの質量は無視できるものとする。また，重力加速度の大きさを $9.8\,\mathrm{m/s^2}$ とする。

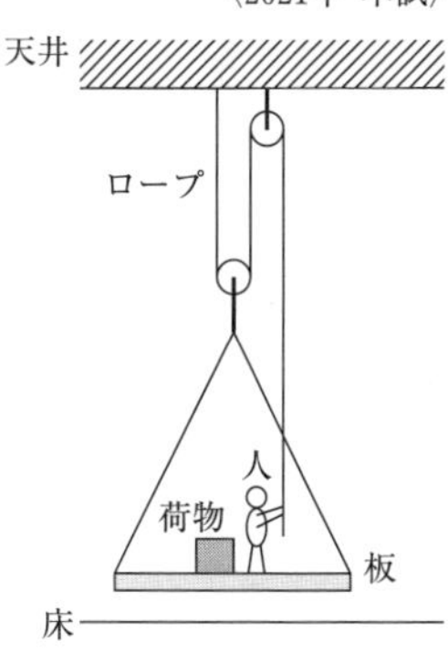

① 2.0×10^1　② 4.0×10^1　③ 6.0×10^1
④ 2.0×10^2　⑤ 3.9×10^2　⑥ 5.9×10^2

7 フックの法則 基

ばね定数が k のばね S_1，S_2 と，質量がそれぞれ m，M のおもり A_1，A_2 を用意し，図のように連結して，天井から鉛直につり下げ，静止させた。このとき，S_1，S_2 の自然の長さからの伸びは，それぞれ x_1，x_2 であった。ただし，$M>m$ とし，ばねの質量は無視できるものとする。また，重力加速度の大きさを g とする。
〈2011年 本試〉

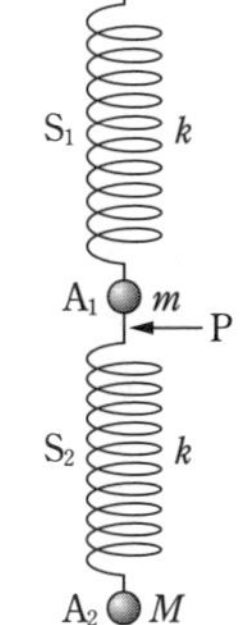

問1 x_1，x_2 を表す式として正しいものを，次の①～⑨のうちから一つずつ選べ。ただし，同じものを繰り返し選んでもよい。

$x_1=$ [1]，$x_2=$ [2]

① $\dfrac{mg}{2k}$　② $\dfrac{Mg}{2k}$　③ $\dfrac{(m+M)g}{2k}$

④ $\dfrac{mg}{k}$　⑤ $\dfrac{Mg}{k}$　⑥ $\dfrac{(m+M)g}{k}$

⑦ $\dfrac{2mg}{k}$　⑧ $\dfrac{2Mg}{k}$　⑨ $\dfrac{2(m+M)g}{k}$

問2 次に，図のPの位置でばね S_2 を A_2 とともに静かに切り離したところ，A_1 が鉛直上方に運動し始めた。ばね S_1 が自然の長さになったときの A_1 の速さを x_1 を用いて表す式として正しいものを，次の①～⑥のうちから一つ選べ。[　　]

① $\sqrt{2\dfrac{k}{m}x_1}$　② $\sqrt{\dfrac{k}{m}}x_1$　③ $\sqrt{2\left(\dfrac{k}{m}-g\right)x_1}$

④ $\sqrt{\dfrac{k}{m}x_1{}^2-2gx_1}$　⑤ $\sqrt{2\left(\dfrac{k}{m}+g\right)x_1}$　⑥ $\sqrt{\dfrac{k}{m}x_1{}^2+2gx_1}$

8 水圧と浮力 基

図のように，潜水艇は潜水するときにはバラストタンクに水を導き入れ，浮上するときにはバラストタンクに高圧空気を送り込んで艇外に水を追い出す。バラストタンクを含む潜水艇全体の体積を V とし，バラストタンクが空(から)のときの全質量を M とする。ただし，水の密度を ρ，重力加速度の大きさを g とし，空気の質量は無視できるものとする。

〈2007年 本試〉

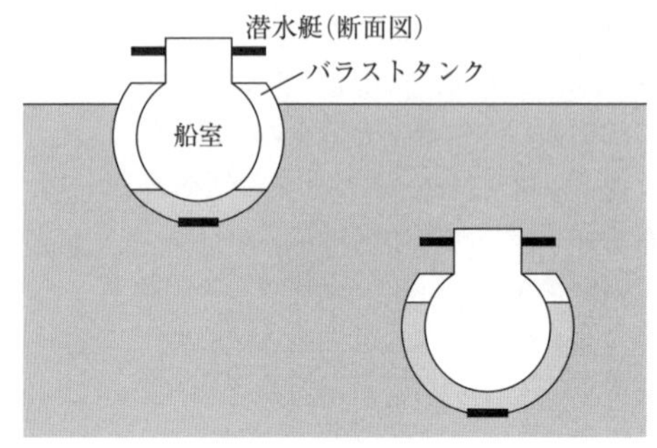

問1 水深 100 m と 200 m での水圧の差は何 Pa ($=\mathrm{N/m^2}$) か。最も適当な数値を，次の①～⑥のうちから一つ選べ。ただし，水の密度 ρ を $1.0\times10^3\ \mathrm{kg/m^3}$，重力加速度の大きさ g を $9.8\ \mathrm{m/s^2}$ とする。［　　］Pa

① 9.8　② 9.8×10^2　③ 9.8×10^3　④ 9.8×10^4　⑤ 9.8×10^5

⑥ 9.8×10^6

問2 潜水艇が完全に水中にあり，浮力と重力がつりあって静止している。このとき，バラストタンク内の水の体積はいくらか。正しいものを，次の①～⑧のうちから一つ選べ。［　　］

① $\dfrac{M}{\rho}$　② $\dfrac{M}{\rho}-V$　③ $V-\dfrac{M}{\rho}$　④ $\dfrac{M}{\rho}+V$　⑤ $\dfrac{Mg}{\rho}$

⑥ $\dfrac{Mg}{\rho}-V$　⑦ $V-\dfrac{Mg}{\rho}$　⑧ $\dfrac{Mg}{\rho}+V$

問3 潜水艇がバラストタンクを完全に空(から)にして鉛直に浮上している。このとき，水から受ける抵抗力の大きさは速さ v に比例し，比例定数 b を用いて bv と表される。潜水艇の速さが一定になったとき，その速さ v はどのように表されるか。正しいものを，次の①～⑥のうちから一つ選べ。$v=$［　　］

① $\dfrac{(\rho V+M)g}{b}$　② $\dfrac{(\rho V-M)g}{b}$　③ $\dfrac{\rho Vg}{b}$　④ $b(\rho V+M)g$

⑤ $b(\rho V-M)g$　⑥ $b\rho Vg$

5 運動の法則

9 運動方程式① 基

図のように，なめらかで質量の無視できる滑車を天井に固定して糸をかけ，糸の両端に質量 m の物体Aと質量 $3m$ の物体Bを取り付ける。糸がたるまない状態で，Aが床に接するように，Bを手で支えた。このとき，Bの床からの高さは h であった。手を静かに放すと，Bは下降してやがて床に到達した。Bが動き出してから床に達するまでの時間 t を表す式として正しいものを，下の①～⑥のうちから一つ選べ。ただし，重力加速度の大きさを g とする。$t=$ □

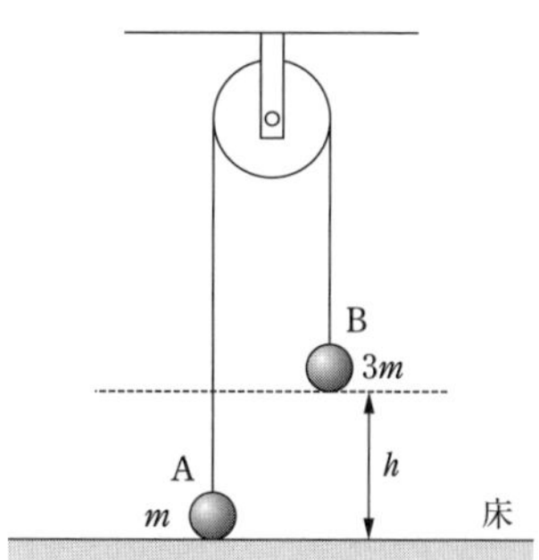

〈2012年 本試〉

① $\sqrt{\frac{8h}{g}}$　② $\sqrt{\frac{6h}{g}}$　③ $\sqrt{\frac{4h}{g}}$　④ $\sqrt{\frac{3h}{g}}$　⑤ $\sqrt{\frac{2h}{g}}$　⑥ $\sqrt{\frac{h}{g}}$

10 運動方程式② 基

図のように，浮きを水面に垂直に浮かべた。浮きは断面積 S，長さ L の細長い一様な円柱であり，その下には質量 m のおもりが糸でつり下げられている。水の密度を ρ_0，浮きの密度を $\rho\ (\rho<\rho_0)$ とする。ただし，糸の質量と太さおよびおもりの大きさは無視できるものとする。

〈2009年 本試〉

問1 浮きが上端を水面上に出して図のように静止しているとき，上端の水面からの高さ x として正しいものを，次の①～⑧のうちから一つ選べ。$x=$ □

① $\left(1-\frac{\rho}{\rho_0}\right)L+\frac{m}{\rho S}$　② $\left(1-\frac{\rho}{\rho_0}\right)L-\frac{m}{\rho S}$

③ $\left(1+\frac{\rho}{\rho_0}\right)L+\frac{m}{\rho S}$　④ $\left(1+\frac{\rho}{\rho_0}\right)L-\frac{m}{\rho S}$

⑤ $\left(1-\frac{\rho}{\rho_0}\right)L+\frac{m}{\rho_0 S}$　⑥ $\left(1-\frac{\rho}{\rho_0}\right)L-\frac{m}{\rho_0 S}$　⑦ $\left(1+\frac{\rho}{\rho_0}\right)L+\frac{m}{\rho_0 S}$

⑧ $\left(1+\frac{\rho}{\rho_0}\right)L-\frac{m}{\rho_0 S}$

問2 図の静止状態で，浮きとおもりをつないでいる糸が突然切れた。切れた直後の浮きの加速度の大きさとして正しいものを，次の①～⑥のうちから一つ選べ。ただし，重力加速度の大きさを g とする。□

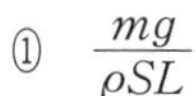

① $\frac{mg}{\rho SL}$　② $\frac{mg}{\rho Sx}$　③ $\frac{mg}{\rho S(L-x)}$　④ $\frac{mg}{\rho_0 SL}$

⑤ $\frac{mg}{\rho_0 Sx}$　⑥ $\frac{mg}{\rho_0 S(L-x)}$

11 摩擦のある面上の運動① 基

図のように，水平な床の上に質量 M の台Aがあり，その上に質量 m の物体Bがある。物体Bの側面に軽くて細い糸が付いており，手で引くことができる。床と台Aの間と，台Aと物体Bの間には，それぞれ摩擦力がはたらくとする。ただし，$M>m$ であり，重力加速度の大きさを g とする。〈2013年 追試〉

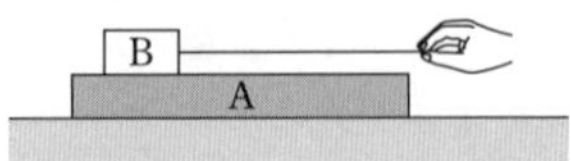

問1　糸を手で引いて物体Bに水平な力を加え，その大きさが F のとき，台Aと物体Bは一体となって動いた。床と台Aの間には大きさ f_1 の動摩擦力がはたらいている。台Aと物体Bの加速度の大きさを表す式として正しいものを，次の①～⑥のうちから一つ選べ。［　　］

① $\dfrac{F-f_1}{m}$　② $\dfrac{F-f_1}{M+m}$　③ $\dfrac{F+f_1}{m}$　④ $\dfrac{F+f_1}{M+m}$

⑤ $\dfrac{F}{M+m}-\dfrac{f_1}{m}$　⑥ $\dfrac{F}{M+m}+\dfrac{f_1}{m}$

問2　問1の状況で f_1 を表す式として正しいものを，次の①～⑤のうちから一つ選べ。ただし，床と台Aの間の動摩擦係数を μ' とする。$f_1=$［　　］

① $\mu' Mg-\dfrac{MF}{M+m}$　② $\mu' Mg-\dfrac{mF}{M+m}$　③ $\mu' Mg$　④ $\mu'(M-m)g$

⑤ $\mu'(M+m)g$

問3　問1の台Aと物体Bが一体となって動いている状態から，物体Bに加える力をさらに大きくすると，物体Bは台A上をすべった。このとき，台Aは床に対して等速直線運動をした。

床と台Aの間にはたらく動摩擦力の大きさを f_1 とし，台Aと物体Bの間にはたらく動摩擦力の大きさを f_2 とする。台Aが床に対して等速直線運動をするとき，f_1 と f_2 の関係を表す式として正しいものを，次の①～⑥のうちから一つ選べ。［　　］

① $f_1=f_2$　② $f_1=\dfrac{M}{m}f_2$　③ $f_1=\dfrac{m}{M}f_2$

④ $f_1=\dfrac{M}{M+m}f_2$　⑤ $f_1=\dfrac{m}{M+m}f_2$　⑥ $f_1=\dfrac{m+M}{M}f_2$

問4　問3の状況で台Aと物体Bの間の動摩擦係数を，床と台Aの間の動摩擦係数 μ' を用いて表す式として正しいものを，次の①～⑥のうちから一つ選べ。［　　］

① μ'　② $\dfrac{M}{m}\mu'$　③ $\left(1+\dfrac{m}{M}\right)\mu'$　④ $\left(1+\dfrac{M}{m}\right)\mu'$

⑤ $\dfrac{m}{m+M}\mu'$　⑥ $\dfrac{M}{m+M}\mu'$

12 摩擦のある面上の運動② 基

図のように，板を用いて水平な床の上に傾き角 θ の斜面を作る。板の表面は，物体の底面との間の摩擦係数が点Bより上の部分と下の部分で異なるように加工されている。この斜面上の点Aに置かれた質量 m の小さな物体の運動を考えよう。 〈2007年 本試〉

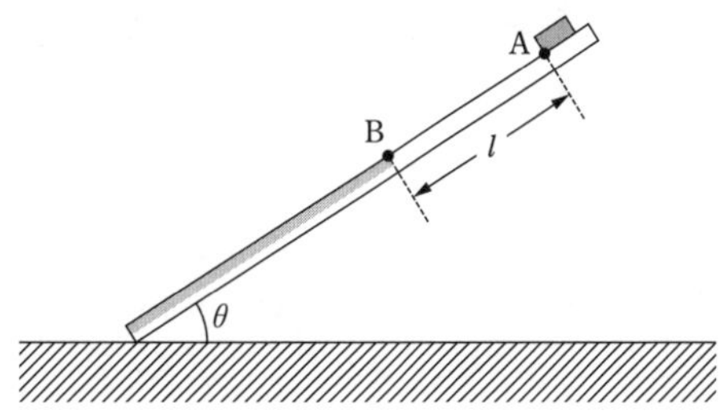

問1 斜面の傾きをゆっくりと大きくしていくと，点Aに静止していた物体が角度 $\theta=\theta_0$ を超えたときすべり出した。θ_0 が満たす式として正しいものを，次の①～⑥のうちから一つ選べ。ただし，点Aでの静止摩擦係数を μ とする。［　　］

① $\sin\theta_0=\mu$　② $\cos\theta_0=\mu$　③ $\tan\theta_0=\mu$　④ $\sin\theta_0=\dfrac{1}{\mu}$

⑤ $\cos\theta_0=\dfrac{1}{\mu}$　⑥ $\tan\theta_0=\dfrac{1}{\mu}$

問2 次に，角度 θ を θ_0 より大きな値に固定して点Aに物体を置いたところ，初速度0ですべり始めた。点Bより上の部分での動摩擦係数が μ' であるとき，点Bでの物体の速さ v はいくらか。正しいものを，次の①～⑧のうちから一つ選べ。ただし，点Aと点Bの間の距離を l とし，重力加速度の大きさを g とする。$v=$［　　］

① $\sqrt{2gl(\sin\theta-\mu'\cos\theta)}$　② $\sqrt{2gl(\sin\theta+\mu'\cos\theta)}$

③ $\sqrt{2gl(\cos\theta-\mu'\sin\theta)}$　④ $\sqrt{2gl(\cos\theta+\mu'\sin\theta)}$

⑤ $\sqrt{gl(\sin\theta-\mu'\cos\theta)}$　⑥ $\sqrt{gl(\sin\theta+\mu'\cos\theta)}$

⑦ $\sqrt{gl(\cos\theta-\mu'\sin\theta)}$　⑧ $\sqrt{gl(\cos\theta+\mu'\sin\theta)}$

問3 問2において，点Bを通過したあと，物体は斜面上のある点で静止した。点Bを通過する時刻を t_0 とするとき，速さ v の時間変化を表すグラフとして最も適当なものを，次の①～⑥のうちから一つ選べ。［　　］

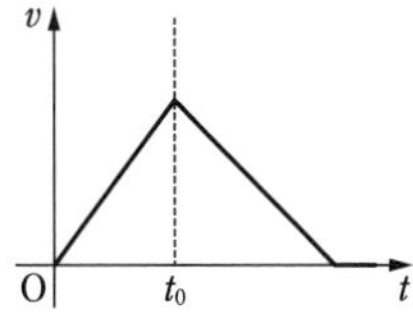

② 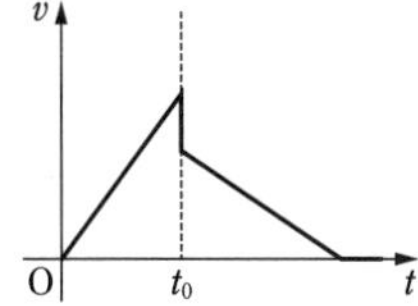

③ 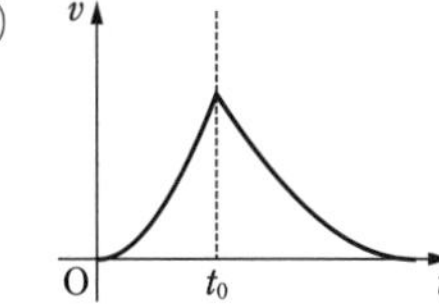

④ 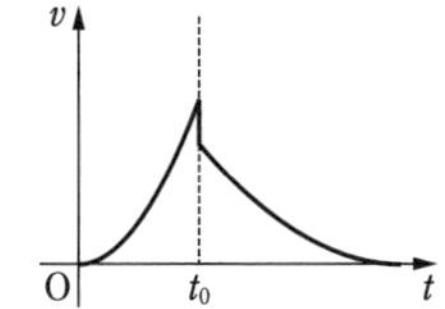

⑤ 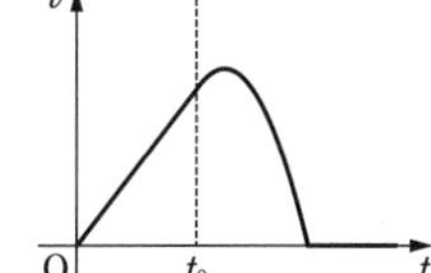

⑥ 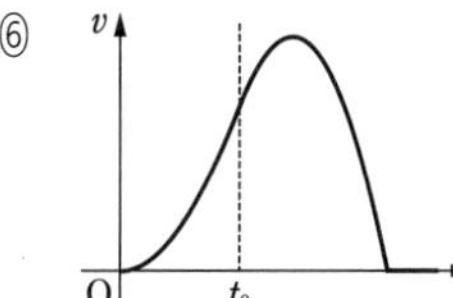

6 仕事と力学的エネルギー

13 運動エネルギー 基

重力加速度の大きさを，地球上で g，月面上で $\frac{g}{6}$ とする。地球と月で質量 m の小物体を高さ h の位置から初速度 v で水平投射し，高さの基準面に達する直前の運動エネルギーを比較する。二つの運動エネルギーの差を表す式として正しいものを，次の①～⑧のうちから一つ選べ。ただし，空気の抵抗は無視できるものとする。［　　］

〈共通テスト試行調査〉

① $\frac{1}{12}mv^2$　② $\frac{1}{6}mv^2$　③ $\frac{5}{12}mv^2$　④ $\frac{1}{2}mv^2$

⑤ $\frac{1}{6}mgh$　⑥ $\frac{1}{3}mgh$　⑦ $\frac{5}{6}mgh$　⑧ mgh

14 仕事と力学的エネルギー① 基

次の文章中の空欄［1］・［2］に入れる数値として正しいものを，次の①～⑤のうちから一つずつ選べ。ただし，同じものを繰り返し選んでもよい。〈共通テスト試行調査〉

水平なあらい面上で物体をすべらせ，すべり始めてから停止するまでの距離が初速度または動摩擦係数によってどのように変わるかを考える。動摩擦係数が同じ場合，初速度が2倍になると，停止するまでの距離は［1］倍になる。一方，初速度が同じ場合，動摩擦係数が $\frac{1}{2}$ 倍になると，停止するまでの距離は［2］倍になる。

① 1　② $\sqrt{2}$　③ 2　④ $2\sqrt{2}$　⑤ 4

15 力学的エネルギーの保存 基

水平面と角度 θ をなすなめらかな斜面上に，ばね定数 k のばねの上端を固定し，その下端に質量 m の物体を長さ l の糸でつないだ。ばねが自然の長さのときのばねの下端の位置を点Aとする。はじめ，物体を手で支えて，点Aに静止させておいた。ただし，物体の位置は，糸のついた面の位置で示すこととする。

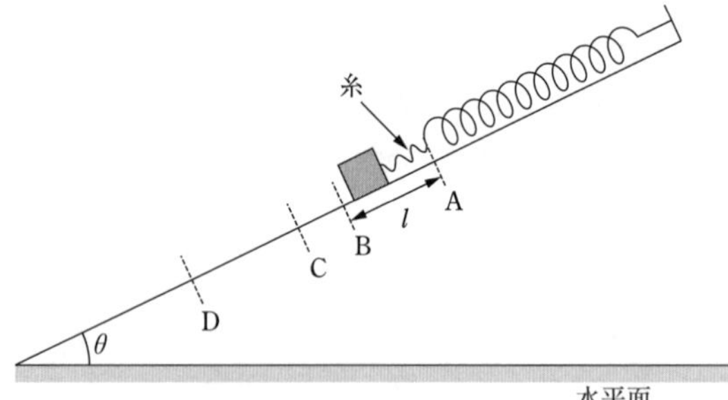

物体から手を静かに放すと，図のように物体は点Aから斜面に沿って下方にすべり出し，点Bで糸がぴんと張った。物体はさらに下方にすべり，やがて物体の速さは点Cで最大になり，その後，物体は最下点Dに到達した。ばねと糸の質量および糸の伸びは無視できるものとし，重力加速度の大きさを g とする。〈2013年 本試〉

問1 物体が，最初の位置Aから糸が張った点Bに達するまでにかかった時間として正しいものを，次の①～⑥のうちから一つ選べ。[ ]

① $\sqrt{\dfrac{l}{g}}$　② $\sqrt{\dfrac{2l}{g}}$　③ $\sqrt{\dfrac{l}{g\sin\theta}}$　④ $\sqrt{\dfrac{2l}{g\sin\theta}}$

⑤ $\sqrt{\dfrac{l}{g\cos\theta}}$　⑥ $\sqrt{\dfrac{2l}{g\cos\theta}}$

問2 点Aから物体の速さが最大となる点Cまでの距離として正しいものを，次の①～⑥のうちから一つ選べ。[ ]

① l　② $l+\dfrac{mg}{k}$　③ $l+\dfrac{mg}{k}\sin\theta$　④ $l+\dfrac{mg}{k}\cos\theta$

⑤ $l+\dfrac{mg}{k\sin\theta}$　⑥ $l+\dfrac{mg}{k\cos\theta}$

問3 物体は点Cを通過した後，最下点Dで速さが0となった。物体が最初の位置Aから点Dまで降下する間，重力による位置エネルギーとばねの弾性力による位置エネルギーの和を，点Aから物体までの距離の関数として表したグラフとして最も適当なものを，次の①～④のうちから一つ選べ。[ ]

①
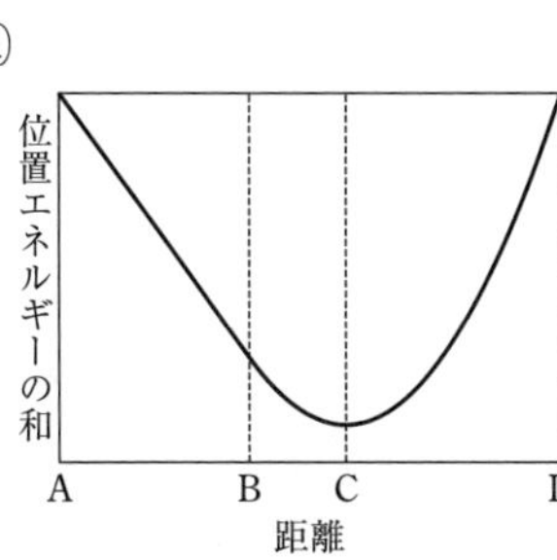

②
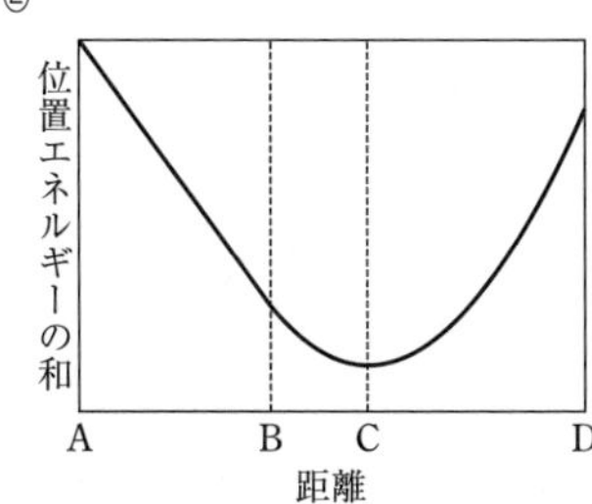

③
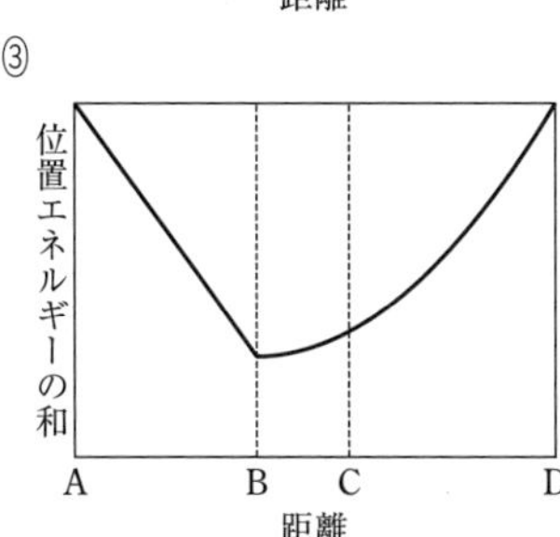

④
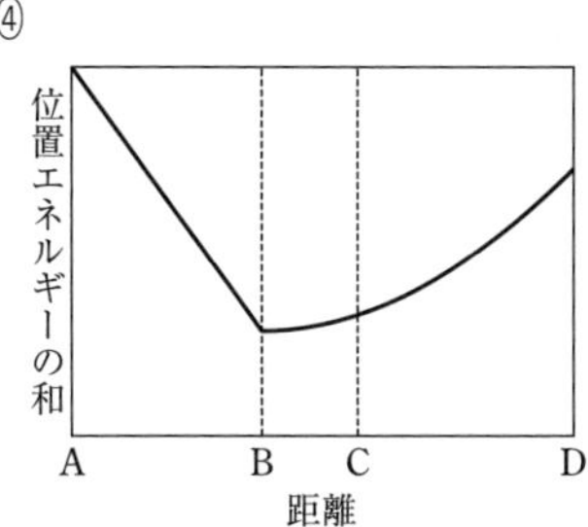

16 仕事と力学的エネルギー② 基

図のように，あらい水平な床の上の点Oに質量mの小物体が静止している。この小物体に，床と角度θをなす矢印の向きに一定の大きさFの力を加えて，点Oから距離lにある点Pまで床に沿って移動させた。小物体が点Pに達した直後に力を加えることをやめたところ，小物体はl'だけすべって点Qで静止した。ただし，小物体と床の間の動摩擦係数をμ'，重力加速度の大きさをgとする。〈2013年 本試〉

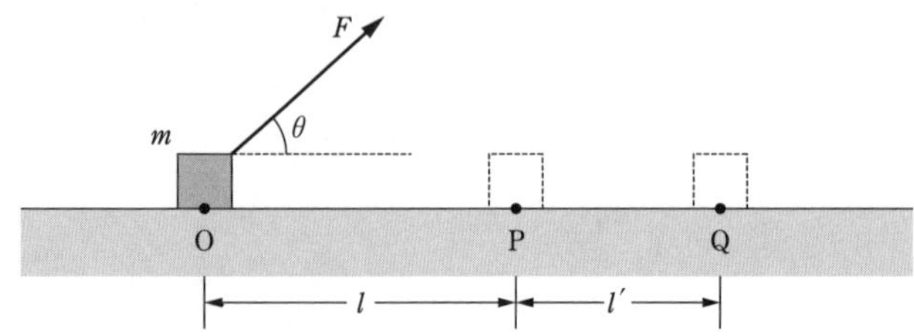

問1 点Oから点Pまで動く間に，小物体が床から受ける動摩擦力の大きさfを表す式として正しいものを，次の①～⑦のうちから一つ選べ。$f=$［　　］

① $\mu'(mg+F\sin\theta)$　② $\mu'(mg-F\sin\theta)$　③ $\mu'(mg+F\cos\theta)$
④ $\mu'(mg-F\cos\theta)$　⑤ $\mu'(mg+F)$　⑥ $\mu'(mg-F)$　⑦ $\mu'mg$

問2 小物体が点Pに到達したときの速さをfを用いて表す式として正しいものを，次の①～⑥のうちから一つ選べ。［　　］

① $\sqrt{\dfrac{2l(F+f)}{m}}$　② $\sqrt{\dfrac{2l(F\sin\theta+f)}{m}}$　③ $\sqrt{\dfrac{2l(F\cos\theta+f)}{m}}$
④ $\sqrt{\dfrac{2l(F-f)}{m}}$　⑤ $\sqrt{\dfrac{2l(F\sin\theta-f)}{m}}$　⑥ $\sqrt{\dfrac{2l(F\cos\theta-f)}{m}}$

問3 小物体が動き始めてから点Qに到達するまで，点Oと小物体との距離を時間の関数として表したグラフとして最も適当なものを，次の①～⑥のうちから一つ選べ。
［　　］

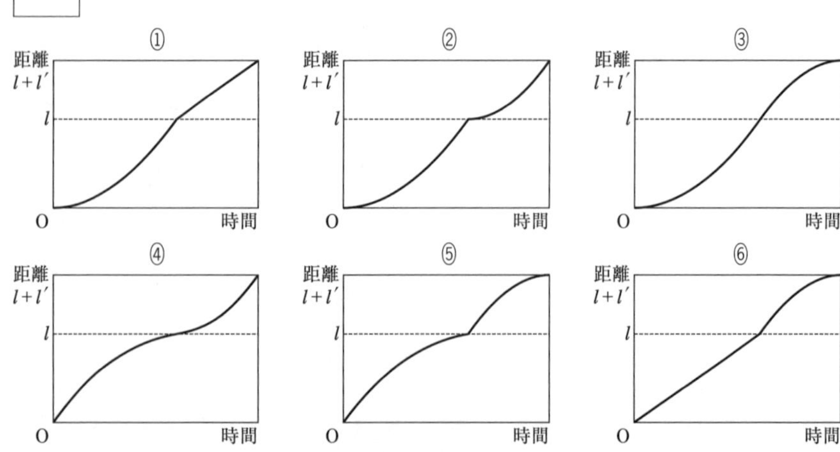

17 摩擦のある面上の運動③ 基

水平なあらい面の上に質量Mの物体が置いてある。図のように，物体に軽い糸を付けて，その糸を面と平行に張り，定滑車と動滑車を通し，糸が鉛直になるように糸の末端を天井に固定した。ただし，二つの滑車は軽く，なめらかに回るものとし，物体と面の間の静止摩擦係数と動摩擦係数をそれぞれμとμ'，重力加速度の大きさをgとする。〈2014年 追試〉

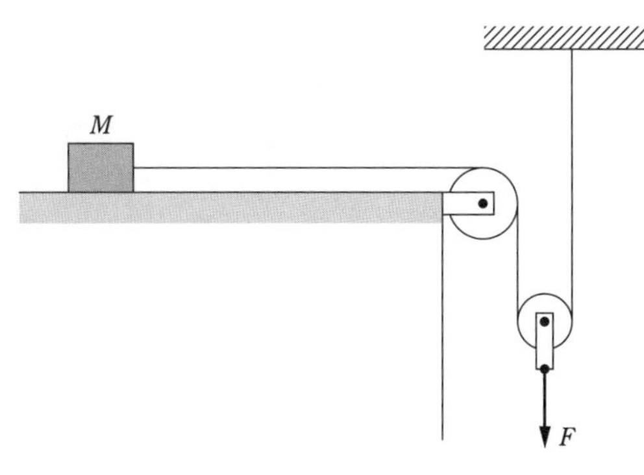

問1 動滑車に対して鉛直下方に大きさFの力を加えた。このとき，糸の張力の大きさTとFの関係を表す式，および物体が動き出すためにTが満たすべき条件を表す式の組合せとして正しいものを，右の①～⑥のうちから一つ選べ。 □

	TとFの関係式	Tの条件式
①	$T=2F$	$T>\mu Mg$
②	$T=2F$	$T>\mu' Mg$
③	$T=F$	$T>\mu Mg$
④	$T=F$	$T>\mu' Mg$
⑤	$2T=F$	$T>\mu Mg$
⑥	$2T=F$	$T>\mu' Mg$

問2 物体が動くような大きさFの一定の力を加えて，動滑車を鉛直下方に降下させた。動滑車が静止していた位置からdだけ降下したとき，物体の移動距離lと速さvを表す式の組合せとして正しいものを，右の①～⑥のうちから一つ選べ。 □

	l	v
①	$\dfrac{d}{2}$	$\sqrt{\dfrac{2}{M}(Fd+\mu' Mgl)}$
②	$\dfrac{d}{2}$	$\sqrt{\dfrac{2}{M}(Fd-\mu' Mgl)}$
③	d	$\sqrt{\dfrac{2}{M}(Fd+\mu' Mgl)}$
④	d	$\sqrt{\dfrac{2}{M}(Fd-\mu' Mgl)}$
⑤	$2d$	$\sqrt{\dfrac{2}{M}(Fd+\mu' Mgl)}$
⑥	$2d$	$\sqrt{\dfrac{2}{M}(Fd-\mu' Mgl)}$

18 仕事と力学的エネルギー③ 基

図のように，水平面の左右に斜面がなめらかにつながった面がある。この面は，水平面上の長さLの部分 AB だけがあらく，その他の部分はなめらかである。小物体を左側の斜面上の高さhの点Pに置き，静かに手を放した。ただし，小物体とあらい面との間の動摩擦係数をμ'，重力加速度の大きさをgとする。 〈2012年 本試〉

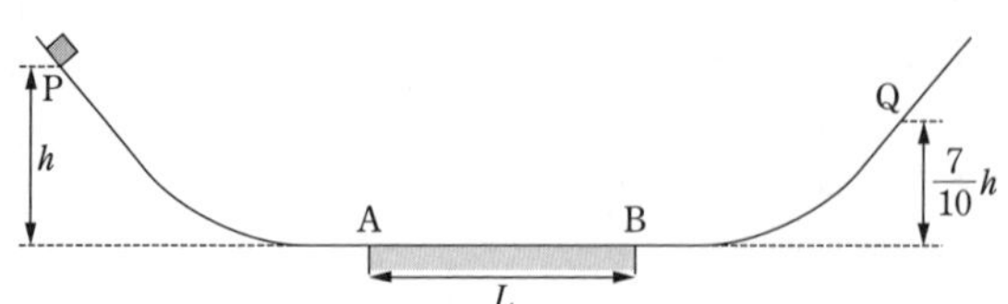

問1 小物体が点Pを出発してからはじめて点Aを通過するときの速さを表す式として正しいものを，次の①～⑥のうちから一つ選べ。[　　]

① $\frac{gh}{2}$　② gh　③ $2gh$　④ $\sqrt{\frac{gh}{2}}$　⑤ $\sqrt{gh}$　⑥ $\sqrt{2gh}$

問2 その後，小物体は AB を通過して，右側の斜面をすべり上がり，高さが$\frac{7}{10}h$の点Qまで到達したのち斜面を下り始めた。μ'を表す式として正しいものを，次の①～⑥のうちから一つ選べ。μ'＝[　　]

① $\frac{3h}{10L}$　② $\frac{7h}{10L}$　③ $\frac{h}{L}$　④ $\frac{10L}{3h}$　⑤ $\frac{10L}{7h}$　⑥ $\frac{L}{h}$

問3 次の文章中の空欄[1]・[2]に入れる数および式として正しいものを，下のそれぞれの解答群から一つずつ選べ。

小物体は，面上を何回か往復運動をしてから AB 間のある点Xで静止した。小物体は，点Pを出発してから点Xで静止するまでに，点Aを[1]回通過した。また，AX 間の距離は[2]であった。

[1]の解答群

① 1　② 2　③ 3　④ 4　⑤ 5

[2]の解答群

① $\frac{1}{6}L$　② $\frac{1}{3}L$　③ $\frac{1}{2}L$　④ $\frac{2}{3}L$　⑤ $\frac{5}{6}L$

7 慣性力

19 慣性力①

水平面上に置かれた平らな台を考える。図のように，原点Oを台に固定してとり，水平右向きにx軸を，鉛直上向きにy軸をとる。台の上で，原点Oから質量mの小球を，x軸に対して角度θの方向に速さv_0で投げ上げる。重力加速度の大きさをgとする。

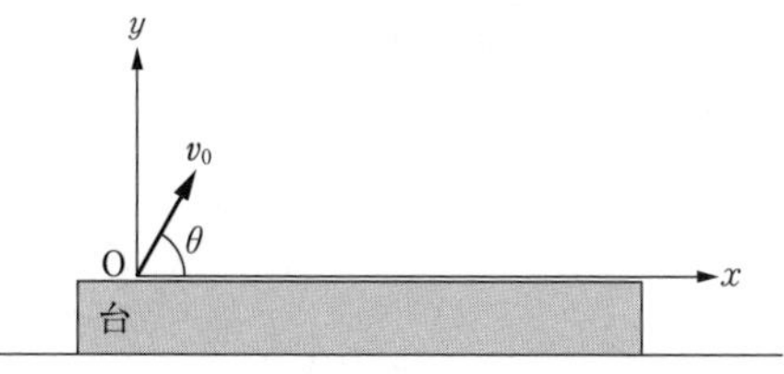

〈2015年 追試〉

問1 台が固定されている場合を考える。時刻 $t=0$ に投げ出された小球は，最高点に達した後，やがて台に衝突した。この間の時刻tにおける小球の座標xとyを表す式の組合せとして正しいものを，次の①～⑥のうちから一つ選べ。［　　］

	x	y
①	v_0t	$-\frac{1}{2}gt^2$
②	v_0t	$v_0t-\frac{1}{2}gt^2$
③	$v_0t\sin\theta$	$v_0t\cos\theta+\frac{1}{2}gt^2$
④	$v_0t\sin\theta$	$v_0t\cos\theta-\frac{1}{2}gt^2$
⑤	$v_0t\cos\theta$	$v_0t\sin\theta+\frac{1}{2}gt^2$
⑥	$v_0t\cos\theta$	$v_0t\sin\theta-\frac{1}{2}gt^2$

問2 次に，台が大きさaの加速度で水平右向きに等加速度直線運動している場合を考える。投げ上げた角度θが60°のとき，小球は原点Oに戻ってきた。aを表す式として正しいものを，次の①～⑦のうちから一つ選べ。ただし，小球を投げ上げたことによる台の運動への影響は無視できるものとする。$a=$［　　］

① $\frac{1}{2}g$　② $\frac{1}{\sqrt{3}}g$　③ $\frac{\sqrt{3}}{2}g$　④ g　⑤ $\frac{2}{\sqrt{3}}g$　⑥ $\sqrt{3}\,g$

⑦ $2g$

20 慣性力②

図のように，質量mの小物体をのせた質量Mの台を，なめらかで水平な床の上で等速直線運動させる。台が運動する直線上には，一端が壁に固定されたばね定数kの軽いばねがあり，台が衝突すると縮んで，台を減速させるようになっている。台の上面は水平であり，台と小物体の間の静止摩擦係数をμ，重力加速度の大きさをgとする。

〈2016年 本試〉

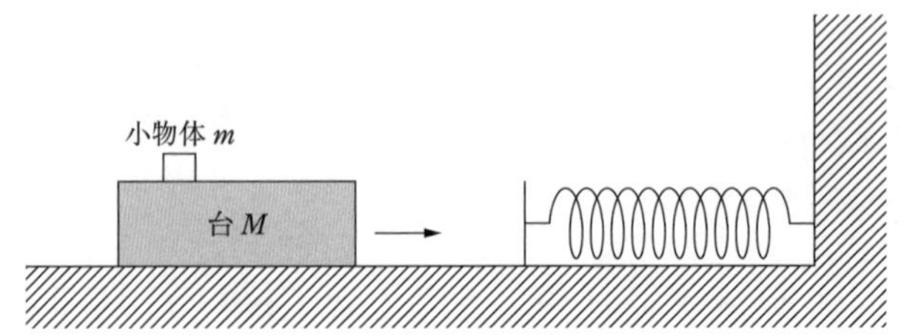

問1 台を速さvでばねに衝突させた。小物体は台の上ですべることなく，ばねが自然の長さからd_1だけ縮んだところで，台の速度が0になった。d_1を表す式として正しいものを，次の①～⑥のうちから一つ選べ。$d_1=$□

① $\dfrac{M}{k}v$　② $\dfrac{M+m}{k}v$　③ $\dfrac{M-m}{k}v$　④ $\sqrt{\dfrac{M}{k}}v$

⑤ $\sqrt{\dfrac{M+m}{k}}v$　⑥ $\sqrt{\dfrac{M-m}{k}}v$

問2 次の文章中の空欄 ア ・ イ に入れる式の組合せとして正しいものを，下の①～⑨のうちから一つ選べ。□

十分に大きい速さVで台をばねに衝突させると，ばねの縮みdがd_2を超えたところで小物体が台の上ですべり始めた。$d<d_2$では，台の加速度の大きさは ア と書ける。d_2は，小物体にはたらく最大摩擦力と慣性力がつりあう条件から，$d_2=$ イ と求められる。

	ア	イ
①	$\dfrac{kd}{m}$	$\dfrac{m}{k}\mu g$
②	$\dfrac{kd}{m}$	$\dfrac{M}{k}\mu g$
③	$\dfrac{kd}{m}$	$\dfrac{M+m}{k}\mu g$
④	$\dfrac{kd}{M}$	$\dfrac{m}{k}\mu g$
⑤	$\dfrac{kd}{M}$	$\dfrac{M}{k}\mu g$
⑥	$\dfrac{kd}{M}$	$\dfrac{M+m}{k}\mu g$
⑦	$\dfrac{kd}{M+m}$	$\dfrac{m}{k}\mu g$
⑧	$\dfrac{kd}{M+m}$	$\dfrac{M}{k}\mu g$
⑨	$\dfrac{kd}{M+m}$	$\dfrac{M+m}{k}\mu g$

8 剛体のつりあい

21 重心①

図のように，密度が不均一な質量 M，長さ l の細い棒の両端 A，B に糸を付け，棒 AB が水平になるように点Cに固定した。糸と棒の角度はそれぞれ 60°，30° になった。糸は点Cですべらないものとする。〈2015年 追試〉

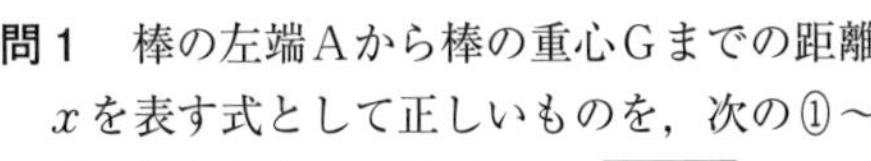

問1 棒の左端Aから棒の重心Gまでの距離 x を表す式として正しいものを，次の①～⑥のうちから一つ選べ。$x=$ □

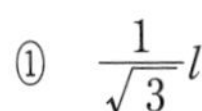

① $\dfrac{1}{\sqrt{3}}l$　② $\dfrac{1}{3}l$　③ $\dfrac{1}{2\sqrt{3}}l$　④ $\dfrac{1}{4}l$　⑤ $\dfrac{1}{6}l$　⑥ $\dfrac{1}{8}l$

問2 糸 AC の張力の大きさ T_1 と，糸 BC の張力の大きさ T_2 を表す式の組合せとして正しいものを，右の①～⑥のうちから一つ選べ。ただし，重力加速度の大きさを g とする。□

	T_1	T_2
①	$\dfrac{1}{2}Mg$	$\dfrac{2}{\sqrt{3}}Mg$
②	$\dfrac{1}{2}Mg$	$\dfrac{\sqrt{3}}{2}Mg$
③	$\dfrac{2}{\sqrt{3}}Mg$	$\dfrac{1}{2}Mg$
④	$\dfrac{2}{\sqrt{3}}Mg$	$\dfrac{\sqrt{3}}{2}Mg$
⑤	$\dfrac{\sqrt{3}}{2}Mg$	$\dfrac{1}{2}Mg$
⑥	$\dfrac{\sqrt{3}}{2}Mg$	$\dfrac{2}{\sqrt{3}}Mg$

22 重心②

図のように，1本のまっすぐで細いレールが2点 A，B を支点として水平に置かれている。レールは一様でその質量は M である。AB 間の距離は l_1 であり，レールの端から A，B までの距離はともに l_2 である。質量 m の小球をBから右向きにレール上をゆっくりと転がしたところ，Bからの距離が x を超えると，レールがBを支点として傾き始めた。x として正しいものを，下の①～⑧のうちから一つ選べ。$x=$ □ 〈2010年 本試〉

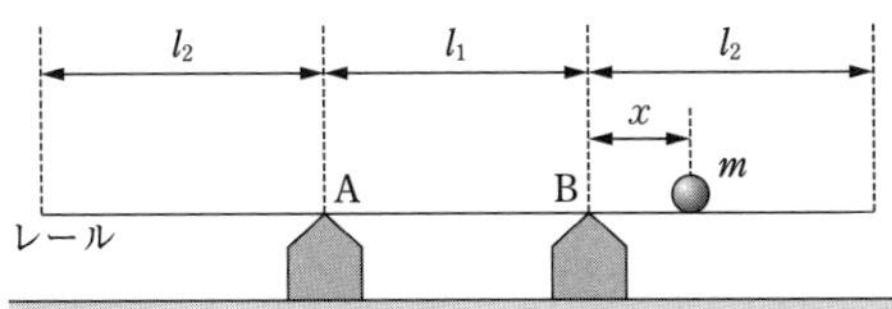

① $\dfrac{M}{m}l_1$　② $\dfrac{M}{2m}l_1$　③ $\dfrac{M}{m}(l_1+2l_2)$　④ $\dfrac{M}{2m}(l_1+2l_2)$

⑤ $\dfrac{m}{M}l_1$　⑥ $\dfrac{m}{2M}l_1$　⑦ $\dfrac{m}{M}(l_1+2l_2)$　⑧ $\dfrac{m}{2M}(l_1+2l_2)$

23 重心③

質量がMで密度と厚さが均一な薄い円板がある。この円板を，外周の点Pに糸を付けてつるした。次に，円板の中心の点Oから直線OPと垂直な方向に距離dだけ離れた点Qに，質量mの物体を軽い糸で取り付けたところ，図のようになって静止した。直線OQ上で点Pの鉛直下方にある点をCとしたとき，線分OCの長さxを表す式として正しいものを，次の①～④のうちから一つ選べ。$x=$ [　　] 〈2022年 本試〉

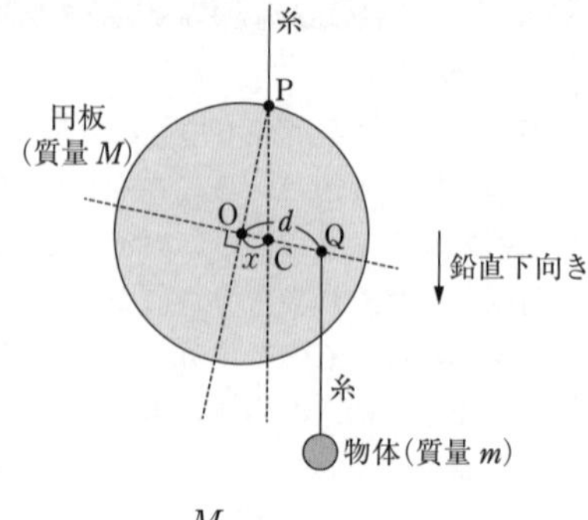

① $\dfrac{m}{M-m}d$　② $\dfrac{m}{M+m}d$　③ $\dfrac{M}{M-m}d$　④ $\dfrac{M}{M+m}d$

24 転倒

図のように，直径a，高さbの円柱をあらい板の上に置き，板の一端をゆっくり持ち上げる。このとき，円柱がすべらずに転倒する条件として最も適当なものを，下の①～⑥のうちから一つ選べ。ただし，円柱と板の間の静止摩擦係数をμとし，円柱の密度は一様であるものとする。[　　] 〈2016年　追試〉

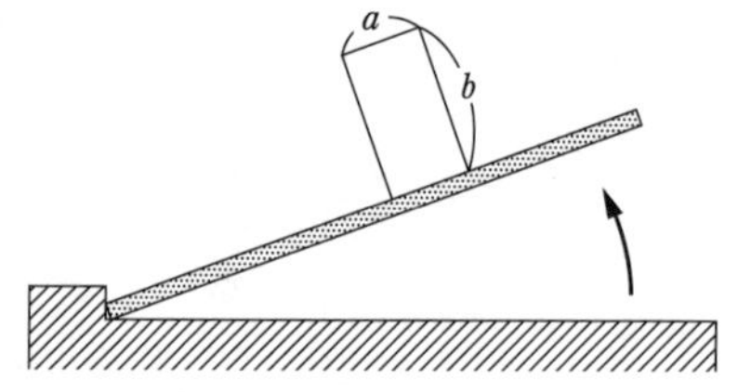

① $a>\mu b$　② $b>\mu a$　③ $ab>\mu$　④ $a<\mu b$　⑤ $b<\mu a$
⑥ $ab<\mu$

25 力のモーメントのつりあい①

図のように，自然の長さが同じばねA(ばね定数k)とばねB(ばね定数K)を間隔Lで水平な天井からつり下げ，ばねの下端に長さLの棒を取り付けた。この棒が水平に保たれるように，棒上の点Pに糸で質量mのおもりをつり下げたところ，二つのばねは同じ長さdだけ伸びて静止した。ただし，ばね，棒および糸の質量は無視できるものとする。

〈2009年 本試〉

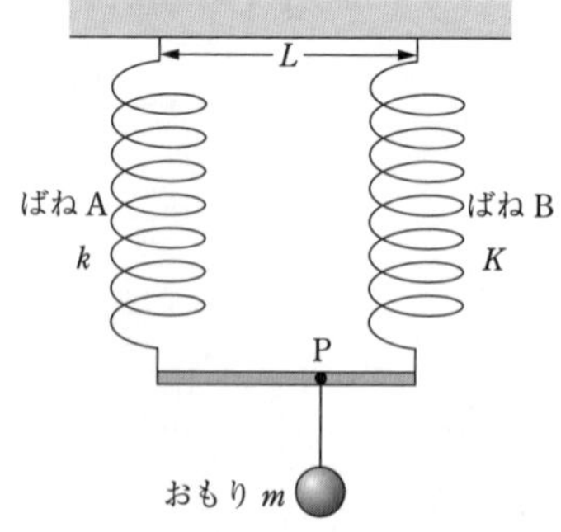

問1 ばねの伸びdはいくらになるか。正しいものを，次ページの①～⑥のうちから一つ選べ。ただ

し，重力加速度の大きさを g とする。$d=$□

① $\dfrac{mg}{k}$　② $\dfrac{mg}{K}$　③ $\dfrac{mg}{k+K}$　④ $\dfrac{(k+K)mg}{kK}$　⑤ $\dfrac{mg}{\sqrt{kK}}$

⑥ $\dfrac{mg}{\sqrt{k^2+K^2}}$

問2　ばねBの弾性エネルギーは，ばねAの弾性エネルギーの何倍になるか。正しいものを，次の①～⑧のうちから一つ選べ。□倍

① $\dfrac{K}{k+K}$　② $\dfrac{k}{k+K}$　③ $\dfrac{K}{k}$　④ $\dfrac{k}{K}$

⑤ $\left(\dfrac{K}{k+K}\right)^2$　⑥ $\left(\dfrac{k}{k+K}\right)^2$　⑦ $\left(\dfrac{K}{k}\right)^2$　⑧ $\left(\dfrac{k}{K}\right)^2$

問3　おもりをつり下げた点Pは，棒の左端（ばねAの側）からどれだけの距離であったか。正しいものを，次の①～⑦のうちから一つ選べ。□

① $\dfrac{L}{2}$　② $\dfrac{K}{k+K}L$　③ $\dfrac{k}{k+K}L$　④ $\dfrac{k+K}{4k}L$

⑤ $\dfrac{k+K}{4K}L$　⑥ $\dfrac{\sqrt{kK}}{2k}L$　⑦ $\dfrac{\sqrt{kK}}{2K}L$

26 力のモーメントのつりあい②

軽い棒の両端に二つのおもりを軽くて細い糸でつなぎ，両方のおもりを密度 ρ の液体中に沈めた。図のように，棒を点Oでつるしたところ，すべての糸はたるむことなく，棒は水平になって静止した。左右のおもりの質量はともに m であり，体積はそれぞれ $2V$，V である。点Oから棒の左端までの距離 a と，点Oから棒の右端までの距離 b の比 $\dfrac{a}{b}$ を表す式として正しいものを，下の①～⑥のうちから一つ選べ。$\dfrac{a}{b}=$□

〈2013年 本試〉

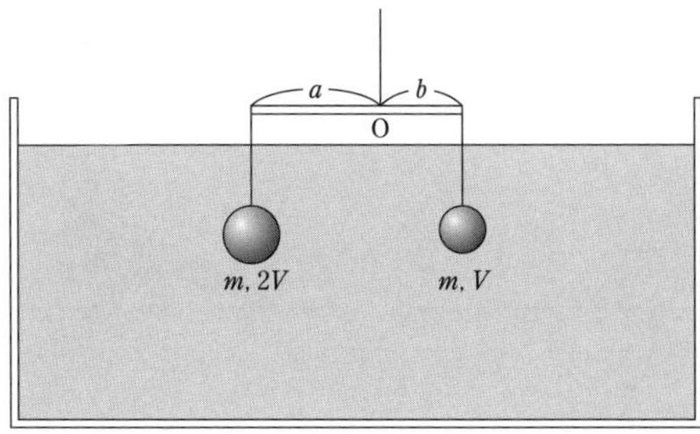

① 1　② $\dfrac{1}{2}$　③ $\dfrac{m+\rho V}{m+2\rho V}$　④ $\dfrac{m-\rho V}{m-2\rho V}$

⑤ $\dfrac{m+2\rho V}{m+\rho V}$　⑥ $\dfrac{m-2\rho V}{m-\rho V}$

9 運動量保存と反発係数

27 運動量保存の法則①

図1のように，水平面内の直線上をなめらかに運動する質量 m_A の台車Aを，同じ直線上をなめらかに運動する質量 m_B の台車Bに追突させる。台車Aにはばねが取り付けてある。図2は，このときの台車A，Bの衝突前後の速度 v と時間 t の関係を表す v-t グラフであり，速度の正の向きは図1の右向きである。次の文中の空欄 ＿＿ に入れる語句として最も適当なものを，直後の｛ ｝で囲んだ選択肢のうちから一つ選べ。ただし，台車A，Bの車輪とばねの質量は，無視できるものとする。 〈2022年 追試〉

台車Aの質量と台車Bの質量の比 $\frac{m_A}{m_B}$ は， ＿＿ ｛① 0.5である。② 1.0である。③ 1.5である。④ 2.0である。⑤ これだけでは定まらない。｝

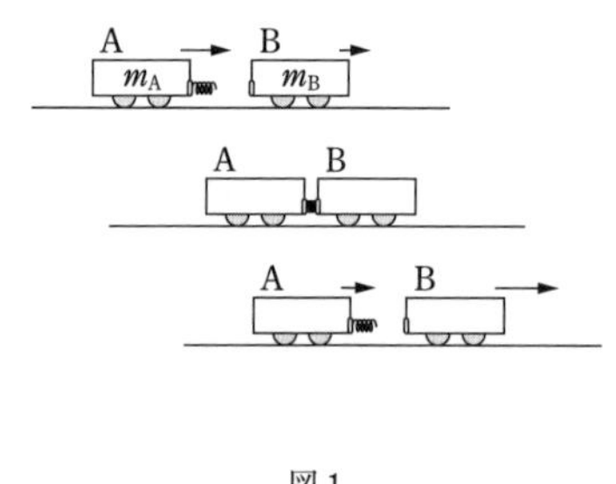

図1

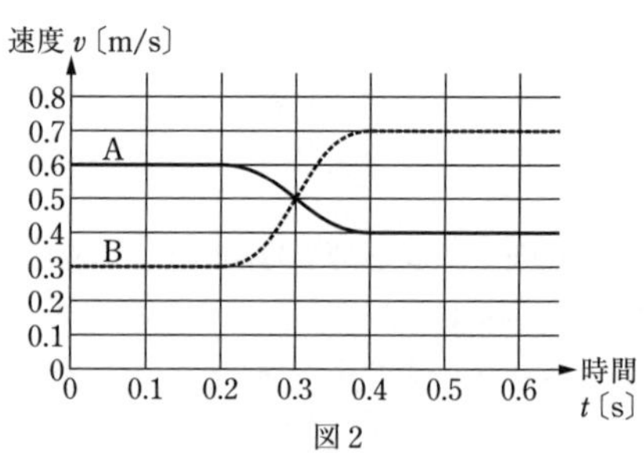

図2

28 運動量と力積

氷の上で石をすべらせることについて考えよう。はじめ，図1のように，質量 M の人が質量 m の石とともに，速度 V_0 で摩擦のない水平な氷の上をすべっている。ただし，すべての運動は一直線上で起こるとし，図1・図2の右向きを正の向きとする。

〈2000年 本試〉

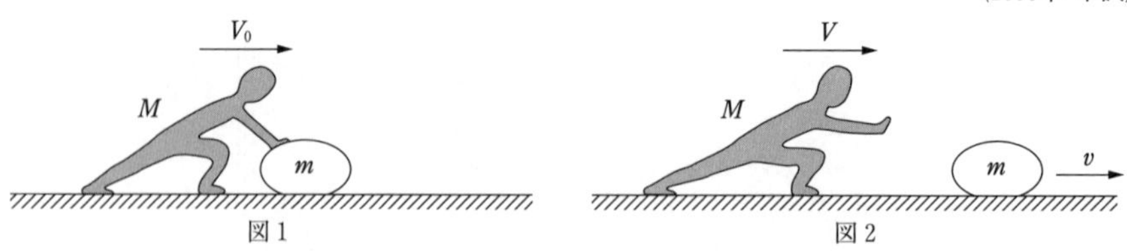

図1　　図2

問1 人が一定の力 F を時間 Δt の間だけ加えて石を水平に押したところ，図2のように，人と石は互いに離れて，人の速度は V，石の速度は v となった。V と v はそれぞれいくらか。正しいものを，次ページの①～⑤のうちから一つずつ選べ。

V＝ 1 ，v＝ 2

① V_0　② $V_0+\frac{F}{m}\Delta t$　③ $V_0-\frac{F}{m}\Delta t$　④ $V_0+\frac{F}{M}\Delta t$
⑤ $V_0-\frac{F}{M}\Delta t$

問2　問1で石が人の手を離れたとき，人がちょうど静止した。この場合，人と石の運動エネルギーの合計は，石を押した後には，押す前に比べて何倍になったか。正しいものを，次の①～④のうちから一つ選べ。□倍

① $\frac{M+m}{m}$　② $\frac{M+m}{M}$　③ $\frac{m}{M+m}$　④ $\frac{M}{M+m}$

問3　石が人と離れて速度 v となった後，石はあらい面の場所に来てまもなく静止した。静止するまでにあらい面のところをすべった距離はいくらか。正しいものを，次の①～⑥のうちから一つ選べ。ただし，石とあらい面の間の動摩擦係数を μ'，重力加速度の大きさを g とする。□

① $\frac{v}{2\mu' g}$　② $\frac{v^2}{2\mu' g}$　③ $\frac{v}{\mu' g}$　④ $\frac{v^2}{\mu' g}$　⑤ $\frac{2v}{\mu' g}$　⑥ $\frac{2v^2}{\mu' g}$

29 運動量保存の法則②

図1のように，斜面 S_0，S_1 と水平な床がなめらかにつながっている。斜面 S_0 および床は摩擦のない面であり，斜面 S_1 はあらい面である。床から高さ h の斜面 S_0 上の点Pより，質量 m の小物体Aを斜面に沿って下方に速さ v_0 で打ち出したところ，床に置かれた質量 M の小物体Bに衝突した。ただし，斜面 S_1 の水平面からの角度を θ とし，重力加速度の大きさは g とする。また，斜面 S_1 と小物体Bの間の動摩擦係数を μ' とする。

〈2003年 本試〉

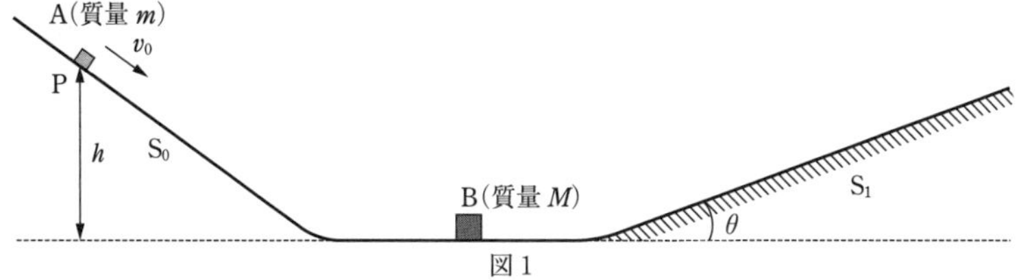

図1

基 **問1**　小物体Bに衝突する直前の小物体Aの速さ v_1 はどれだけか。正しいものを，次の①～⑥のうちから一つ選べ。$v_1=$□

① $v_0+\sqrt{gh}$　② $\sqrt{v_0{}^2-gh}$　③ $\sqrt{v_0{}^2-2gh}$　④ $v_0+\sqrt{2gh}$
⑤ $\sqrt{v_0{}^2+gh}$　⑥ $\sqrt{v_0{}^2+2gh}$

問2　小物体Aは小物体Bに衝突した直後に静止した。衝突直後の小物体Bの速さ v_2 はどれだけか。正しいものを，次の①～⑤のうちから一つ選べ。$v_2=$□

① $\frac{M}{m}v_1$　② $\sqrt{\frac{M}{m}}v_1$　③ v_1　④ $\frac{m}{M}v_1$　⑤ $\sqrt{\frac{m}{M}}v_1$

基 **問3**　図2のように，小物体Bは斜面S_1を上り，点Qにおいて速さが0になった。点Qの床からの高さはいくらか。正しいものを，下の①～⑥のうちから一つ選べ。［　　］

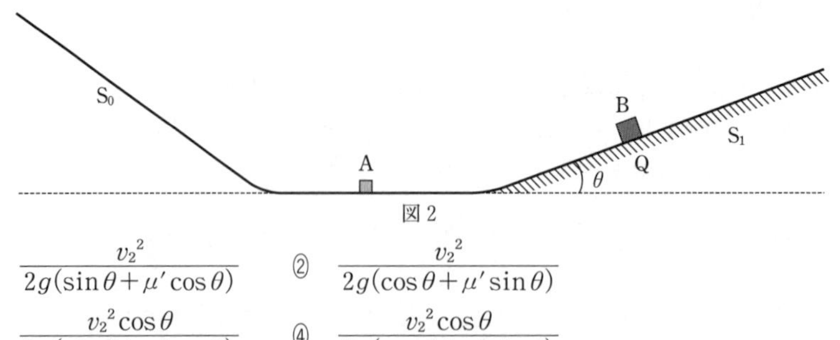

図2

① $\dfrac{v_2{}^2}{2g(\sin\theta+\mu'\cos\theta)}$　② $\dfrac{v_2{}^2}{2g(\cos\theta+\mu'\sin\theta)}$

③ $\dfrac{v_2{}^2\cos\theta}{2g(\sin\theta+\mu'\cos\theta)}$　④ $\dfrac{v_2{}^2\cos\theta}{2g(\cos\theta+\mu'\sin\theta)}$

⑤ $\dfrac{v_2{}^2\sin\theta}{2g(\sin\theta+\mu'\cos\theta)}$　⑥ $\dfrac{v_2{}^2\sin\theta}{2g(\cos\theta+\mu'\sin\theta)}$

30 運動量保存の法則③

図のように，質量Mの台が水平な床の上に置かれている。この台の上面では，摩擦がない曲面と摩擦がある水平面が点Qでなめらかにつながっている。台の水平面から高さhにある面上の点Pに質量mの小物体を置き，静かに放す。ただし，空気による抵抗はなく，重力加速度の大きさをgとする。

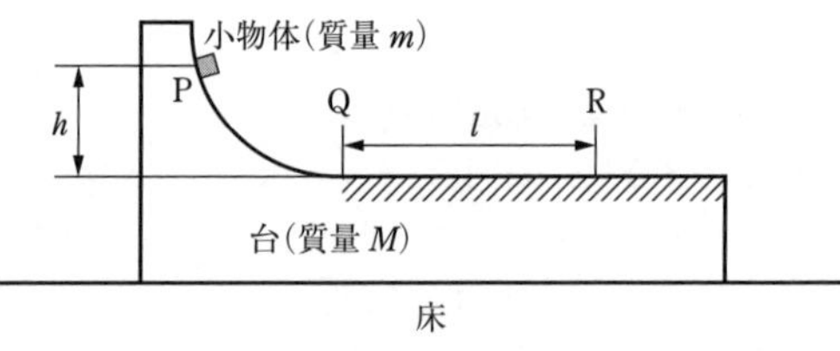

〈2004年 本試〉

基 **問1**　台が床に固定されているとき，小物体は点Qまですべり落ちた後，点Qから距離lだけ離れた点Rで止まった。QR間の水平面と小物体の間の動摩擦係数μ'はいくらか。正しいものを，次の①～⑥のうちから一つ選べ。［　　］

① $\sqrt{\dfrac{h}{l}}$　② $\sqrt{\dfrac{l}{h}}$　③ $\dfrac{h}{l}$　④ $\dfrac{l}{h}$　⑤ $\dfrac{l+h}{l}$　⑥ $\dfrac{l+h}{h}$

問2　次に，台が床の上で摩擦なく自由に動くことができるようにした。台が静止した状態で，点Pから同じ小物体を静かに放した。小物体が台上の点Qに達したときの，小物体の床に対する速度をv，台の床に対する速度をVとする。ただし，速度は右向きを正とする。このとき，vとVが満たすべき関係式はどれか。正しいものを，次の①～⑧のうちから二つ選べ。［　　］，［　　］

① $mv+MV=0$　② $mv-MV=0$　③ $v+V=0$

④ $v-V=0$　⑤ $\dfrac{1}{2}mv^2=\dfrac{1}{2}MV^2$　⑥ $\dfrac{1}{2}mv^2+\dfrac{1}{2}MV^2=mgh$

⑦ $\dfrac{1}{2}mv^2=mgh$　⑧ $\dfrac{1}{2}MV^2=mgh$

問3　問2と同様に台が床の上で摩擦なく自由に動く場合，小物体は，点Qを通り過ぎた後，点Qからある距離だけ離れた位置で台に対して停止した。この時点における台の床に対する運動はどうなるか。正しいものを，次の①～④のうちから一つ選べ。 □

① 小物体が停止しても，台は動くが，その進む方向は点Pの高さhによって決まる。
② 小物体と台の間の摩擦力により，小物体が停止しても台は右向きに進む。
③ 小物体が曲面を下っている間は，台は小物体と反対方向に進むので，小物体が停止しても，慣性の法則により台は左向きに進む。
④ 小物体と台をあわせた全体には水平方向に外力がはたらかないため，運動量保存の法則により，小物体が停止すると台も停止する。

31 反発係数①

図のように，壁から水平に距離Lだけ離れた点Pから，水平からの角度45°，速さv_0の初速度でボールを蹴り上げると，ボールは最高点に達した後，直接，壁にぶつかった。ただし，ボールの大きさと空気の抵抗を無視し，ボールの質量をm，重力加速度の大きさをgとする。　〈2002年 本試〉

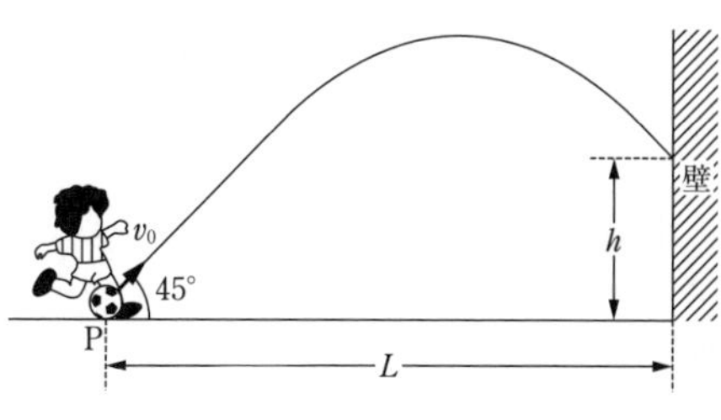

問1　ボールが壁にぶつかった点の高さhを表す式として正しいものを，次の①～⑥のうちから一つ選べ。$h=$ □

① $L-\dfrac{gL^2}{2{v_0}^2}$　② $L-\dfrac{gL^2}{{v_0}^2}$　③ $L-\dfrac{2gL^2}{{v_0}^2}$　④ $\dfrac{L}{2}-\dfrac{gL^2}{2{v_0}^2}$
⑤ $\dfrac{L}{2}-\dfrac{gL^2}{{v_0}^2}$　⑥ $\dfrac{L}{2}-\dfrac{2gL^2}{{v_0}^2}$

問2　壁にぶつかる直前のボールの速さを表す式として正しいものを，次の①～⑤のうちから一つ選べ。 □

① $\sqrt{{v_0}^2+2gh}$　② $\sqrt{{v_0}^2+gh}$　③ v_0　④ $\sqrt{{v_0}^2-gh}$
⑤ $\sqrt{{v_0}^2-2gh}$

問3　ボールが壁にぶつかってはねかえったとき，壁がボールに与えた力積の大きさはどれだけか。正しいものを，次の①～⑥のうちから一つ選べ。ただし，ボールと壁との間の反発係数（はねかえり係数）は0.5で，壁はなめらかであるとする。 □

① $\dfrac{1}{2\sqrt{2}}mv_0$　② $\dfrac{1}{\sqrt{2}}mv_0$　③ $\dfrac{3}{2\sqrt{2}}mv_0$　④ $\dfrac{1}{4}m{v_0}^2$　⑤ $\dfrac{1}{2}m{v_0}^2$
⑥ $\dfrac{3}{4}m{v_0}^2$

32 反発係数②

図のように，水平な床の上に高さhの二つの壁が間隔dで垂直に立っている。一方の壁の頂上の点Pから小球を投げる。床はなめらかで，小球は床と衝突するとき床に平行な方向には力を受けないものとする。小球の質量をm，重力加速度の大きさをgとし，空気の影響を無視する。下の問いの答えを，それぞれの解答群のうちから一つずつ選べ。

〈1995年 本試〉

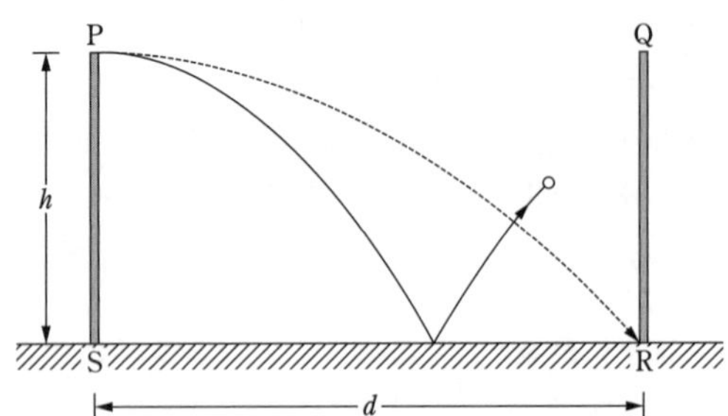

小球を点Pから，他方の壁に向かって水平方向に投げる。小球と床との衝突は弾性衝突であるとする。

問1 まず，図の破線で示すように，右の壁の真下の床上の点Rに直接命中させた。命中までの時間t_0と水平方向の初速度v_0は，それぞれいくらか。下の解答群の中から正しいものを一つ選べ。

$t_0=$ [1]，$v_0=$ [2]

[1] の解答群

① $\sqrt{\dfrac{h}{g}}$　② $\sqrt{\dfrac{2h}{g}}$　③ $\sqrt{\dfrac{g}{h}}$　④ $\sqrt{2gh}$

[2] の解答群

① $\sqrt{gd}$　② $\dfrac{d}{gh}$　③ $\dfrac{d}{\sqrt{2gh}}$　④ $d\sqrt{\dfrac{g}{2h}}$

問2 小球を一回床ではねかえらせて右の壁の頂上の点Qに命中させるためには，水平方向の初速度をv_0の何倍にしなくてはならないか。次の①～④のうちから正しいものを一つ選べ。[　]

① $\dfrac{1}{\sqrt{2}}$　② $\dfrac{1}{\sqrt{3}}$　③ $\dfrac{1}{2}$　④ $\dfrac{1}{3}$

問3 小球を一回床ではねかえらせてRに命中させるためには，水平方向の初速度をv_0の何倍にしなくてはならないか。次の①～④のうちから正しいものを一つ選べ。

[　]

① $\dfrac{1}{\sqrt{2}}$　② $\dfrac{1}{\sqrt{3}}$　③ $\dfrac{1}{2}$　④ $\dfrac{1}{3}$

次に，小球と床との間の衝突が非弾性衝突である場合について考える。小球を点Pから真下に初速度0ではなしたところ，高さ $\dfrac{h}{3}$ まではねかえってきた。

問4　床との衝突によって失われた運動エネルギーはいくらか。次の①～④のうちから正しいものを一つ選べ。□

①　$\dfrac{1}{3}mgh$　　②　$\dfrac{1}{\sqrt{3}}mgh$　　③　$\sqrt{\dfrac{2}{3}}mgh$　　④　$\dfrac{2}{3}mgh$

問5　小球と床との間の反発係数(はねかえり係数) e はいくらか。次の①～④のうちから正しいものを一つ選べ。$e=$□

①　$\dfrac{1}{9}$　　②　$\dfrac{1}{3}$　　③　$\dfrac{1}{\sqrt{3}}$　　④　3

10 等速円運動

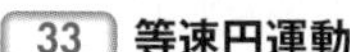

33 等速円運動

図1のように，長さ l〔m〕の伸びない糸の上端を固定して，糸の下端に質量 m〔kg〕のおもりを付け，角速度 ω〔rad/s〕でおもりを等速円運動させた。鉛直線と糸との角度を θ〔rad〕，重力加速度の大きさを g〔m/s^2〕とし，糸の質量は無視できるものとする。　〈九州産業大・改〉

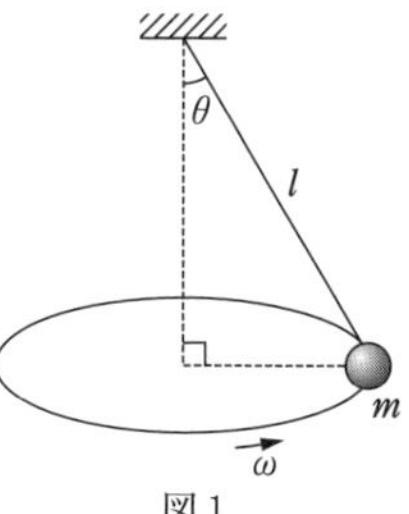

図1

問1　糸がおもりを引く力として正しいものを，次の①～⑥から一つ選べ。□N

①　$\dfrac{mg}{\sin\theta}$　　②　$\dfrac{mg}{\cos\theta}$　　③　$\dfrac{\sin\theta}{mgl}$　　④　$\dfrac{\cos\theta}{mgl}$

⑤　$\dfrac{mg}{l\sin\theta}$　　⑥　$\dfrac{mg}{l\cos\theta}$

問2　おもりの円運動の向心力の大きさとして正しいものを，次の①～⑥から一つ選べ。□N

①　$mg\sin\theta$　　②　$mg\cos\theta$　　③　$mg\tan\theta$

④　$mgl\sin\theta$　　⑤　$mgl\cos\theta$　　⑥　$mgl\tan\theta$

問3　おもりの速さとして正しいものを，次の①～⑥から一つ選べ。□m/s

①　$\sin\theta\sqrt{\dfrac{gl}{\cos\theta}}$　　②　$\cos\theta\sqrt{\dfrac{gl}{\sin\theta}}$　　③　$gl\sin\theta$　　④　$gl\cos\theta$

⑤　$\sin\theta\sqrt{\dfrac{mgl}{\cos\theta}}$　　⑥　$\cos\theta\sqrt{\dfrac{mgl}{\sin\theta}}$

次に，図2に示すように，図1の伸びない糸を自然の長さl〔m〕のばねに付けかえて，同じように質量m〔kg〕のおもりを付け，角速度ω_1〔rad/s〕で等速円運動させたとき，ばねはx〔m〕伸び，鉛直線とばねとの角度がθ_1〔rad〕になった。ただし，ばね定数をk〔N/m〕とし，ばねの質量は無視できるものとする。

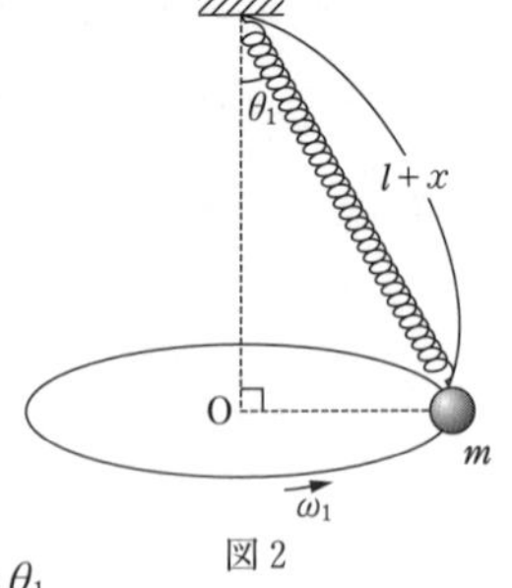

図2

問4　円運動の中心Oからおもりまでの距離として正しいものを，次の①～⑥から一つ選べ。□ m

①　$(l+x)\sin\theta_1$　②　$(l+x)\cos\theta_1$　③　$(l+x)^2\sin\theta_1$
④　$(l+x)^2\cos\theta_1$　⑤　$(l+x^2)\sin\theta_1$　⑥　$(l+x^2)\cos\theta_1$

問5　おもりとともに円運動する観測者から見たときの，おもりの水平方向の力のつりあいの式として正しいものを，次の①～⑥から一つ選べ。□

①　$kx=mlx\omega_1$　②　$kx=mlx\omega_1{}^2$　③　$kx=m(l+x)\omega_1$
④　$kx=m(l+x)\omega_1{}^2$　⑤　$kx=\frac{1}{2}m(l+x)\omega_1$　⑥　$kx=\frac{1}{2}m(l+x)\omega_1{}^2$

問6　ばねの伸びx〔m〕として正しいものを，次の①～⑥から一つ選べ。□

①　$x=\frac{l\omega_1{}^2}{k-\omega_1{}^2}$　②　$x=\frac{l\omega_1{}^2}{k+\omega_1{}^2}$　③　$x=\frac{ml\omega_1{}^2}{k-\omega_1{}^2}$　④　$x=\frac{ml\omega_1{}^2}{k+\omega_1{}^2}$
⑤　$x=\frac{ml\omega_1{}^2}{k-m\omega_1{}^2}$　⑥　$x=\frac{ml\omega_1{}^2}{k+m\omega_1{}^2}$

34 円筒面を通過する物体の運動

図のように，水平面が斜面となめらかにつながっており，水平面上の点Pで半径rの半円筒面ともなめらかにつながっている。質量mの小球を斜面の高さhから静かにはなした。斜面，水平面，半円筒面はなめらかであり，重力加速度の大きさをgとする。

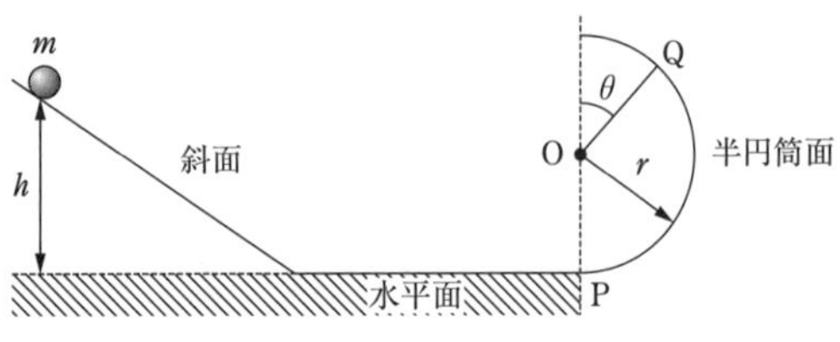

〈東京電機大・改〉

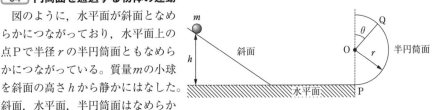

問1　小球の水平面上の速さとして正しいものを，次の①～④から一つ選べ。□

①　$\sqrt{mgh}$　②　$\sqrt{2gh}$　③　$\frac{1}{\sqrt{2gh}}$　④　$\frac{1}{\sqrt{mgh}}$

問2　図のように，鉛直線となす角がθの点Qを小球が通過するときの速さとして正しいものを，次の①～④から一つ選べ。□

①　$\sqrt{2g(h-r\cos\theta)}$　②　$\sqrt{2g\{h-r(1+\cos\theta)\}}$　③　$\sqrt{2g(h-r\sin\theta)}$
④　$\sqrt{2g\{h-r(1+\sin\theta)\}}$

問3 問2のとき，小球が点Qで受ける垂直抗力の大きさとして正しいものを，次の①～④から一つ選べ。［　　］

① $\dfrac{mg\{2h-r(1+\cos\theta)\}}{r}$　② $\dfrac{mg\{2h-r(2+3\cos\theta)\}}{r}$

③ $\dfrac{mg\{2h-r(1+\sin\theta)\}}{r}$　④ $\dfrac{mg\{2h-r(2+3\sin\theta)\}}{r}$

問4 小球が半円筒面の頂点に到達するためにはhはrの何倍以上でなければならないか。正しいものを次の①～④から一つ選べ。［　　］倍以上

① $\dfrac{4}{3}$　② $\dfrac{3}{2}$　③ $\dfrac{5}{3}$　④ $\dfrac{5}{2}$

11 単振動

35 単振動①

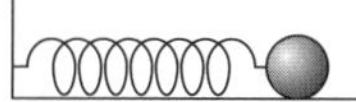

図に示すように，なめらかで水平な台の上に軽いばねの一端が固定され，他端には質量mの小球が取り付けられている。ばね定数をk，ばねの自然の長さをlとし，小球に力を加えてばねを自然の長さからa $(a>0)$だけ伸ばす。

〈関西大・改〉

問1 ばねに蓄えられた弾性エネルギーとして正しいものを，次の①～④のうちから一つ選べ。［　　］

① $\dfrac{a^2}{2k}$　② $\dfrac{ka^2}{2}$　③ $\dfrac{ka}{2}$　④ $\dfrac{k^2a}{2}$

問2 ばねをaだけ伸ばした状態で静かに手をはなすと小球は振動を始める。ばねが自然の長さになったときの小球の速さv_0として正しいものを，次の①～④のうちから一つ選べ。$v_0=$［　　］

① $\dfrac{a}{2}\sqrt{\dfrac{m}{k}}$　② $\dfrac{a}{2}\sqrt{\dfrac{k}{m}}$　③ $a\sqrt{\dfrac{m}{k}}$　④ $a\sqrt{\dfrac{k}{m}}$

問3 手をはなしてからのばねの伸びが再び最大になるまでの時間T_0として正しいものを，次の①～④のうちから一つ選べ。$T_0=$［　　］

① $2\pi\sqrt{\dfrac{k}{m}}$　② $\pi\sqrt{\dfrac{k}{m}}$　③ $2\pi\sqrt{\dfrac{m}{k}}$　④ $\pi\sqrt{\dfrac{m}{k}}$

問4 a，v_0，T_0の間に成り立つ関係として正しいものを，次の①～④のうちから一つ選べ。［　　］

① $v_0=\dfrac{2\pi a}{T_0}$　② $v_0=\dfrac{\pi a}{T_0}$　③ $v_0=\dfrac{a}{\pi T_0}$　④ $v_0=\dfrac{a}{2\pi T_0}$

36 単振動②

ばね定数kの軽いばねの一端に質量mの小物体を取り付け，あらい水平面上に置き，ばねの他端を壁に取り付けた。図のようにx軸をとり，ばねが自然の長さのときの小物体の位置を原点Oとする。ただし，重力加速度の大きさをg，小物体と水平面の間の静止摩擦係数をμ，動摩擦係数をμ'とする。また，小物体はx軸方向にのみ運動するものとする。

〈2018年　本試〉

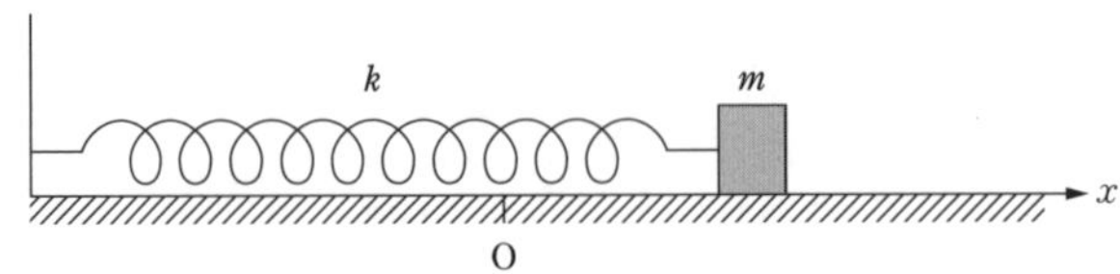

問1　小物体を位置xで静かにはなしたとき，小物体が静止したままであるような，位置xの最大値x_Mを表す式として正しいものを，次の①～⑦のうちから一つ選べ。

x_M＝［　　］

①　$\dfrac{\mu mg}{2k}$　②　$\dfrac{\mu mg}{k}$　③　$\dfrac{2\mu mg}{k}$　④　0

⑤　$\dfrac{\mu' mg}{2k}$　⑥　$\dfrac{\mu' mg}{k}$　⑦　$\dfrac{2\mu' mg}{k}$

問2　次の文章中の空欄［ア］・［イ］に入れる式の組合せとして正しいものを，次の①～⑧のうちから一つ選べ。［　　］

問1のx_Mより右側で小物体を静かにはなすと，小物体は動き始め，次に速度が0となったのは時間t_1が経過したときであった。この間に，小物体にはたらく力の水平成分Fは，小物体の位置をxとすると$F=-k(x-$［ア］$)$と表される。この力は，小物体に位置［ア］を中心とする単振動を生じさせる力と同じである。このことから，時間t_1は［イ］とわかる。

	ア	イ
①	$\dfrac{\mu' mg}{2k}$	$\pi\sqrt{\dfrac{m}{k}}$
②	$\dfrac{\mu' mg}{2k}$	$2\pi\sqrt{\dfrac{m}{k}}$
③	$\dfrac{\mu' mg}{2k}$	$\pi\sqrt{\dfrac{k}{m}}$
④	$\dfrac{\mu' mg}{2k}$	$2\pi\sqrt{\dfrac{k}{m}}$
⑤	$\dfrac{\mu' mg}{k}$	$\pi\sqrt{\dfrac{m}{k}}$
⑥	$\dfrac{\mu' mg}{k}$	$2\pi\sqrt{\dfrac{m}{k}}$
⑦	$\dfrac{\mu' mg}{k}$	$\pi\sqrt{\dfrac{k}{m}}$
⑧	$\dfrac{\mu' mg}{k}$	$2\pi\sqrt{\dfrac{k}{m}}$

37 単振動③

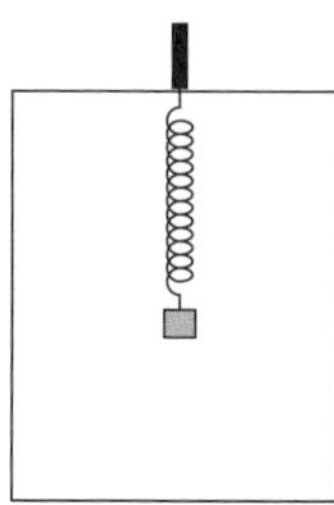

図のように，エレベーターの天井にばね定数kの軽いばねの一端を固定し，他端に質量mの物体を取り付けた。ばねの長さが自然の長さのときの物体の位置を原点Oとし，鉛直下向きにx軸をとり，エレベーター内の人から見た立場で，物体の運動について考える。重力加速度の大きさをgとする。 〈福岡大・改〉

エレベーターが静止している場合について考える。

問1 ばねが自然の長さとなる位置まで物体を持ち上げて静かにはなすと，物体は静かに振動した。振動の中心での物体の位置x_0として正しいものを，次の①～④のうちから一つ選べ。x_0=□

① mgk　② $\dfrac{mg}{k}$　③ $\dfrac{2mg}{k}$　④ $\dfrac{k}{mg}$

問2 物体の位置がxのとき，物体にはたらく力をk, x_0, xで表したものとして正しいものを，次の①～④のうちから一つ選べ。□

① $k(x+x_0)$　② $-k(x+x_0)$　③ $k(x-x_0)$　④ $-k(x-x_0)$

問3 問2のつねに振動の中心に向かう力を何というか。正しいものを次の①～④のうちから一つ選べ。□

① 慣性力　② 垂直抗力　③ 復元力　④ 重力

問4 このときの振動の周期は［1］，振幅は［2］である。それぞれの答として正しいものを，次の解答群のなかから一つ選べ。

［1］の解答群

① $2\pi\sqrt{mk}$　② $2\pi\sqrt{\dfrac{m}{k}}$　③ $2\pi\sqrt{\dfrac{k}{m}}$　④ $\dfrac{1}{2\pi}\sqrt{\dfrac{k}{m}}$

［2］の解答群

① mgk　② $\dfrac{mg}{k}$　③ $\dfrac{2mg}{k}$　④ $\dfrac{k}{mg}$

次に，エレベーターが鉛直上向きの一定の加速度で上昇している場合について考える。この加速度の大きさをaとする。

問5 ばねが自然の長さとなる位置まで物体を持ち上げて静かにはなすと，物体は力のつりあいの位置を中心として鉛直方向に単振動した。振動の中心での物体の位置x_1として正しいものを，次の①～④のうちから一つ選べ。x_1=□

① $\dfrac{m(g-a)}{k}$　② $\dfrac{m(g+a)}{k}$　③ $\dfrac{2m(g+a)}{k}$　④ $\dfrac{k}{m(g+a)}$

問6　物体の位置がxのとき，物体の加速度をm，k，x，x_1を用いて表したものとして正しいものを，次の①～④のうちから一つ選べ。［　　］

①　$\dfrac{k}{m}(x+x_1)$　　②　$-\dfrac{k}{m}(x+x_1)$　　③　$\dfrac{k}{m}(x-x_1)$　　④　$-\dfrac{k}{m}(x-x_1)$

問7　この単振動の角振動数として正しいものを，次の①～④のうちから一つ選べ。

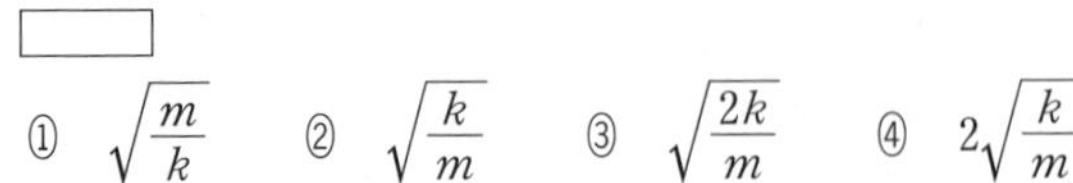

［　　］

①　$\sqrt{\dfrac{m}{k}}$　　②　$\sqrt{\dfrac{k}{m}}$　　③　$\sqrt{\dfrac{2k}{m}}$　　④　$2\sqrt{\dfrac{k}{m}}$

問8　エレベーターが静止している場合と比較すると，周期は何倍になっているか。正しいものを次の①～④のうちから一つ選べ。［　　］倍

①　$\dfrac{1}{4}$　　②　$\dfrac{1}{2}$　　③　1　　④　2

問9　振幅として正しいものを，次の①～④のうちから一つ選べ。［　　］

①　$\dfrac{m(g-a)}{k}$　　②　$\dfrac{m(g+a)}{k}$　　③　$\dfrac{2m(g+a)}{k}$　　④　$\dfrac{k}{m(g+a)}$

問10　振動の中心は，エレベーターが静止している場合と比べて距離［ア］だけ［イ］にずれている。［ア］と［イ］に入れる式と語の組合せとして正しいものを，右の①～⑧のうちから一つ選べ。［　　］

	ア	イ
①	mak	上
②	$\dfrac{ma}{2k}$	上
③	$\dfrac{ma}{k}$	上
④	$\dfrac{k}{ma}$	上
⑤	mak	下
⑥	$\dfrac{ma}{2k}$	下
⑦	$\dfrac{ma}{k}$	下
⑧	$\dfrac{k}{ma}$	下

38 単振り子①

図のように，長さ l の軽い糸の上端を点Pで固定し，下端に質量 m のおもりを付けて鉛直面内で点Oを中心として左右に振動させる。おもりを l に比べて十分小さい振幅で振らせたものを単振り子という。このとき，糸の質量，糸とおもりの空気抵抗を無視できるものとし，糸は伸び縮みしないものとする。また，重力加速度の大きさを g とする。

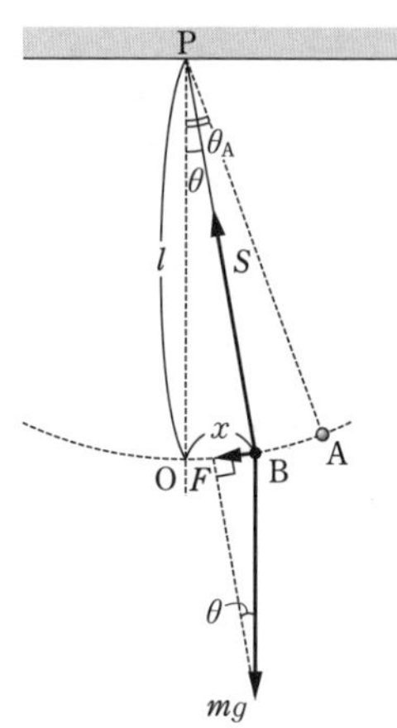

図の点Aまでおもりを移動させて静かに手をはなした。このおもりにはたらく力は重力 mg と糸が引く力（張力）S である。図の点Bでおもりを最下点Oへ引き戻すはたらきをする力 F は重力の円弧に対する接線方向の成分である。点Bにおいて，円弧に沿った点Oからの変位を x とする（x は右向きを正とする）。また，糸と鉛直線のなす角を θ とする（反時計回りを正とする）。　〈秋田大・改〉

問1　このように物体を振動の中心に戻そうとする力を何というか。正しいものを次の①～④のうちから一つ選べ。□

①　抗力　　②　向心力　　③　復元力　　④　遠心力

問2　点Bでの重力の接線方向の成分 F を g，m，θ で表したものとして正しいものを，次の①～④のうちから一つ選べ。$F=$□

①　$-mg\cos\theta$　　②　$-mg\sin\theta$　　③　$-mg\tan\theta$　　④　$-\dfrac{mg}{\sin\theta}$

問3　θ が十分に小さいとき，$\sin\theta$ は l と x を用いて，$\sin\theta \fallingdotseq \dfrac{x}{l}$ と近似できる。よって，F は g，l，m，x を用いて，$F=$□ のように近似できる。正しいものを次の①～④のうちから一つ選べ。□

①　$-mglx$　　②　$-mg\dfrac{x}{l}$　　③　$-mg\dfrac{l}{x}$　　④　$-mg\dfrac{x^2}{l^2}$

以下の**問4**から**問7**では，**問3**の F によって，単振り子の運動方程式が $ma=F$ と表せるものとする。

問4　単振り子の角振動数を ω とするとき，a を x，ω で表したものとして正しいものを，次の①～④のうちから一つ選べ。$a=$□

①　ωx　　②　$-\omega x$　　③　$\omega^2 x$　　④　$-\omega^2 x$

問5　ωをg，lで表したものとして正しいものを，次の①～④のうちから一つ選べ。
$\omega=$□

①　$\sqrt{gl}$　②　$\sqrt{\dfrac{g}{l}}$　③　$\sqrt{\dfrac{l}{g}}$　④　$\dfrac{g}{l}$

問6　単振り子の周期Tをg，lで表したものとして正しいものを，次の①～④のうちから一つ選べ。$T=$□

①　$2\pi\sqrt{\dfrac{l}{g}}$　②　$2\pi\sqrt{\dfrac{g}{l}}$　③　$2\pi\sqrt{gl}$　④　$\dfrac{2\pi l}{g}$

問7　単振り子の振幅が十分小さいとき，Tは振幅に無関係である。これを振り子の何というか。正しいものを次の①～④のうちから一つ選べ。□

①　周期性　②　共振　③　慣性　④　等時性

ここで，図の最下点Oを重力による位置エネルギーの基準点とする。また，おもりが図の点Bのような任意の点にあるときの速さをvとする。

問8　おもりがもつ力学的エネルギーEをg，m，v，θで表したものとして正しいものを，次の①～④のうちから一つ選べ。$E=$□

①　$\dfrac{1}{2}mv^2+mgl\cos\theta$　②　$\dfrac{1}{2}mv^2+mgl\sin\theta$

③　$\dfrac{1}{2}mv^2+mgl(1-\cos\theta)$　④　$\dfrac{1}{2}mv^2+mgl(1-\sin\theta)$

問9　おもりが図のような最上点A$(\theta=\theta_A)$にあるときのおもりの速さとして正しいものを，次の①～④のうちから一つ選べ。□

①　0　②　$\sqrt{gl}$　③　$\sqrt{2gl}$　④　$2\sqrt{gl}$

問10　力学的エネルギー保存の法則より，最下点Oでのおもりの速さv_0を，g，l，θ_Aで表したものとして正しいものを，次の①～④のうちから一つ選べ。$v_0=$□

①　$\sqrt{gl(1-\sin\theta_A)}$　②　$\sqrt{gl(1-\cos\theta_A)}$　③　$\sqrt{2gl(1-\sin\theta_A)}$

④　$\sqrt{2gl(1-\cos\theta_A)}$

39 単振り子②

質量 m_a の小球aと質量 m_b の小球bが，それぞれ，長さ l の軽い糸で支点Oからつり下げられている。最初，図のように，小球aを，糸がたるまないようにして，高さ h だけ引き上げて静かにはなし，Oの直下の点Pに静止している小球bに衝突させる。二つの小球の衝突は弾性衝突であり，二つの振り子の振幅は十分小さいとする。重力加速度の大きさを g とする。〈1994年 本試〉

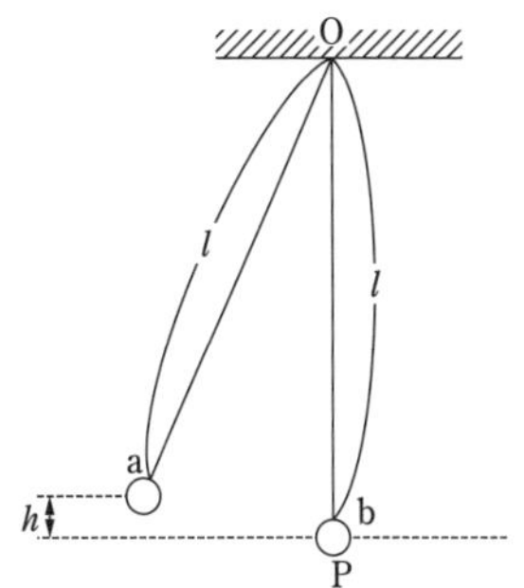

基 **問1** 小球aが小球bに最初に衝突する直前の速さ v として正しいものを，次の①～⑥のうちから一つ選べ。$v=$［　　］

① $\sqrt{\dfrac{gh}{2}}$　② $\sqrt{gh}$　③ $\sqrt{2gh}$　④ $\sqrt{\dfrac{g}{2h}}$　⑤ $\sqrt{\dfrac{g}{h}}$　⑥ $\sqrt{\dfrac{2g}{h}}$

問2 最初の衝突直後の小球a，bの速度 v_a，v_b はそれぞれいくらか。v を用いて正しいものを，下の解答群のうちからそれぞれ一つ選べ。ただし，衝突直前の小球aの速度の向きを正とし，同じものを繰り返し選んでもよい。$v_a=$［1］，$v_b=$［2］

［1］，［2］の解答群

① 0　② $\dfrac{m_a v}{m_a+m_b}$　③ $\dfrac{m_b v}{m_a+m_b}$　④ $\dfrac{2m_a v}{m_a+m_b}$

⑤ $\dfrac{2m_b v}{m_a+m_b}$　⑥ $\dfrac{(m_a-m_b)v}{m_a+m_b}$

問3 最初の衝突ののち，二つの振り子はやがて戻ってきて二度目の衝突をする。最初の衝突から二度目の衝突までに経過した時間 t_0 として正しいものを，次の①～③のうちから一つ選べ。$t_0=$［　　］

① $2\pi\sqrt{\dfrac{l}{g}}$　② $\pi\sqrt{\dfrac{l}{g}}$　③ $\dfrac{\pi}{2}\sqrt{\dfrac{l}{g}}$

問4 二度目の衝突直前の小球a，bの速度 v_a'，v_b' はいくらか。また，この衝突直後の小球a，bの速度 v_a''，v_b'' はいくらか。正しいものを下の解答群の中から，それぞれ一つ選べ。ただし，同じものを繰り返し選んでもよい。

$v_a'=$［3］，$v_b'=$［4］：$v_a''=$［5］，$v_b''=$［6］

［3］～［6］の解答群

① v_a　② $-v_a$　③ v_b　④ $-v_b$　⑤ v　⑥ $-v$　⑦ 0

問5 振り子の振幅は十分小さいので，二つの小球は水平方向の直線上を動くとしてよい。この直線を x 軸とし，最初の衝突位置Pを原点にとり，右方向を正の方向にとって，小球a，bの位置をそれぞれ x_a，x_b と表す。

$m_b=2m_a$ のとき，x_a，x_b が時間 t とともに変化するようすを表すグラフとして正しいものを，次ページの①～⑥のうちから一つ選べ。ただし，小球aを高さ h のところではなした時刻を $t=0$ とし，x_a は実線(――)，x_b は破線(------)で示されている。［　　］

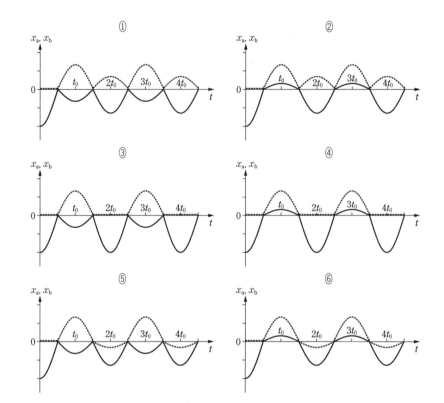

①

x_a, x_b / 0 / t_0 / $2t_0$ / $3t_0$ / $4t_0$ / t

②

x_a, x_b / 0 / t_0 / $2t_0$ / $3t_0$ / $4t_0$ / t

③

x_a, x_b / 0 / t_0 / $2t_0$ / $3t_0$ / $4t_0$ / t

④

x_a, x_b / 0 / t_0 / $2t_0$ / $3t_0$ / $4t_0$ / t

⑤

x_a, x_b / 0 / t_0 / $2t_0$ / $3t_0$ / $4t_0$ / t

⑥

x_a, x_b / 0 / t_0 / $2t_0$ / $3t_0$ / $4t_0$ / t

12 万有引力による運動

40 万有引力による運動①

図のように，質量mの宇宙船が一定の速さv_0で，地表から一定の高度hの円軌道上を運動している。ただし地球は質量M，半径Rの球とし，万有引力定数をGとする。また地球自身の運動や他の天体からの宇宙船への影響は無視できるものとし，地球のすべての質量は地球の中心に集中しているものとして考える。

〈東京都市大・改〉

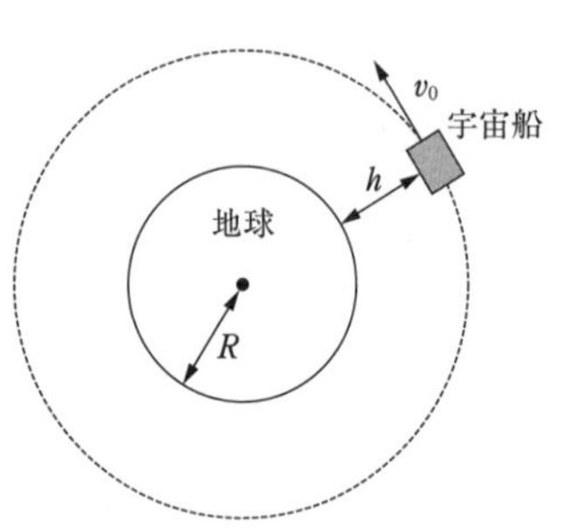

問1　この宇宙船と地球の間にはたらく万有引力の大きさをG，h，R，m，Mを用いて表したものとして正しいものを，次の①～④のうちから一つ選べ。□

①　$G\dfrac{Mm}{Rh}$　　②　$G\dfrac{Mm}{R^2h^2}$　　③　$G\dfrac{Mm}{R+h}$　　④　$G\dfrac{Mm}{(R+h)^2}$

問2 この宇宙船の速さ v_0 を G, h, M, R を用いて表したものとして正しいものを，次の①～④のうちから一つ選べ。$v_0=$ [ ]

① $\dfrac{\sqrt{GMh}}{R}$　② $\dfrac{\sqrt{2GMh}}{R}$　③ $\sqrt{\dfrac{GM}{R+h}}$　④ $\sqrt{\dfrac{2GM}{R+h}}$

問3 この宇宙船の円運動の周期を G, h, M, R を用いて表したものとして正しいものを，次の①～④のうちから一つ選べ。[ ]

① $\pi R\sqrt{\dfrac{R+h}{GM}}$　② $2\pi R\sqrt{\dfrac{R+h}{GM}}$　③ $\pi(R+h)\sqrt{\dfrac{R+h}{GM}}$

④ $2\pi(R+h)\sqrt{\dfrac{R+h}{GM}}$

41 万有引力による運動②

宇宙船がエンジンを切って，質量 M の太陽のまわりを公転周期 T, 半径 R の等速円運動をしている。万有引力定数を G として以下の空欄に適するものを，それぞれの解答群から一つ選べ。

〈近畿大・改〉

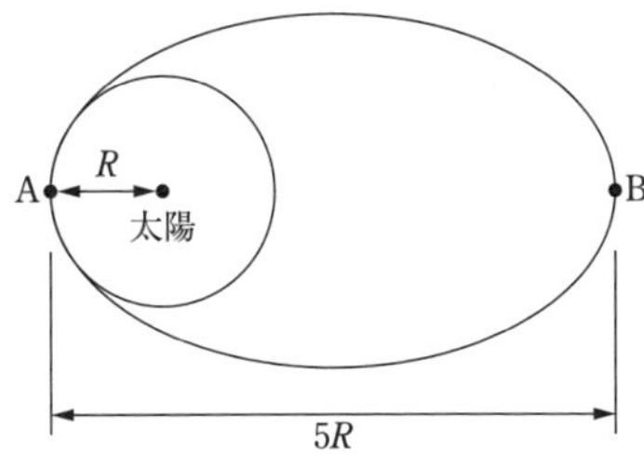

問1 この宇宙船の速さは [1] である。また，宇宙船の質量を m とすると，宇宙船にはたらく向心力の大きさは [2] である。

[1] の解答群

① $\dfrac{R}{2T}$　② $\dfrac{2R}{3T}$　③ $\dfrac{R}{T}$　④ $\dfrac{2R}{T}$　⑤ $\dfrac{\pi R}{2T}$

⑥ $\dfrac{2\pi R}{3T}$　⑦ $\dfrac{\pi R}{T}$　⑧ $\dfrac{2\pi R}{T}$

[2] の解答群

① $\dfrac{\pi mR}{2T^2}$　② $\dfrac{\pi mR}{T^2}$　③ $\dfrac{2\pi mR}{T^2}$　④ $\dfrac{4\pi mR}{T^2}$

⑤ $\dfrac{\pi^2 mR}{2T^2}$　⑥ $\dfrac{\pi^2 mR}{T^2}$　⑦ $\dfrac{2\pi^2 mR}{T^2}$　⑧ $\dfrac{4\pi^2 mR}{T^2}$

太陽と宇宙船との間の万有引力の大きさは [3] である。この万有引力が向心力となるので，関係式 $\dfrac{R^3}{T^2}=$ [4] が成り立つ。したがって公転周期と軌道半径を測定すると，太陽質量は $M=$ [5] と求められる。

[3] の解答群

① $G\dfrac{mM}{2R}$　② $G\dfrac{mM}{R}$　③ $2G\dfrac{mM}{R}$　④ $4G\dfrac{mM}{R}$

⑤ $G\dfrac{mM}{2R^2}$　⑥ $G\dfrac{mM}{R^2}$　⑦ $2G\dfrac{mM}{R^2}$　⑧ $4G\dfrac{mM}{R^2}$

4 の解答群

① $\dfrac{GM}{4\pi^2}$　② $\dfrac{GM}{2\pi^2}$　③ $\dfrac{GM}{\pi^2}$　④ $\dfrac{2GM}{\pi^2}$

⑤ $\dfrac{\pi^2 GM}{4}$　⑥ $\dfrac{\pi^2 GM}{2}$　⑦ $\pi^2 GM$　⑧ $2\pi^2 GM$

5 の解答群

① $\dfrac{\pi^2 R^3}{2GT^2}$　② $\dfrac{\pi^2 R^3}{GT^2}$　③ $\dfrac{2\pi^2 R^3}{GT^2}$　④ $\dfrac{4\pi^2 R^3}{GT^2}$

⑤ $\dfrac{\pi^2 GR^3}{2T^2}$　⑥ $\dfrac{\pi^2 GR^3}{T^2}$　⑦ $\dfrac{2\pi^2 GR^3}{T^2}$　⑧ $\dfrac{4\pi^2 GR^3}{T^2}$

問2　さて，宇宙船が図の点Aに来た時，接線方向に瞬間的にエンジンを噴射させて，その速さを v_A に増加させたのちエンジンを切った。その結果，宇宙船の軌道は長軸ABの長さが $5R$ の楕円軌道となった。点Aにおける宇宙船の面積速度（宇宙船と太陽を結ぶ線分が単位時間に通過する面積）の大きさは 6 である。これを図の点Bにおける面積速度の大きさと比べると，v_A と点Bにおける速さ v_B の比が $\dfrac{v_A}{v_B}$ = 7 と求められる。したがって，力学的エネルギー保存の法則により

v_A = 8 $\times\sqrt{\dfrac{GM}{R}}$ となる。

6 の解答群

① $\dfrac{1}{4}v_A$　② $\dfrac{1}{2}v_A$　③ $2v_A$　④ $4v_A$

⑤ $\dfrac{1}{4}Rv_A$　⑥ $\dfrac{1}{2}Rv_A$　⑦ Rv_A　⑧ $2Rv_A$

7 の解答群

① $\dfrac{1}{4}$　② $\dfrac{1}{2}$　③ $\dfrac{2}{3}$　④ 1　⑤ $\dfrac{3}{2}$　⑥ 2

⑦ 4　⑧ 5

8 の解答群

① $\dfrac{1}{2}$　② $\sqrt{\dfrac{3}{8}}$　③ $\sqrt{\dfrac{1}{2}}$　④ 1　⑤ $\sqrt{\dfrac{8}{5}}$

⑥ $\sqrt{\dfrac{8}{3}}$　⑦ $\sqrt{3}$　⑧ 2

問3　点Aにおける速さ v_A を変化させると，軌道も変化する。この宇宙船が太陽系の外に飛び出すためには v_A は 9 $\times\sqrt{\dfrac{GM}{R}}$ 以上でなければならない。ただし**問2**と同じく，エンジンは点Aにおいてのみ噴射するものとする。

9 の解答群

① $\sqrt{\dfrac{1}{3}}$　② $\sqrt{\dfrac{1}{2}}$　③ $\sqrt{\dfrac{5}{8}}$　④ 1　⑤ $\sqrt{2}$

⑥ $\sqrt{3}$　⑦ 2　⑧ $\sqrt{5}$

第2章　熱

13　気体の状態変化

42　ボイル・シャルルの法則①

断面積S，質量Mのなめらかに動くピストンにより，一定量の気体を閉じ込めたシリンダーがある。このシリンダーを鉛直に立てたり，水平に倒したりして，気体部分の長さを測った。閉じ込められた気体の温度は，常に周囲の大気と同じとして，下の問いに答えよ。ただし，重力加速度の大きさをgとする。〈2001年 本試〉

基 **問1**　大気の圧力がp，絶対温度がTのとき，図1のようにシリンダーを鉛直上向きにした状態で，閉じ込められた気体部分の長さはlであった。このとき，閉じ込められた気体の圧力はいくらか。正しいものを，下の①～⑤のうちから一つ選べ。□

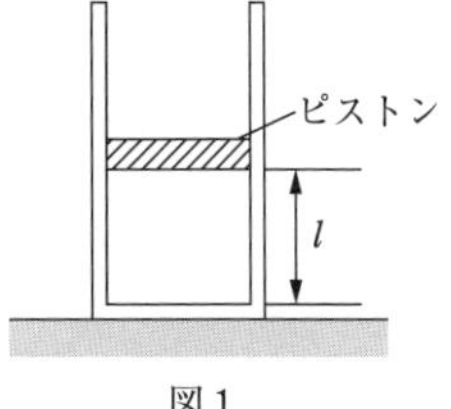

図1

①　p　②　$\dfrac{Mg}{S}$　③　$p+\dfrac{Mg}{S}$　④　$p-\dfrac{Mg}{S}$

⑤　$\dfrac{Mg}{S}-p$

問2　また，図2のようにシリンダーを水平にすると，閉じ込められた気体部分の長さはLになった。以上のことから，大気の圧力pはどのように表されるか。正しいものを，下の①～④のうちから一つ選べ。□

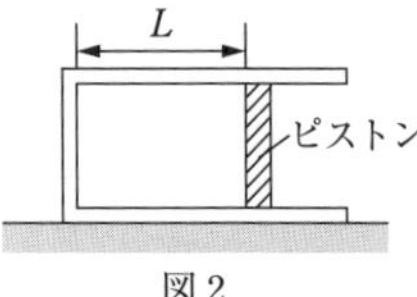

図2

①　$\dfrac{Mg}{S}\cdot\dfrac{L+l}{l}$　②　$\dfrac{Mg}{S}\cdot\dfrac{L-l}{l}$　③　$\dfrac{Mg}{S}\cdot\dfrac{l}{L+l}$

④　$\dfrac{Mg}{S}\cdot\dfrac{l}{L-l}$

問3　次に，大気の圧力がp'，絶対温度がT'のときに，閉じ込められた気体部分の長さを測ると，シリンダーが水平の場合にはL'であった。温度比$\dfrac{T'}{T}$はどのように表されるか。正しいものを，次の①～④のうちから一つ選べ。□

①　$\dfrac{p'}{p}$　②　$\dfrac{L'}{L}$　③　$\dfrac{p'L'}{pL}$　④　$\dfrac{p'L}{pL'}$

43 ボイル・シャルルの法則②

J字形をした断面積一定の管があり，管の壁は熱をよく通す。大気圧 p_0 の下で，その管に液体を注入し，図(a)に示すように，管の上端の一方をふたでふさいだ。このとき，ふたにより閉じ込められた気体の圧力は p_0，温度は T_0，鉛直方向の長さは l_0 であった。この状態を状態Aとする。ただし，液体の密度を ρ，重力加速度の大きさを g とする。また，液体の蒸発は無視できるとし，大気圧 p_0，液体の密度 ρ は常に一定である。

〈2014年 本試〉

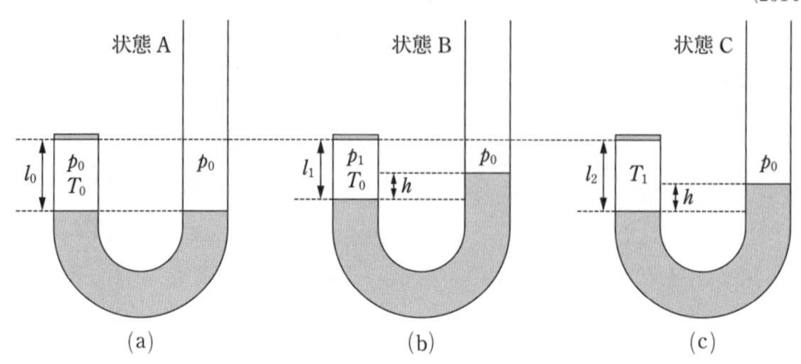

基 **問1** さらに液体を注いだところ，液面が上昇し，図(b)のように，気体部分の長さが l_1，液面の高さの差が h になった。温度は T_0 のまま変わらなかった。この状態を状態Bとする。状態Bの気体の圧力 p_1 を表す式として正しいものを，次の①～⑥のうちから一つ選べ。$p_1=$□

① ρhg　② $\rho(l_0-l_1)g$　③ $\rho(l_1-h)g$　④ $p_0+\rho hg$
⑤ $p_0+\rho(l_0-l_1)g$　⑥ $p_0+\rho(l_1-h)g$

問2 $\dfrac{p_1}{p_0}$ を表す式として正しいものを，次の①～⑥のうちから一つ選べ。$\dfrac{p_1}{p_0}=$□

① $\dfrac{l_0}{h}$　② $\dfrac{l_0}{l_1}$　③ $\dfrac{h}{l_1}$　④ $\dfrac{h}{l_0}$　⑤ $\dfrac{l_1}{l_0}$　⑥ $\dfrac{l_1}{h}$

問3 しばらくして外気温が変化し，液面の高さが変わったので，高さの差が状態Bと同じ h になるように液体の量を調整した。その結果，図(c)のような状態Cになった。このとき，気体の温度は外気温と同じ T_1 であった。状態Cの気体部分の長さ l_2 を l_1 を用いて表す式として正しいものを，次の①～⑥のうちから一つ選べ。

$l_2=$□

① $\dfrac{T_0}{T_1}l_1$　② $\dfrac{T_1}{T_0}l_1$　③ $\dfrac{T_0}{T_1-T_0}l_1$　④ $\dfrac{T_1-T_0}{T_0}l_1$
⑤ $\dfrac{T_1}{T_1-T_0}l_1$　⑥ $\dfrac{T_1-T_0}{T_1}l_1$

44 ボイル・シャルルの法則③

図のように，栓Cが付いた細い管でつながれた二つの円筒容器A，Bがある。左の容器Aの体積は V_0 で，右の容器Bには，なめらかに動く断面積 S のピストンが取り付けられている。はじめ，栓Cは閉じられており，容器Aには温度 T_0 で外部と同じ圧力 P_0 の気体が入っている。また，容器Bの内部は真空であり，体積が $\frac{V_0}{2}$ となるようにピストンが固定されている。ただし，円筒容器，栓，ピストンは熱を通さず，細い管の体積は無視してよいものとする。 〈2005年 本試〉

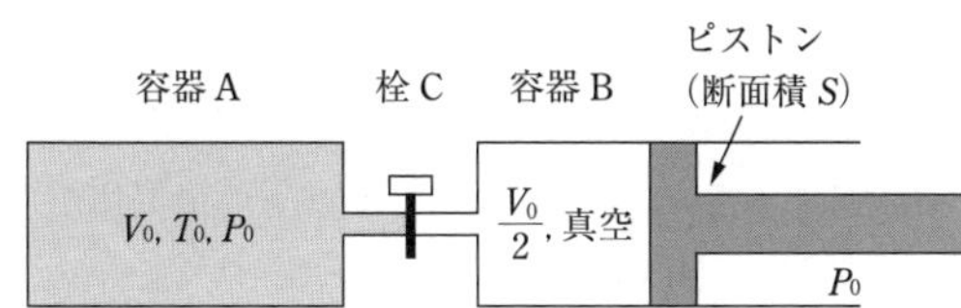

問1 ピストンの位置を保ったまま栓Cを開くと，気体が容器A，B全体に一様に広がり，温度は変化しなかった。この過程に関する記述として正しいものを，次の①～④のうちから一つ選べ。 □

① 気体は外部に対して仕事をせず，気体の圧力は減少した。
② 気体は外部に対して仕事をせず，気体の圧力は変化しない。
③ 気体は外部に対して仕事をし，気体の圧力は減少した。
④ 気体は外部に対して仕事をし，気体の圧力は変化しない。

基 **問2** 問1で気体が一様に広がったのちも，ピストンの位置を一定に保つために，人がピストンに加えなければならない力はいくらか。正しいものを，次の①～⑧のうちから一つ選べ。ただし，力は右向きを正とする。 □

① $\frac{P_0}{3}$　② $\frac{2P_0}{3}$　③ $-\frac{P_0}{3}$　④ $-\frac{2P_0}{3}$　⑤ $\frac{P_0S}{3}$
⑥ $\frac{2P_0S}{3}$　⑦ $-\frac{P_0S}{3}$　⑧ $-\frac{2P_0S}{3}$

問3 続いて，ピストンを静かに動かして容器B内の気体を容器Aにすべて戻した。このとき，気体の温度 T_1，圧力 P_1 は T_0，P_0 に比べてどのようになるか。正しいものを，次の①～⑤のうちから一つ選べ。 □

① $T_1 > T_0$, $P_1 < P_0$　② $T_1 < T_0$, $P_1 > P_0$　③ $T_1 > T_0$, $P_1 > P_0$
④ $T_1 < T_0$, $P_1 < P_0$　⑤ $T_1 = T_0$, $P_1 = P_0$

45 理想気体の状態方程式

右図のような二つのピストン付きシリンダー（シリンダー1とシリンダー2）が体積の無視できる細い管で連結された装置がある。管の中央には，断熱材でできた仕切り板と開け閉めできるコックが付いている。ピストンは断熱材でできており，外部の力によって固定または上下に移動できるようになっている。また，シリンダー1は水槽の内部に設置されている。

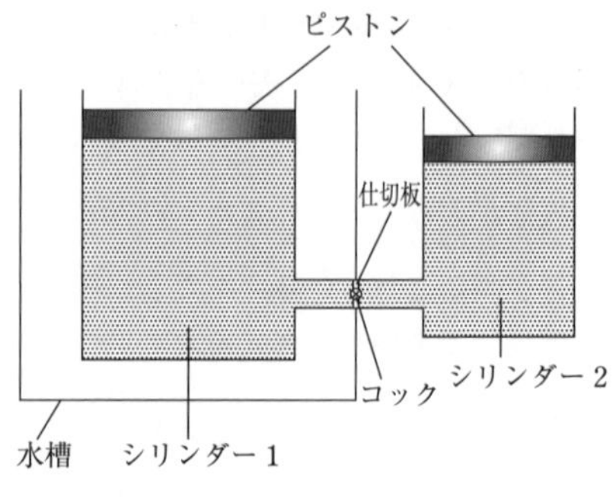

はじめ，コックは閉じられており，同一の単原子分子理想気体が，シリンダー1には n_1〔mol〕，シリンダー2には n_2〔mol〕，それぞれ封入されていた。また，ピストンは固定されており，シリンダー1内部とシリンダー2内部の体積はそれぞれ $3V$〔m^3〕，V〔m^3〕であった。装置全体は温度 T_0〔K〕の大気中に設置されており，水槽には水はなく，両シリンダーともに大気と熱平衡の状態にあった。気体定数を R〔J/(mol·K)〕とする。

〈東京海洋大・改〉

問1　ピストンを固定したままコックを開けたところ，シリンダー1からシリンダー2へ気体が流れた。このようにシリンダー1からシリンダー2へ気体が流れるための条件の不等式として正しいものを，次の①～⑤から一つ選べ。［　　］

①　$n_1 > n_2$　②　$n_1 > 2n_2$　③　$n_1 > 3n_2$　④　$2n_1 < n_2$　⑤　$3n_1 < n_2$

問2　問1の操作ののち，十分に時間が経過してから，コックを閉じた。ピストンは固定したままとし，水槽に水を入れ，水の温度を $\frac{5}{4}T_0$〔K〕に保ったところ，やがて熱平衡状態に達した。このときのシリンダー1内部の気体の圧力［ 1 ］およびシリンダー2内部の気体の圧力［ 2 ］として正しいものを，次の①～⑤からそれぞれ一つ選べ。［ 1 ］Pa，［ 2 ］Pa

①　$\dfrac{(n_1+n_2)RT_0}{V}$　②　$\dfrac{(n_1+n_2)RT_0}{4V}$　③　$\dfrac{5(n_1+n_2)RT_0}{16V}$

④　$\dfrac{(n_1+n_2)RT_0}{3V}$　⑤　$\dfrac{5(n_1+n_2)RT_0}{4V}$

問3　問2の操作ののち，シリンダー1内部とシリンダー2内部の気体の体積がそれぞれ $2V$〔m^3〕と $\frac{1}{2}V$〔m^3〕になるようにピストンを移動させて固定した。十分に時間が経過して熱平衡状態に達したあとにコックを開けると，その直後に気体はどちらの向きに流れるか。正しいものを次の①～③から一つ選べ。［　　］

①　シリンダー1からシリンダー2へ流れる
②　シリンダー2からシリンダー1へ流れる
③　流れない

14 気体の内部エネルギー

46 気体の内部エネルギー①

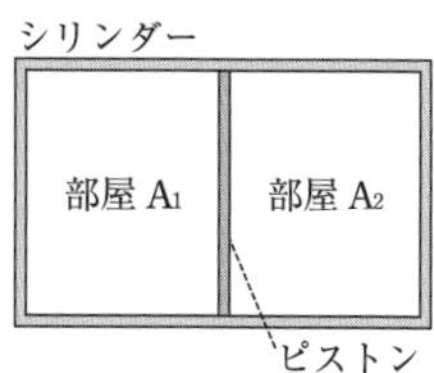

図のように，ピストンによって二つの部屋 A_1，A_2 に仕切られた総容積 $2V$ のシリンダーを考える。ピストンとシリンダーによって二つの部屋の気密性はつねに保たれており，部屋 A_1 には n_1 モルの単原子分子理想気体，部屋 A_2 には n_2 モルの単原子分子理想気体がそれぞれ封入されている。シリンダー内部は断熱壁で外界から隔てられている。ピストンは熱伝導性を制御できて，必要に応じて，断熱壁にすることも透熱壁にすることもできる。また，ピストンの熱容量，ピストンとシリンダーの間の摩擦はどちらも無視できるとする。気体定数を R とし，温度 T における1モルの単原子分子理想気体の内部エネルギーが $\dfrac{3}{2}RT$ となることを用いてよい。〈学習院大・改〉

問1 最初，ピストンを断熱壁にしておき，部屋 A_1 と部屋 A_2 の容積がともに V であるような位置に固定しておく。また，このときの部屋 A_1，A_2 内の気体の温度をそれぞれ T_1，T_2 とおく。部屋 A_1，A_2 内の圧力 p_1，p_2 の組合せとして正しいものを，次の①～⑤から一つ選べ。［　　］

	p_1	p_2
①	$\dfrac{RT_1}{n_1V}$	$\dfrac{RT_2}{n_2V}$
②	$\dfrac{VT_1}{n_1R}$	$\dfrac{VT_2}{n_2R}$
③	$\dfrac{n_1VT_1}{R}$	$\dfrac{n_2VT_2}{R}$
④	$\dfrac{n_1RT_1}{V}$	$\dfrac{n_2RT_2}{V}$
⑤	$\dfrac{n_1RV_1}{T_1}$	$\dfrac{n_2RV_2}{T_2}$

問2 この状態における部屋 A_1 内の気体の内部エネルギーと部屋 A_2 内の気体の内部エネルギーの和 U として正しいものを，次の①～⑤から一つ選べ。［　　］

① $\dfrac{3}{2}(n_1+n_2)R(T_1+T_2)$　② $\dfrac{3}{2}n_1n_2R(T_1+T_2)$　③ $\dfrac{3}{2}(n_1+n_2)RT_1T_2$

④ $\dfrac{3}{2}R(n_1T_1+n_2T_2)$　⑤ $\dfrac{3}{2}n_1n_2RT_1T_2$

問3　次に，ピストンを固定したまま断熱性を弱め，ピストンを介して熱が部屋 A_1 と A_2 の間を伝わることができるようにしたところ，しばらく経ったのちに部屋 A_1，A_2 の全体は平衡状態に落ち着いた。このときの部屋 A_1，A_2 の共通の温度 T'＝［ 1 ］として正しいものを，次の①～⑤から一つ選べ。また，部屋 A_1 内の圧力 p_1'，および A_2 内の圧力 p_2' の組合せとして最も適当なものを，下の①～⑤から一つ選べ。［ 2 ］

［ 1 ］の解答群

① $\dfrac{T_1+T_2}{2}$　② $\sqrt{T_1T_2}$　③ $\dfrac{n_1T_1+n_2T_2}{n_1+n_2}$　④ $\dfrac{n_2T_1+n_1T_2}{n_1+n_2}$

⑤ $\dfrac{n_2}{n_1}T_1+\dfrac{n_1}{n_2}T_2$

［ 2 ］の解答群

	p_1'	p_2'
①	$\dfrac{n_1R(T_1+T_2)}{2V}$	$\dfrac{n_2R(T_1+T_2)}{2V}$
②	$\dfrac{n_1R\sqrt{T_1T_2}}{V}$	$\dfrac{n_2R\sqrt{T_1T_2}}{V}$
③	$\dfrac{n_1RT_1}{V}$	$\dfrac{n_2RT_2}{V}$
④	$\dfrac{n_1R(n_1T_1+n_2T_2)}{V(n_1+n_2)}$	$\dfrac{n_2R(n_1T_1+n_2T_2)}{V(n_1+n_2)}$
⑤	$\dfrac{n_1R(n_2T_1+n_1T_2)}{V(n_1+n_2)}$	$\dfrac{n_2R(n_2T_1+n_1T_2)}{V(n_1+n_2)}$

問4　次に，ピストンを固定していたストッパーをはずし，ピストンを自由に動けるようにした。このとき，ストッパーの操作を介してピストンが外部に仕事をするようなことはなかったとする。しばらく経ったのち，ピストンは平衡の位置に落ち着いた。このときの部屋 A_1，A_2 内の共通の温度 T''＝［ 3 ］，部屋 A_1，A_2 内の共通の圧力 p''＝［ 4 ］および部屋 A_1 の容積 V_1''＝［ 5 ］として正しいものを，それぞれ次の①～⑤から一つ選べ。

［ 3 ］の解答群

① $\dfrac{T_1+T_2}{2}$　② $\sqrt{T_1T_2}$　③ $\dfrac{n_1T_1+n_2T_2}{n_1+n_2}$　④ $\dfrac{n_2T_1+n_1T_2}{n_1+n_2}$

⑤ $\dfrac{n_2}{n_1}T_1+\dfrac{n_1}{n_2}T_2$

［ 4 ］の解答群

① $\dfrac{(n_1+n_2)R(T_1+T_2)}{V}$　② $\dfrac{R(n_1T_1+n_2T_2)}{V}$　③ $\dfrac{R(n_2T_1+n_1T_2)}{V}$

④ $\dfrac{R(n_1T_1+n_2T_2)}{2V}$　⑤ $\dfrac{R(n_2T_1+n_1T_2)}{2V}$

[5] の解答群

① V　② $\dfrac{n_1}{n_1+n_2}V$　③ $\dfrac{n_2}{n_1+n_2}V$　④ $\dfrac{2n_1}{n_1+n_2}V$　⑤ $\dfrac{2n_2}{n_1+n_2}V$

問5　問4の最後の平衡状態における，部屋 A_1，A_2 内の気体の内部エネルギーの和として正しいものを，次の①～⑥から一つ選べ。[　]

① $\dfrac{3}{2}(n_1+n_2)RT''$　② $\dfrac{3(n_1+n_2)}{2n_1n_2}RT''$　③ $\dfrac{3n_1n_2}{2(n_1+n_2)}RT''$

④ $\dfrac{5}{2}(n_1+n_2)RT''$　⑤ $\dfrac{5(n_1+n_2)}{2n_1n_2}RT''$　⑥ $\dfrac{5n_1n_2}{2(n_1+n_2)}RT''$

47 気体の内部エネルギー②

図のように，熱をよく通す二つの容器A，Bが，コックの付いた容積の無視できる細い管でつなげられ，大気中に置かれている。容器A，Bの容積はそれぞれ V_A，V_B である。コックが閉じた状態で，同じ分子からなる理想気体を，容器A，Bにそれぞれ物質量 n_A，n_B だけ閉じ込める。大気の温度はつねに一定であるものとする。

〈2016年 本試〉

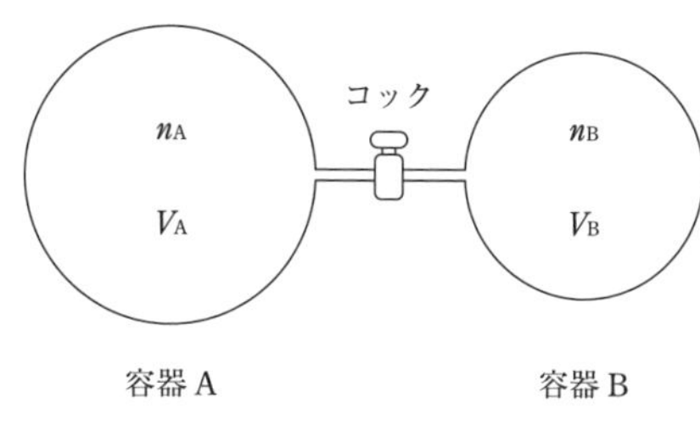

問1　容器A, B内の気体の圧力をそれぞれ p_A, p_B としたとき, 圧力の比 $\dfrac{p_A}{p_B}$ を表す式として正しいものを，次の①～⑥のうちから一つ選べ。$\dfrac{p_A}{p_B}=$ [　]

① $\dfrac{n_A}{n_B}$　② $\dfrac{n_AV_A}{n_BV_B}$　③ $\dfrac{n_AV_B}{n_BV_A}$　④ $\dfrac{n_B}{n_A}$　⑤ $\dfrac{n_BV_B}{n_AV_A}$　⑥ $\dfrac{n_BV_A}{n_AV_B}$

問2　次に，コックを開ける。十分に時間が経ったとき，容器内の気体の圧力 p を表す式として正しいものを，次の①～⑤のうちから一つ選べ。$p=$ [　]

① $\dfrac{p_AV_A}{V_B}+\dfrac{p_BV_B}{V_A}$　② $\dfrac{p_AV_B}{V_A}+\dfrac{p_BV_A}{V_B}$　③ $\dfrac{p_AV_A+p_BV_B}{V_A+V_B}$

④ $\dfrac{p_AV_B+p_BV_A}{V_A+V_B}$　⑤ p_A+p_B

問3　コックを開ける前の気体の内部エネルギーの和 U_0 と，コックを開けて十分に時間が経った後の内部エネルギー U_1 の差 U_0-U_1 を表す式として正しいものを，次の①～⑤のうちから一つ選べ。$U_0-U_1=$ [　]

① $p(V_A+V_B)$　② $p_AV_A+p_BV_B$　③ $p_AV_A+p_BV_B-\dfrac{1}{2}p(V_A+V_B)$

④ $\dfrac{1}{2}p(V_A+V_B)-p_AV_A-p_BV_B$　⑤ 0

15 熱力学第一法則

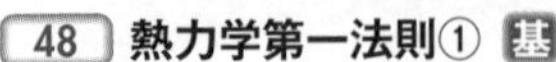

48 熱力学第一法則① 基

図のように，熱を通さない容器とピストンが大気中に置かれている。容器内には気体が入っていて，電気抵抗 r のヒーターで暖めることができる。

〈2006年 本試〉

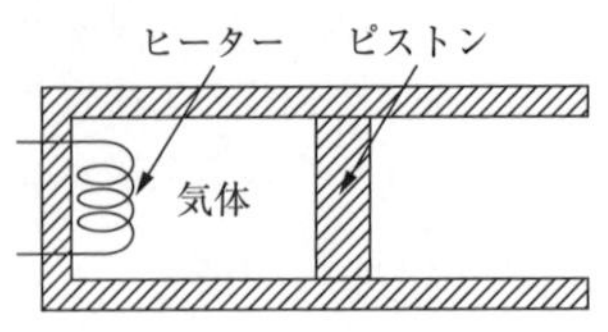

問1 ヒーターに電圧 V をかけたとき，時間 t の間に発生する熱量はいくらか。最も適当なものを，次の①～⑥のうちから一つ選べ。［　　］

① $\dfrac{V^2t}{r}$　② rV^2t　③ rVt　④ $\dfrac{V^2t}{2r^2}$　⑤ $\dfrac{r^2V^2t}{2}$　⑥ $\dfrac{r^2Vt}{2}$

問2 ヒーターに電流を流して5.6 J の熱量を気体に与えたところ，気体がゆっくり膨張し，ピストンがなめらかに右側へ移動した。このとき気体は1.6 J の仕事をした。気体の内部エネルギーはどれだけ増加したか。最も適当な数値を，次の①～⑥のうちから一つ選べ。［　　］J

① 0　② 1.6　③ 4.0　④ 5.6　⑤ 6.7　⑥ 7.2

問3 次の文章中の空欄［ア］・［イ］に入れる語句の組合せとして最も適当なものを，下の①～④のうちから一つ選べ。［　　］

気体の内部エネルギーは，分子の運動エネルギーと分子間にはたらく力による位置エネルギーの和であり，後者は前者に比べて無視できる。気体を構成する分子はさまざまな方向に運動しているが，温度が［ア］ほど，この運動は激しく，内部エネルギーは［イ］。

	ア	イ
①	低　い	小さい
②	低　い	大きい
③	高　い	小さい
④	高　い	大きい

49 熱力学第一法則②

次の文章中の空欄 [1]〜[3] に入れる式または語句として最も適当なものを，それぞれの直後の｛　｝で囲んだ選択肢のうちから一つずつ選べ。ただし，気体定数は R，重力加速度の大きさを g とする。〈共通テスト試行調査〉

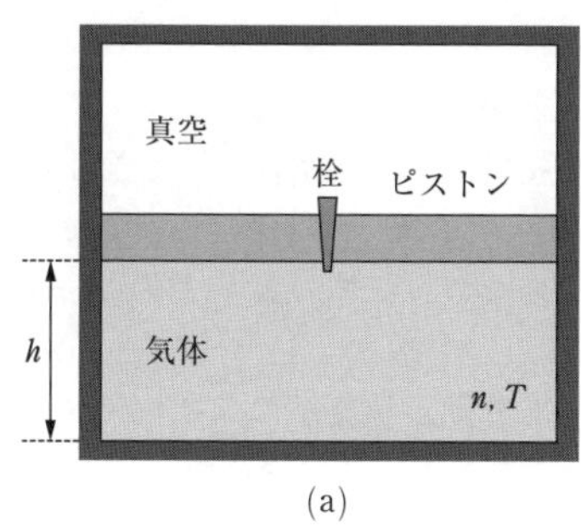

(a)

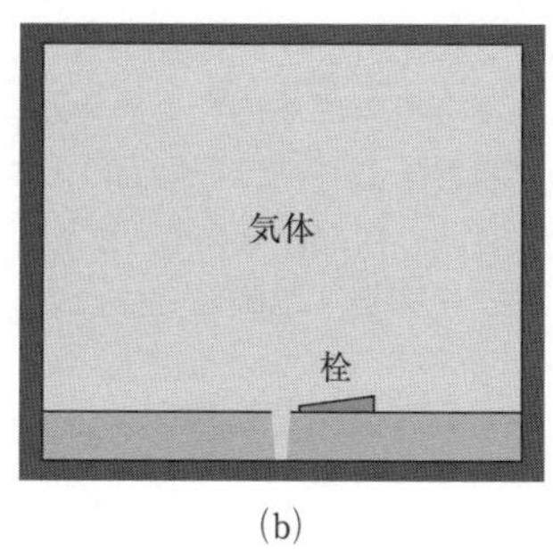

(b)

図(a)のように，断熱材でできた密閉したシリンダーを鉛直に立て，なめらかに動く質量 m のピストンで仕切り，その下側に物質量 n の単原子分子の理想気体を入れた。上側は真空であった。ピストンはシリンダーの底面からの高さ h の位置で静止し，気体の温度は T であった。このとき，$mgh=$ [1] ｛① $\frac{1}{2}nRT$　② nRT　③ $\frac{3}{2}nRT$　④ $2nRT$　⑤ $\frac{5}{2}nRT$｝が成り立つ。

ピストンについていた栓を抜いたところ，図(b)のようにピストンはシリンダーの底面までゆっくりと落下し，気体はシリンダー内全体に広がった。

気体は [2] ｛① 等温で膨張するので，② 断熱膨張するので，③ 真空中への膨張なので仕事はせず，④ ピストンから押されることで正の仕事をされ，｝

気体の温度は [3] ｛① 上がる。② 下がる。③ 変化しない。｝

50 熱力学第一法則③

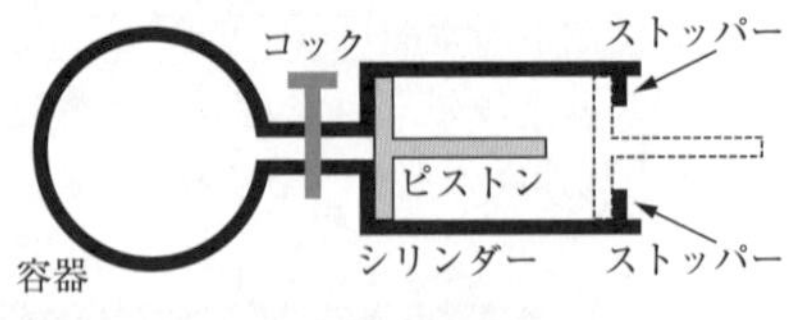

図のように，容器とシリンダーが接続されている。接続部分にあるコックを閉じることによって，容器とシリンダーを仕切ることができる。シリンダーにはピストンが付いており，ピストンはシリンダーの奥からストッパーの位置までシリンダー内をなめらかに動くことができる。容器，シリンダー，ピストン，コックは熱を通さず，容器とシリンダーの接続部分の体積は無視できるものとする。

はじめ，容器の内部に気体(理想気体)が封入されてコックは閉じられており，ピストンはシリンダーの奥まで押し込まれている。このとき，気体の温度は T_0 であった。

〈2013年 本試〉

問1 まずコックを開き，ピストンを右にゆっくり動かしながら，ストッパーの位置まで移動させた。このとき，気体の温度は T_1 であった。この過程で気体がした仕事を W_1 とする。

次に，ピストンをゆっくり左に動かし，シリンダーの奥まで押し込んだ。このとき，気体の温度は T_0 であった。この過程で気体がした仕事を W_2 とする。

温度 T_0，T_1 の大小関係と，W_1，W_2 の関係を表す式の組合せとして正しいものを，次の①～⑨のうちから一つ選べ。［　　］

	T_0，T_1 の大小関係	W_1，W_2 の関係
①	$T_0 < T_1$	$W_1 + W_2 > 0$
②	$T_0 < T_1$	$W_1 + W_2 = 0$
③	$T_0 < T_1$	$W_1 + W_2 < 0$
④	$T_0 = T_1$	$W_1 + W_2 > 0$
⑤	$T_0 = T_1$	$W_1 + W_2 = 0$
⑥	$T_0 = T_1$	$W_1 + W_2 < 0$
⑦	$T_0 > T_1$	$W_1 + W_2 > 0$
⑧	$T_0 > T_1$	$W_1 + W_2 = 0$
⑨	$T_0 > T_1$	$W_1 + W_2 < 0$

問2 ピストンが押し込まれているはじめの状態から，コックを閉じたままピストンをストッパーの位置まで動かして固定する。

その状態で，コックを開き，気体をシリンダー内に充満させた。このとき，気体の温度は T_3 であった。この過程では，気体は真空のシリンダー内に広がるだけであり，ピストンに対して仕事をしない。

その後，シリンダーの奥までピストンをゆっくり動かし，気体を容器に戻した。このとき，気体の温度は T_4 であった。

温度 T_0, T_3, T_4 の大小関係を表す式として正しいものを，次の①～⑥のうちから一つ選べ。 [ ]

① $T_0 = T_3 < T_4$　② $T_3 < T_4 < T_0$　③ $T_3 < T_0 = T_4$　④ $T_0 = T_4 < T_3$
⑤ $T_4 < T_0 < T_3$　⑥ $T_4 < T_0 = T_3$

51 p-V グラフ①

ある気体(理想気体)が，ピストンでシリンダー内に閉じ込められている。図は，この気体の圧力と体積の変化を表す図である。はじめ状態Aにあった気体を，状態B，状態C，状態Dの順に変化させた後，再び状態Aに戻した。ただし，過程A→Bは断熱変化，過程B→Cは定圧(等圧)変化，過程C→Dは定積(等積)変化，過程D→Aは等温変化である。　〈2009年 本試〉

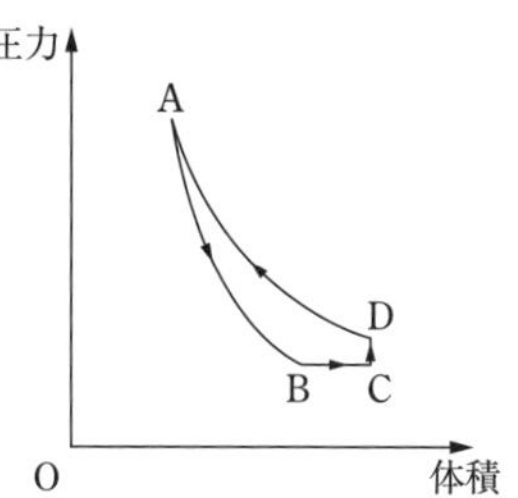

問1　状態A, B, Cの温度をそれぞれ T_A, T_B, T_C としたとき，それらの関係を表す不等式として正しいものを，次の①～⑥のうちから一つ選べ。 [ ]

① $T_A < T_B < T_C$　② $T_A < T_C < T_B$　③ $T_B < T_A < T_C$　④ $T_B < T_C < T_A$
⑤ $T_C < T_A < T_B$　⑥ $T_C < T_B < T_A$

問2　三つの過程B→C, C→D, D→Aにおいて，**気体がピストンにした仕事**を $W_{B→C}$, $W_{C→D}$, $W_{D→A}$ とする。それぞれ，正であるか，負であるか，0であるかについて，正しい組合せを，次の①～⑥のうちから一つ選べ。 [ ]

	$W_{B→C}$	$W_{C→D}$	$W_{D→A}$
①	正	負	0
②	正	0	負
③	負	正	0
④	負	0	正
⑤	0	正	負
⑥	0	負	正

52 p-V グラフ②

図1のようにピストンを備えた容器の中に理想気体を入れ，その状態（圧力，体積，絶対温度）を変化させた。はじめ，容器内の気体は状態A（圧力 p_0，体積 V_0，絶対温度 T_0）にあった。その後，気体の状態を状態A → 状態B（圧力 p_0，体積 V_1）→ 状態C（圧力 p_2，体積 V_2）→ 状態D（圧力 p_2，体積 V_0）→ 状態Aとゆっくりと変化させた。そのときの気体の圧力と体積の関係をグラフに表したところ図2となった。ここで，状態Bから状態Cへ変化する過程では，気体の圧力はつねにその体積に反比例していた。

〈2002年 本試〉

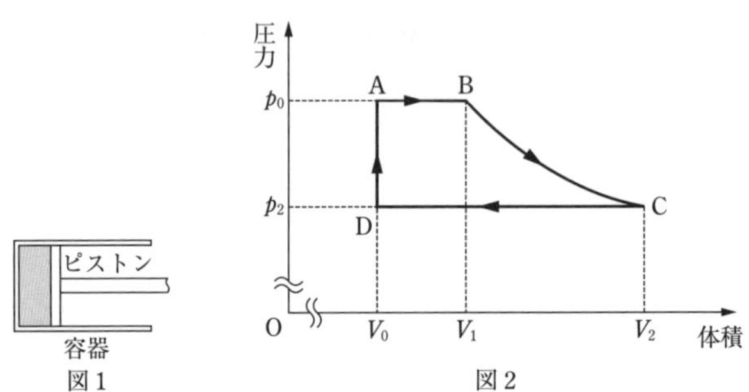

図1　図2

問1　状態Bから状態Cへ変化する過程では，容器内の気体の絶対温度とその内部エネルギーはどのように変化するか。正しいものを，次の①～⑤のうちから一つ選べ。 □

① 容器内の気体の絶対温度は上がり，その内部エネルギーは増加する。
② 容器内の気体の絶対温度は下がり，その内部エネルギーは減少する。
③ 容器内の気体の絶対温度は変わらず，その内部エネルギーは増加する。
④ 容器内の気体の絶対温度は変わらず，その内部エネルギーは減少する。
⑤ 容器内の気体の絶対温度も内部エネルギーも変化しない。

問2　図2のように容器内の気体の状態が変化する過程のうち，外部へ熱を放出する過程はどれか。正しいものを，次の①～⑤のうちから一つ選べ。 □

① 状態A → 状態B　② 状態B → 状態C　③ 状態C → 状態D
④ 状態D → 状態A　⑤ そのような過程はない。

問3　状態Dのときの気体の絶対温度は T_0 の何倍か。正しいものを，次の①～⑦のうちから一つ選べ。 □ 倍

① $\frac{V_0}{V_1}$　② $\frac{V_1}{V_2}$　③ $\frac{V_2}{V_0}$　④ $\frac{V_1}{V_0}$　⑤ $\frac{V_2}{V_1}$　⑥ $\frac{V_0}{V_2}$　⑦ 1

第3章　波　　動

16 屈折の法則

53 屈折の法則

媒質1から入射した平面波が境界面で屈折し，媒質2を伝播（でんぱ）している。ある時刻における波の様子を図に示す。図中の破線は平面波の山の位置を表しており，媒質1，2において破線が境界面となす角度をそれぞれ θ_1，θ_2，境界面上での山の間隔を d とする。また，媒質1，2での波の速さをそれぞれ v_1，v_2，波長をそれぞれ λ_1，λ_2 とする。〈2015年 本試〉

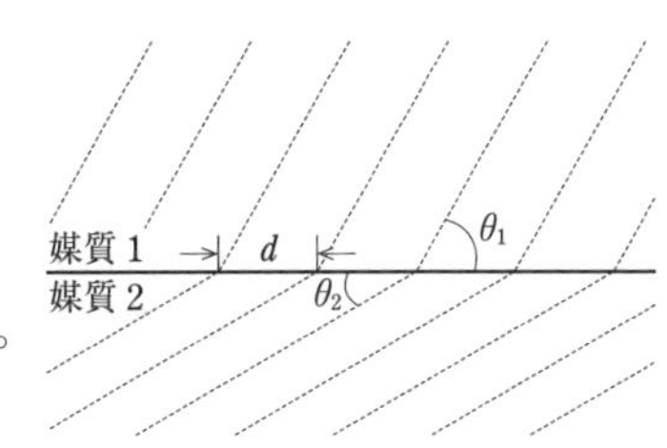

問1　境界面上の一点において，単位時間当たりに，媒質1から到達する波の山の数と媒質2へと出ていく波の山の数とは等しい。このことから成立する関係として正しいものを，次の①～⑥のうちから一つ選べ。□

① $v_1\lambda_1\sin\theta_1 = v_2\lambda_2\sin\theta_2$　② $v_1\lambda_1\cos\theta_1 = v_2\lambda_2\cos\theta_2$　③ $\dfrac{v_1\sin\theta_1}{\lambda_1} = \dfrac{v_2\sin\theta_2}{\lambda_2}$

④ $\dfrac{v_1\cos\theta_1}{\lambda_1} = \dfrac{v_2\cos\theta_2}{\lambda_2}$　⑤ $v_1\lambda_1 = v_2\lambda_2$　⑥ $\dfrac{v_1}{\lambda_1} = \dfrac{v_2}{\lambda_2}$

問2　境界面上での山の間隔 d が媒質1と2において共通であることから成立する関係として正しいものを，次の①～⑦のうちから一つ選べ。□

① $\lambda_1\sin\theta_1 = \lambda_2\sin\theta_2$　② $\dfrac{\lambda_1}{\sin\theta_1} = \dfrac{\lambda_2}{\sin\theta_2}$　③ $\lambda_1\cos\theta_1 = \lambda_2\cos\theta_2$

④ $\dfrac{\lambda_1}{\cos\theta_1} = \dfrac{\lambda_2}{\cos\theta_2}$　⑤ $\lambda_1\tan\theta_1 = \lambda_2\tan\theta_2$　⑥ $\dfrac{\lambda_1}{\tan\theta_1} = \dfrac{\lambda_2}{\tan\theta_2}$

⑦ $\lambda_1 = \lambda_2$

17 波の干渉

54 水面波の干渉①

次の文章中の空欄 [　　] に入れる式として正しいものを，下の①～④のうちから一つ選べ。 〈2022年 本試〉

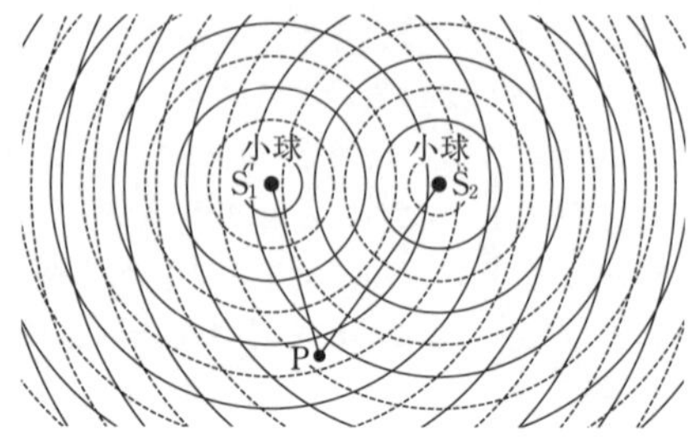

図のように，2個の小球を水面上の点 S_1，S_2 に置いて，鉛直方向に同一周期，同一振幅，**逆位相**で単振動させると，S_1，S_2 を中心に水面上に円形波が発生した。図に描かれた実線は山の波面を，破線は谷の波面を表す。水面上の点Pと S_1，S_2 の距離をそれぞれ l_1，l_2，水面波の波長を λ とし，$m=0,\ 1,\ 2,\ \cdots$ とすると，Pで水面波が互いに強めあう条件は，$|l_1-l_2|=$ [　　] と表される。ただし，S_1 と S_2 の間の距離は波長の数倍以上大きいとする。

① $m\lambda$　② $\left(m+\frac{1}{2}\right)\lambda$　③ $2m\lambda$　④ $(2m+1)\lambda$

55 水面波の干渉②

水面波の干渉について考える。図のように，水路に仕切り板を置き，水路に沿った方向に小さく振動させたところ，仕切り板の両側において周期 T で互いに逆位相の水面波が発生した。二つの水面波は，水路を伝わった後，出口Aと出口Bから広がって水路の外で干渉した。水面波の速さは，水路の中と外で等しく，v であるとする。また，水路の幅の影響は無視してよい。 〈2015年 本試〉

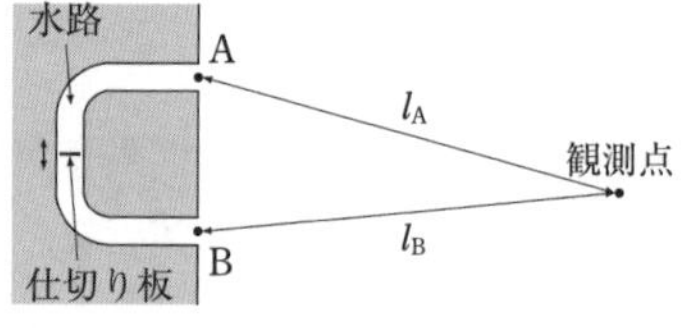

問1　はじめ，仕切り板の振動の中心は，出口Aまでの経路の長さと出口Bまでの経路の長さが等しくなる位置にあった。出口Aおよび出口Bから観測点までの距離をそれぞれ l_A，l_B とするとき，干渉によって水面波が強めあう条件を表す式として正しいものを，次の①～⑧のうちから一つ選べ。ただし，$m=0,\ 1,\ 2,\ \cdots$ である。[　　]

① $l_A+l_B=mvT$　② $l_A+l_B=\left(m+\frac{1}{2}\right)vT$　③ $l_A+l_B=\frac{mvT}{2}$

④ $l_A+l_B=\left(\frac{m}{2}+\frac{1}{4}\right)vT$　⑤ $|l_A-l_B|=mvT$　⑥ $|l_A-l_B|=\left(m+\frac{1}{2}\right)vT$

⑦ $|l_A-l_B|=\frac{mvT}{2}$　⑧ $|l_A-l_B|=\left(\frac{m}{2}+\frac{1}{4}\right)vT$

問2　次に，仕切り板の振動の中心位置を水路に沿って d だけずらしたところ，**問1**の状況において二つの水面波が強めあっていた場所が，弱めあう場所となった。d の最

小値として正しいものを，次の①～⑤のうちから一つ選べ。□

① $\frac{vT}{8}$　② $\frac{vT}{4}$　③ $\frac{vT}{2}$　④ vT　⑤ $2vT$

56 音の干渉

図のような，入口Sから音を入れ，左右二つの経路(SATとSBT)を通った音を干渉させ，出口Tで音を聞くことができる装置がある。また，右側の経路の長さは，管Bを出し入れすることにより変化させることができる。図のように管Bを完全に入れた状態で，左右の経路の長さは等しくなっているとする。〈2000年 本試〉

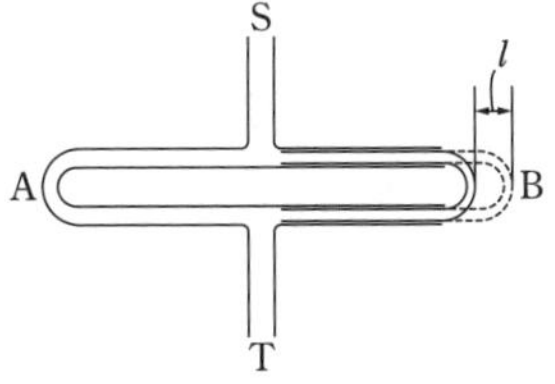

問1 音源の振動数がfのとき，管Bを引き出していくと，出口Tで聞く音が次第に小さくなり，ちょうどlだけ引き出したとき，はじめて最小になった。音速をvとすると，振動数fはいくらか。正しいものを，次の①～⑤のうちから一つ選べ。□

① $\frac{v}{8l}$　② $\frac{v}{4l}$　③ $\frac{v}{2l}$　④ $\frac{v}{l}$　⑤ $\frac{2v}{l}$

基 **問2** 次に，管Bを元に戻し，入口Sから振動数fの音と，fより少し低い振動数f'の音を同時に入れる。このとき，管Bを引き出すにつれて，出口Tで聞こえる音はどのように変化するか。最も適当なものを，次の①～④のうちから一つ選べ。□

① はじめ，振動数$f-f'$のうなりが聞こえるが，lだけ引き出すと振動数f'の音だけが目立って聞こえる。

② はじめ，振動数$f-f'$のうなりが聞こえるが，lだけ引き出すと振動数fの音だけが目立って聞こえる。

③ はじめ，振動数$\frac{f-f'}{2}$のうなりが聞こえるが，lだけ引き出すと振動数f'の音だけが目立って聞こえる。

④ はじめ，振動数$\frac{f-f'}{2}$のうなりが聞こえるが，lだけ引き出すと振動数fの音だけが目立って聞こえる。

基 **問3** 室温を変えて**問1**と同じ実験を行ったときのl〔m〕の値の変化を考える。はじめの室温は30°Cであり，次に室温を5°Cとした。ここで，温度t〔°C〕における音速v〔m/s〕は次式で与えられる。

$$v=331.5+0.6t$$

音の振動数を500 Hzとするとき，lの値の変化の大きさはおよそいくらか。最も適当なものを，次の①～⑥のうちから一つ選べ。□$\times10^{-2}$ m

① 0.4　② 0.8　③ 1.2　④ 1.6　⑤ 2.0　⑥ 2.4

18 ドップラー効果

57 ドップラー効果

音のドップラー効果について考える。音源，観測者，反射板はすべて一直線上に位置しているものとし，空気中の音の速さはVとする。また，風は吹いていないものとする。

〈2017年 本試〉

問1 次の文章中の空欄 ア ・ イ に入れる語句と式の組合せとして最も適当なものを，下の①～⑨のうちから一つ選べ。［　　］

図1のように，静止している振動数f_1の音源へ向かって，観測者が速さvで移動している。このとき，観測者に聞こえる音の振動数は ア ，音源から観測者へ向かう音波の波長は イ である。

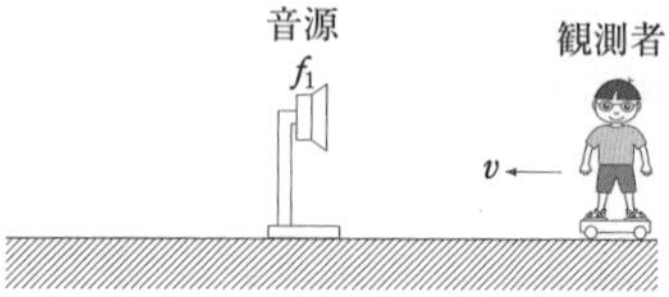

音源 f_1　観測者　v

図1

	ア	イ
①	f_1よりも小さく	$\dfrac{V-v}{f_1}$
②	f_1よりも小さく	$\dfrac{V}{f_1}$
③	f_1よりも小さく	$\dfrac{V^2}{(V+v)f_1}$
④	f_1と等しく	$\dfrac{V-v}{f_1}$
⑤	f_1と等しく	$\dfrac{V}{f_1}$
⑥	f_1と等しく	$\dfrac{V^2}{(V+v)f_1}$
⑦	f_1よりも大きく	$\dfrac{V-v}{f_1}$
⑧	f_1よりも大きく	$\dfrac{V}{f_1}$
⑨	f_1よりも大きく	$\dfrac{V^2}{(V+v)f_1}$

問2 図2のように，静止している観測者へ向かって，振動数f_2の音源が速さvで移動している。音源から観測者へ向かう音波の波長λを表す式として正しいものを，下の①～⑤のうちから一つ選べ。$\lambda=$［　　］

図2

① $\dfrac{V}{f_2}$　② $\dfrac{V-v}{f_2}$　③ $\dfrac{V+v}{f_2}$　④ $\dfrac{V^2}{(V-v)f_2}$　⑤ $\dfrac{V^2}{(V+v)f_2}$

問3 図3のように，静止している振動数f_1の音源へ向かって，反射板を速さvで動かした。音源の背後で静止している観測者は，反射板で反射した音を聞いた。その音の振動数はf_3であった。反射板の速さvを表す式として正しいものを，次ページの①～⑧のうちから一つ選べ。$v=$［　　］

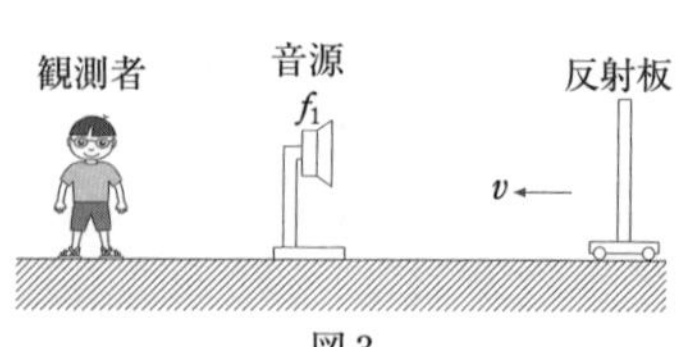

図3

① $\dfrac{f_3-f_1}{f_3+f_1}V$　② $\dfrac{f_3+f_1}{f_3-f_1}V$　③ $\dfrac{f_3-f_1}{f_1}V$　④ $\dfrac{f_3-f_1}{f_3}V$

⑤ $\sqrt{\dfrac{f_3-f_1}{f_1}}V$　⑥ $\sqrt{\dfrac{f_3-f_1}{f_3}}V$　⑦ $\dfrac{\sqrt{f_3}-\sqrt{f_1}}{\sqrt{f_1}}V$　⑧ $\dfrac{\sqrt{f_3}-\sqrt{f_1}}{\sqrt{f_3}}V$

58 斜め方向のドップラー効果

全方向に等しく音を出す小球状の音源が，図1のように，点Oを中心として半径 r，速さ v で時計回りに等速円運動をしている。音源は一定の振動数 f_0 の音を出しており，音源の円軌道を含む平面上で静止している観測者が，届いた音波の振動数 f を測定する。

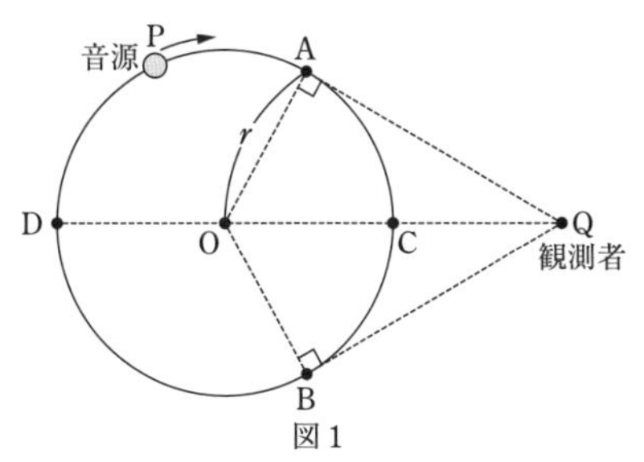

図1

音源と観測者の位置をそれぞれ点P，Qとする。点Qから円に引いた2本の接線の接点のうち，音源が観測者に近づきながら通過する方を点A，遠ざかりながら通過する方を点Bとする。また，直線OQが円と交わる2点のうち観測者に近い方を点C，遠い方を点Dとする。v は音速 V より小さく，風は吹いていない。〈2023年 本試〉

問1　音源にはたらいている向心力の大きさと，音源が円軌道を点Cから点Dまで半周する間に向心力がする仕事を表す式の組合せとして正しいものを，次の①～⑤のうちから一つ選べ。ただし，音源の質量を m とする。[　　　]

	①	②	③	④	⑤
向心力の大きさ	mrv^2	mrv^2	0	$\dfrac{mv^2}{r}$	$\dfrac{mv^2}{r}$
仕　事	πmr^2v^2	0	0	πmv^2	0

問2　次の文章中の空欄[　　　]に入れる語句として最も適当なものを，直後の{　}で囲んだ選択肢のうちから一つ選べ。

音源の等速円運動にともなって f は周期的に変化する。これは，音源の速度の直線PQ方向の成分によるドップラー効果が起こるからである（図2）。このことから，f が f_0 と等しくなるのは，音源が

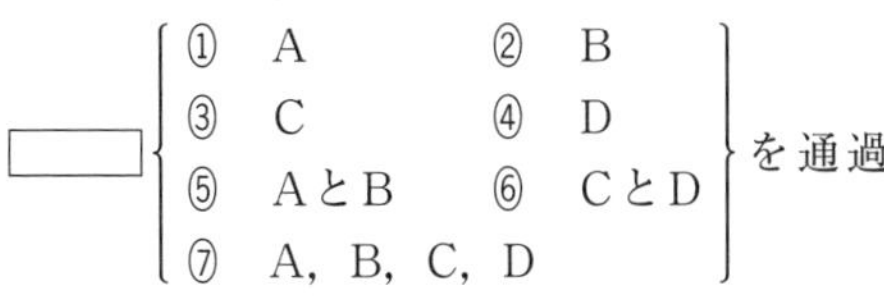

したときに出した音を測定した場合であることがわかる。

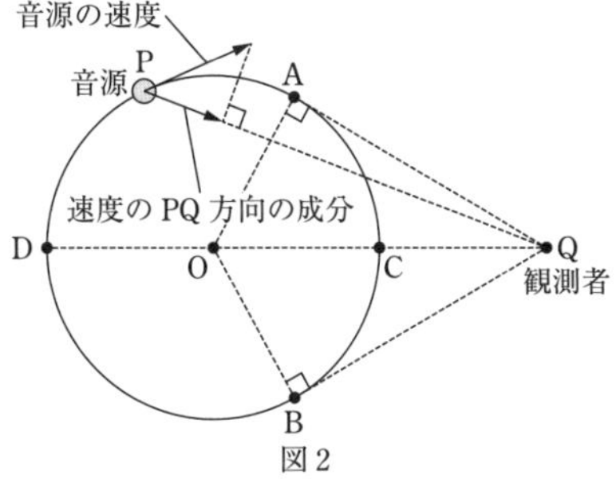

図2

問3　音源が点A，点Bを通過したときに出した音を観測者が測定したところ，振動数はそれぞれ f_A，f_B であった。f_A と音源の速さ v を表す式の組合せとして正しいものを，次の①～⑥のうちから一つ選べ。[　　]

	①	②	③	④	⑤	⑥
f_A	f_0	f_0	$\frac{V+v}{V}f_0$	$\frac{V+v}{V}f_0$	$\frac{V}{V-v}f_0$	$\frac{V}{V-v}f_0$
v	$\frac{f_B}{f_A}V$	$\frac{f_A-f_B}{f_A+f_B}V$	$\frac{f_B}{f_A}V$	$\frac{f_A-f_B}{f_A+f_B}V$	$\frac{f_B}{f_A}V$	$\frac{f_A-f_B}{f_A+f_B}V$

次に，音源と観測者を入れかえた場合を考える。図3に示すように，音源を点Qの位置に固定し，観測者が点Oを中心に時計回りに等速円運動をする。

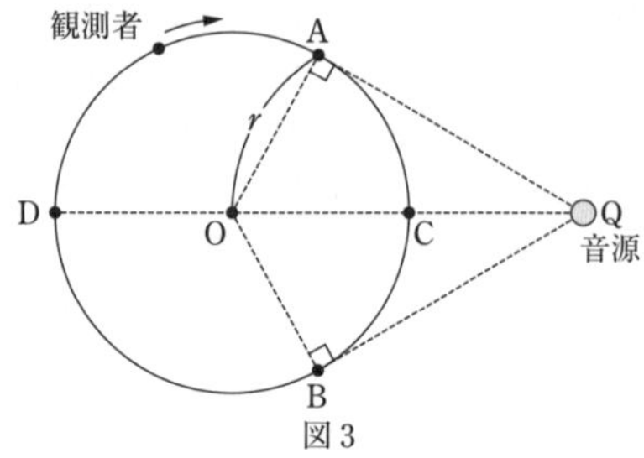

図3

問4　このとき，等速円運動をする観測者が測定する音の振動数についての記述として最も適当なものを，次の①～⑤のうちから一つ選べ。[　　]

① 点Aにおいて最も大きく，点Bにおいて最も小さい。
② 点Bにおいて最も大きく，点Aにおいて最も小さい。
③ 点Cにおいて最も大きく，点Dにおいて最も小さい。
④ 点Dにおいて最も大きく，点Cにおいて最も小さい。
⑤ 観測の位置によらず，つねに等しい。

音源が等速円運動している場合（図1）と観測者が等速円運動している場合（図3）の音の速さや波長について考える。

問5　次の文章(a)～(d)のうち，正しいものの組合せを，下の①～⑥のうちから一つ選べ。[　　]

(a) 図1の場合，観測者から見ると，点Aを通過したときに出した音の速さの方が，点Bを通過したときに出した音の速さより大きい。
(b) 図1の場合，原点Oを通過する音波の波長は，音源の位置によらずすべて等しい。
(c) 図3の場合，音源から見た音の速さは，音が進む向きによらずすべて等しい。
(d) 図3の場合，点Cを通過する音波の波長は，点Dを通過する音波の波長より長い。

① (a)と(b)　② (a)と(c)　③ (a)と(d)
④ (b)と(c)　⑤ (b)と(d)　⑥ (c)と(d)

19 レンズ

59 凸レンズによる像①

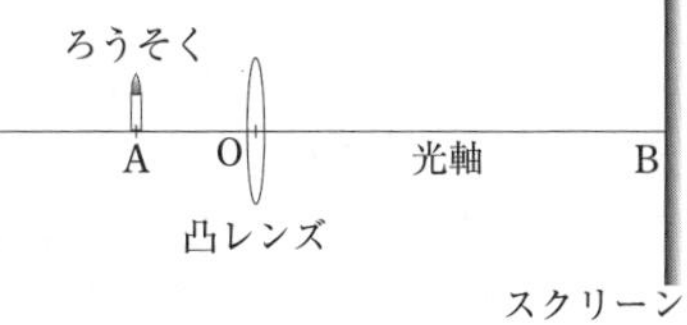

図のように，凸レンズの中心点Oの左側の光軸上の点Aにろうそくを立て，右側の光軸上の点Bに，光軸に垂直にスクリーンを置いたところ，スクリーン上に鮮明なろうそくの実像ができた。

〈2013年 本試〉

問1 凸レンズによってスクリーン上にできる像に関する記述として最も適当なものを，次の①～④のうちから一つ選べ。［　　］

① 凸レンズの上半分を黒紙でおおうと，スクリーン上の実像は，形は変わらず暗くなる。

② スクリーン上にできる実像は正立である。

③ ろうそくから出た光は，反射の法則に従いスクリーン上に集まり実像を作る。

④ ろうそくを凸レンズに近づけていくと，ある点でスクリーン上に虚像ができる。

問2 次の文章中の空欄［ア］・［イ］に入れる数値の組合せとして最も適当なものを，下の①～⑨のうちから一つ選べ。［　　］

図で用いている凸レンズに光軸に平行な光線を入射させると，点Oから15 cm離れた光軸上の1点に光が集まる。距離OBが60 cmのとき，距離OAを［ア］cmにすると，ろうそくの大きさの［イ］倍の鮮明な実像がスクリーン上にできた。

	ア	イ		ア	イ
①	12	3.0	⑥	15	5.0
②	12	4.0	⑦	20	3.0
③	12	5.0	⑧	20	4.0
④	15	3.0	⑨	20	5.0
⑤	15	4.0			

60 凸レンズによる像②

図のように，凸レンズの左に万年筆がある。F，F′はレンズの焦点である。レンズの左に光を通さない板Bを置き，レンズの中心より上半分を完全に覆った。万年筆の先端Aから出た光が届く点として適当なものを，図中の①～⑦のうちから**すべて選べ**。ただし，レンズは薄いものとする。［　　］

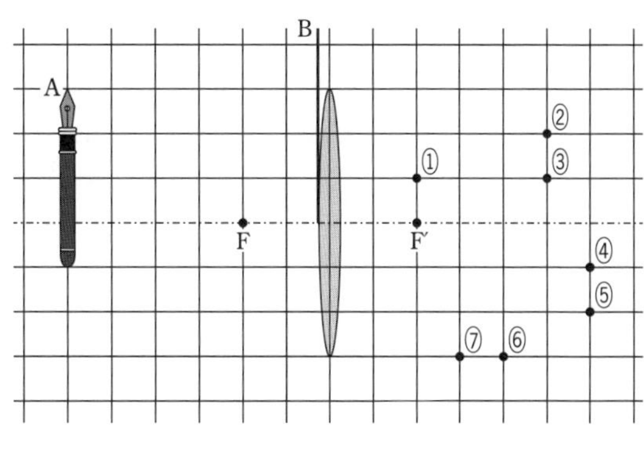

〈共通テスト試行調査〉

61 凸レンズによる像③

次の文章中の空欄 [1] に入れる選択肢として最も適当なものを，下の①～④のうちから一つ，空欄 [2] に入れる語句として，最も適当なものを，直後の{ }で囲んだ選択肢のうちから一つ選べ。 〈2022年 本試〉

図(a)のように，垂直に矢印を組み合わせた形の光源とスクリーンを，凸レンズの光軸上に配置したところ，スクリーン上に光源の実像ができた。スクリーンは光軸と垂直であり，F，F′ はレンズの焦点である。スクリーンと光軸の交点を座標の原点にして，スクリーンの水平方向に x 軸をとり，レンズ側から見て右向きを正とし，鉛直方向に y 軸をとり上向きを正とする。光源の太い矢印は y 軸方向正の向き，細い矢印は x 軸方向正の向きを向いている。このとき，観測者がレンズ側から見ると，スクリーン上の像は [1] である。

次に図(b)のように，光を通さない板でレンズの中心より上半分を通る光を完全に遮(さえぎ)った。スクリーン上の像を観測すると，

[2] {
① 像の $y>0$ の部分が見えなくなった。
② 像の $y<0$ の部分が見えなくなった。
③ 像の全体が暗くなった。
④ 像にはなにも変化がなかった。
}

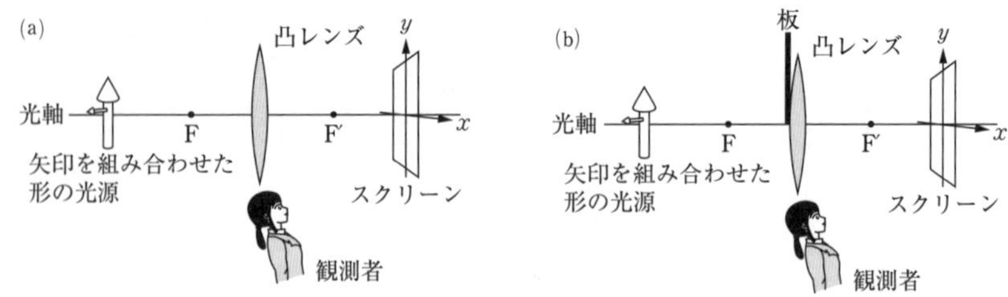

[1] の選択肢

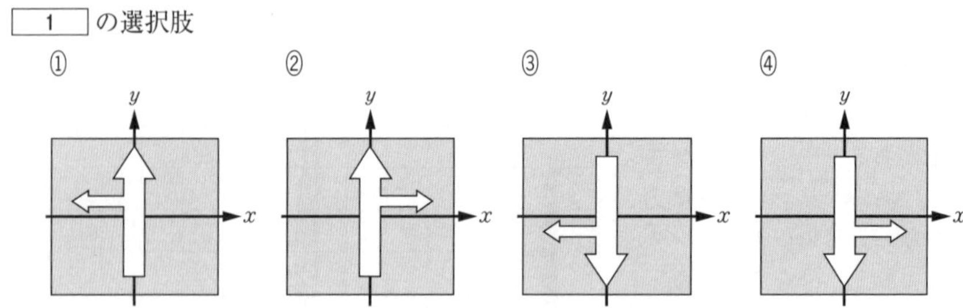

62 凹レンズによる像

レンズと人間の目について考えよう。　〈2011年 本試〉

問1　凹レンズの性質に関する次の文章中の空欄 ア ～ ウ に入れる語句の組合せとして最も適当なものを，下の①～⑧のうちから一つ選べ。［　　］

凹レンズは物体の ア をつくる。この像の位置はレンズに対して物体と イ 側である。また，この像とレンズの距離は物体とレンズの距離より ウ 。

	ア	イ	ウ		ア	イ	ウ
①	実像	同じ	大きい	⑤	虚像	同じ	大きい
②	実像	同じ	小さい	⑥	虚像	同じ	小さい
③	実像	反対	大きい	⑦	虚像	反対	大きい
④	実像	反対	小さい	⑧	虚像	反対	小さい

問2　人間の目に関する次の文章中の空欄 エ・オ に入れる語句の組合せとして最も適当なものを，下の①～④のうちから一つ選べ。［　　］

人間の目では，図で示されているように，角膜から水晶体までの部分が一つの凸レンズのはたらきをして，物体の実像が網膜上に作られる。このレンズの焦点距離は，見ている物体までの距離が変わっても網膜上に像ができるように調節される。たとえば，物体までの距離が大きくなると焦点距離は エ なるように調節される。

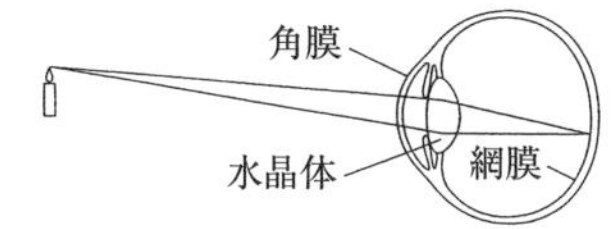

遠くの物体を見ようとするとき，焦点距離を十分 エ できない場合は，物体の実像は網膜より オ にでき，網膜上の物体の像は不鮮明になる。この状態は凹レンズのめがね，またはコンタクトレンズで矯正できる。

	エ	オ		エ	オ
①	大きく	前　方	③	小さく	前　方
②	大きく	後　方	④	小さく	後　方

20 光の屈折

63 水中から上方を見た視界

池に潜り，深さ h の位置から水面を見上げ，水の外を見ていた。図のように，光を通さない円板が水面に置かれたので，外がまったく見えなくなった。そのとき円板の中心は，潜っている人の目の鉛直上方にあった。このように外が見えなくなる円板の半径の最小値 R を与える式として正しいものを，次ページの①～⑥のうちから一つ選べ。ただし，空気に対する水の屈折率（相対屈折率）を n とし，水面は波立っていないものとする。また，円板の厚さと目の大きさは無視してよい。$R=$［　　］

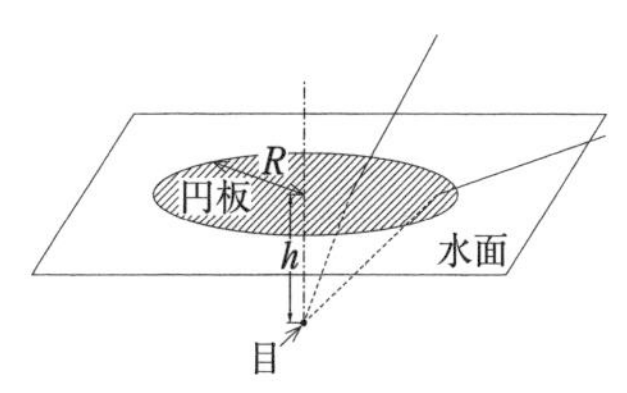

〈2009年 本試〉

① $\dfrac{h}{\sqrt{1-\dfrac{1}{n}}}$　② $\dfrac{h}{n-1}$　③ $\dfrac{h}{\sqrt{n-1}}$

④ $\dfrac{h}{\sqrt{1-\dfrac{1}{n^2}}}$　⑤ $\dfrac{h}{n^2-1}$　⑥ $\dfrac{h}{\sqrt{n^2-1}}$

64 光ファイバー

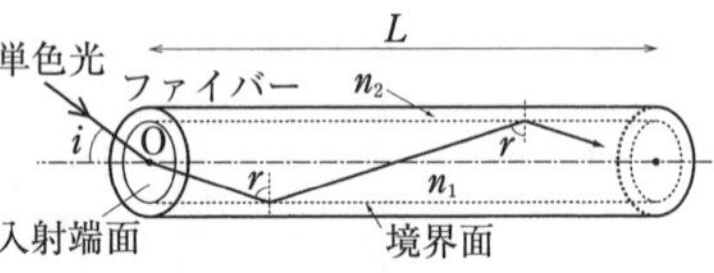

図は，ある光ファイバーの概念図である。屈折率の異なる2種類の透明な媒質からなる二重構造をしており，媒質1でできた中心部分の円柱の屈折率 n_1 は，媒質2でできた周囲の円筒の屈折率 n_2 よりも大きい。このファイバーを空気中におき，円柱の端面の中心Oから単色光の光線を入射角 i で入射させる。端面で光は屈折してファイバー中を進み，媒質1と媒質2の境界面で反射される。この境界面への入射角を r とする。

以下では，図のように円柱の中心軸を含む平面内を進む光についてのみ考える。また空気の屈折率は1とする。〈2010年 本試〉

問1　端面への入射角 i を小さくしていくと，境界面への入射角 r は大きくなる。r がある角度 r_0 より大きくなると，境界面で全反射が起こり，光は媒質1の円柱の中だけを通って，円柱の外に失われることなく反対側の端面にまで到達する。

$r>r_0$ のとき，光が円柱に入射してから，反対側の端面に到達するまでにかかる時間はいくらか。空気中での光速を c，ファイバーの長さを L として正しいものを，次の①～⑨のうちから一つ選べ。□

① $\dfrac{L}{c}$　② $\dfrac{L}{c\sin r}$　③ $\dfrac{L}{c\cos r}$　④ $\dfrac{n_1L}{c}$

⑤ $\dfrac{n_1L}{c\sin r}$　⑥ $\dfrac{n_1L}{c\cos r}$　⑦ $\dfrac{n_1L}{n_2c}$　⑧ $\dfrac{n_1L}{n_2c\sin r}$

⑨ $\dfrac{n_1L}{n_2c\cos r}$

問2　媒質1と媒質2の境界面で全反射が起こる場合の，端面への入射角 i の最大値を i_0 とするとき，$\sin i_0$ を n_1，n_2 で表す式として正しいものを，次の①～⑥のうちから一つ選べ。$\sin i_0=$□

① n_1-n_2　② $n_1^2-n_2^2$　③ $\sqrt{n_1-n_2}$　④ $\sqrt{n_1^2-n_2^2}$

⑤ $\dfrac{1}{n_2}-\dfrac{1}{n_1}$　⑥ $\dfrac{1}{n_2^2}-\dfrac{1}{n_1^2}$

21 ヤングの実験，回折格子

65 スリットを通る光

図1のように，スリットS_0から出た波長λの単色光を，間隔がdの二つのスリットS_1, S_2に当てて，距離Lだけ離れたスクリーンに生じる光の明暗の縞模様(しまもよう)を観察する。ここで，S_1とS_2はS_0から等距離にあり，スクリーン上のx軸の原点O$(x=0)$はS_1，S_2から等距離の点である。ただし，Lはdに比べて十分長いものとする。

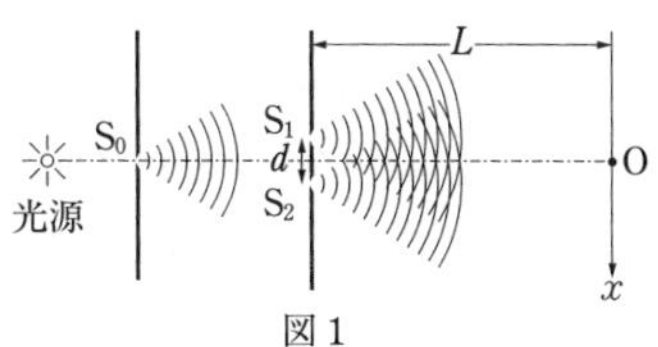

図1

〈2007年 本試〉

問1 スクリーン上の光の明暗の縞模様を表す図として最も適当なものを，次の①～④のうちから一つ選べ。［　　］

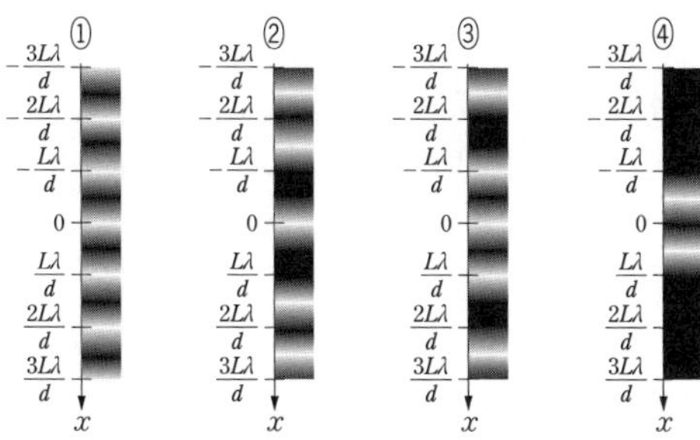

問2 次に，図2のようにスリットS_0を矢印の向きに動かすと，スクリーン上の明暗の縞模様の位置が移動した。原点Oの位置が暗線となる条件を満たすものを，下の①～④のうちから一つ選べ。ただし，スリットS_0からS_1，S_2までの距離をそれぞれl_1，l_2とする。［　　］

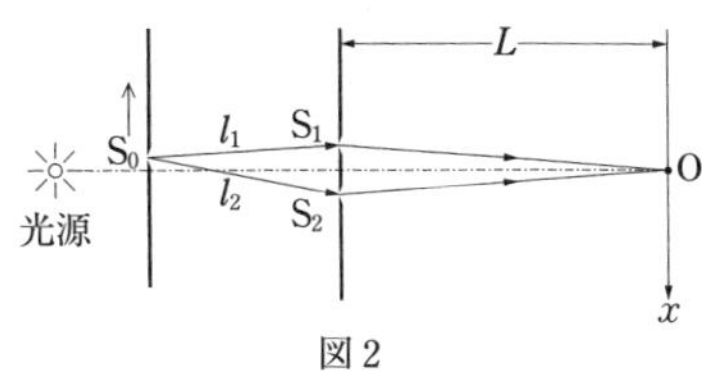

図2

① $l_2-l_1=\lambda$　② $l_2-l_1=\frac{5}{4}\lambda$　③ $l_2-l_1=\frac{3}{2}\lambda$　④ $l_2-l_1=\frac{7}{4}\lambda$

66 回折格子

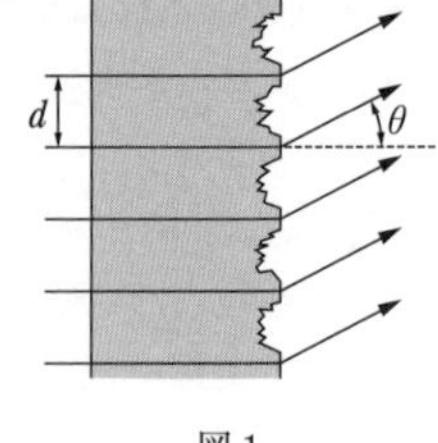

図1

ガラス板の片面に多数の平行な溝を等間隔に引いた回折格子があり，その格子定数をdとする。まず，図1のように左からガラス面に垂直に波長λの単色光を入射させる。回折した光が強めあって明線を作るときの角度をθとする。〈1997年 本試〉

問1 角度θを表す式として正しいものを，次の①～④のうちから一つ選べ。ただし，$m=0$, ±1, ±2, … とする。

① $\sin\theta=\dfrac{md}{\lambda}$　② $\cos\theta=\dfrac{md}{\lambda}$　③ $\sin\theta=\dfrac{m\lambda}{d}$

④ $\cos\theta=\dfrac{m\lambda}{d}$

次に，図2のように回折格子の左右の向きを入れ換え，左からガラス面に垂直に波長λの単色光を入射させる。左面の回折格子で回折した光はガラスの中を進み，そののち空気中を進む。

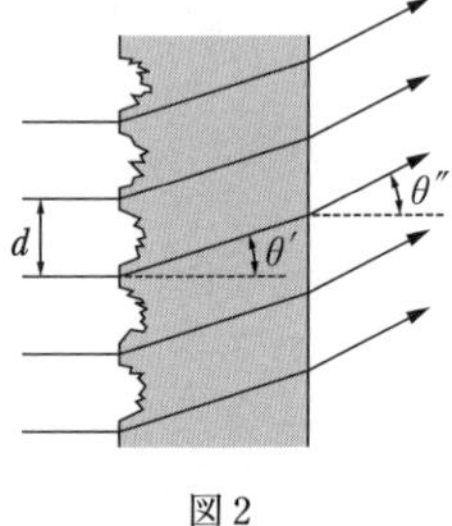

図2

問2 ガラス中を進む回折光の波長λ'を表す式として正しいものを，次の①～④のうちから一つ選べ。ただし，空気に対するガラスの屈折率をnとする。$\lambda'=$

① $n\lambda$　② $\dfrac{\lambda}{n}$　③ $(n-1)\lambda$　④ λ

問3 ガラスから空気中に進んだ回折光が明線を作るときの角度θ''を表す式として正しいものを，次の①～⑥のうちから一つ選べ。ただし，$m=0$, ±1, ±2, … とする。

① $\sin\theta''=\dfrac{md}{\lambda}$　② $\cos\theta''=\dfrac{md}{\lambda}$　③ $\cos\theta''=\dfrac{nmd}{\lambda}$

④ $\sin\theta''=\dfrac{m\lambda}{d}$　⑤ $\sin\theta''=\dfrac{nm\lambda}{d}$　⑥ $\cos\theta''=\dfrac{m\lambda}{d}$

22 薄膜による光の干渉

67 薄膜に垂直に入射する光

図のように，振動数 f の単色光が，空気中から一様な厚さ d の薄膜に垂直に入射している。境界面Aで反射した光と，境界面Bで反射した光は，空気中で干渉する。空気の絶対屈折率を1，薄膜の絶対屈折率を n とする。光の位相は，境界面Aで反射するときには π だけ変化するが，境界面Bで反射するときには変化しない。

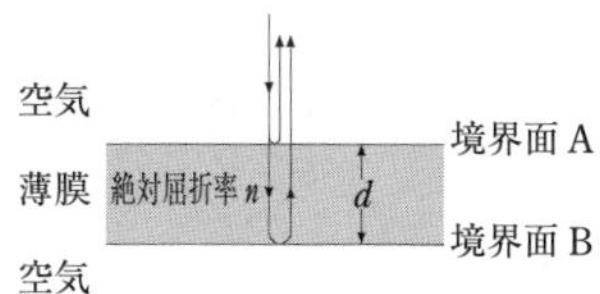

〈2016年 本試〉

第3章 波動

問1 次の文章中の空欄 ア ・ イ に入れる式の組合せとして正しいものを，下の①～⑧のうちから一つ選べ。

境界面Aから薄膜に入り境界面Bで反射した光は，再び境界面Aに到達する。この光が薄膜内を往復するのに要する時間 t は，真空中における光の速さを c として，ア と表される。また，境界面Aと境界面Bで反射した二つの光が強めあう条件は，m を正の整数として，$t=$ イ と表される。

	ア	イ		ア	イ
①	$\frac{2d}{nc}$	$\frac{m}{f}$	⑤	$\frac{2nd}{c}$	$\frac{m}{f}$
②	$\frac{2d}{nc}$	$\left(m-\frac{1}{2}\right)\frac{1}{f}$	⑥	$\frac{2nd}{c}$	$\left(m-\frac{1}{2}\right)\frac{1}{f}$
③	$\frac{2d}{nc}$	$\frac{mn}{f}$	⑦	$\frac{2nd}{c}$	$\frac{mn}{f}$
④	$\frac{2d}{nc}$	$\left(m-\frac{1}{2}\right)\frac{n}{f}$	⑧	$\frac{2nd}{c}$	$\left(m-\frac{1}{2}\right)\frac{n}{f}$

問2 次の文章中の空欄 ウ ～ オ に入れる語の組合せとして最も適当なものを，下の①～⑥のうちから一つ選べ。

厚さを調節できる薄膜に対して垂直に単色光を入射させた。薄膜が光の波長より十分に薄いとき，単色光の色によらず二つの反射光は ウ あった。その状態から薄膜を徐々に厚くしていくと，二つの反射光は一度 エ あった後，厚さ d_1 のとき再び ウ あった。単色光が赤色，緑色，青色の場合で比較すると，d_1 が最も小さいのは オ 色の場合であった。

	ウ	エ	オ		ウ	エ	オ
①	弱め	強め	赤	④	強め	弱め	赤
②	弱め	強め	緑	⑤	強め	弱め	緑
③	弱め	強め	青	⑥	強め	弱め	青

68 薄膜に斜めに入射する光

図のように，波長λの平行光線を透明で一様な厚さの薄膜に斜めに入射させ，右側で反射光を観察する。光線1は薄膜の表面の点Dで反射する。光線2は点Bで薄膜内に入り，薄膜の裏面の点Cで反射して点Dで再び空気中に出てくる。ただし，空気の絶対屈折率を1，薄膜の絶対屈折率をn $(n>1)$，真空中での光の速さをcとする。また，図の点線ABは光の波面である。

〈2005年 本試〉

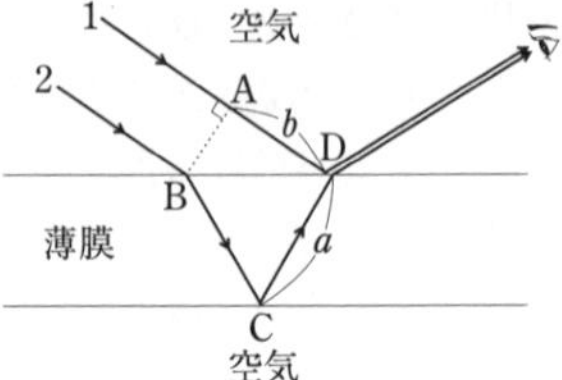

問1 薄膜中での光の波長をλ'，光の速さをc'とすると，それらを表す式は

$$\lambda'=\alpha\lambda, \qquad c'=\beta c$$

となる。α，βの組合せとして正しいものを，次の①～⑥のうちから一つ選べ。

$(\alpha,\ \beta)=$ □

① $(1,\ n)$　② $\left(n,\ \dfrac{1}{n}\right)$　③ $\left(\dfrac{1}{n},\ \dfrac{1}{n}\right)$　④ $(n,\ 1)$　⑤ $\left(\dfrac{1}{n},\ n\right)$

⑥ $(n,\ n)$

問2 図でCDの距離をa，ADの距離をbとするとき，光線1と光線2とが薄膜から反射されたあとに**弱めあう**条件として正しいものを，次の①～⑥のうちから一つ選べ。ただし，mは正の整数とする。□

① $\left(\dfrac{2a}{\lambda'}-\dfrac{b}{\lambda'}\right)=m+\dfrac{1}{2}$　② $\left(\dfrac{2a}{\lambda}-\dfrac{b}{\lambda}\right)=m+\dfrac{1}{2}$　③ $\left(\dfrac{2a}{\lambda'}-\dfrac{b}{\lambda'}\right)=m$

④ $\left(\dfrac{2a}{\lambda}-\dfrac{b}{\lambda}\right)=m$　⑤ $\left(\dfrac{2a}{\lambda'}-\dfrac{b}{\lambda}\right)=m$　⑥ $\left(\dfrac{2a}{\lambda'}-\dfrac{b}{\lambda}\right)=m+\dfrac{1}{2}$

問3 薄膜からの反射光は，入射角によって強めあったり弱めあったりする。この干渉現象と最も深く関係していることがらを，次の①～⑤のうちから一つ選べ。□

① 白色光を当てると，コンパクトディスクが回折格子の役割をし，色づいて見える。
② 夕暮れ時の太陽は赤く見え，晴れた日の空は青く見える。
③ プリズムに光を当てたら，赤色よりも青色の光の方がより曲がった。
④ 偏光サングラスをかけると，水面からの反射光が遮断される。
⑤ 気象条件によっては，対岸の風景が浮かび上がって見える蜃気楼（しんきろう）が起こる。

23 くさび形空気層における光の干渉

69 くさび形空気層における光の干渉

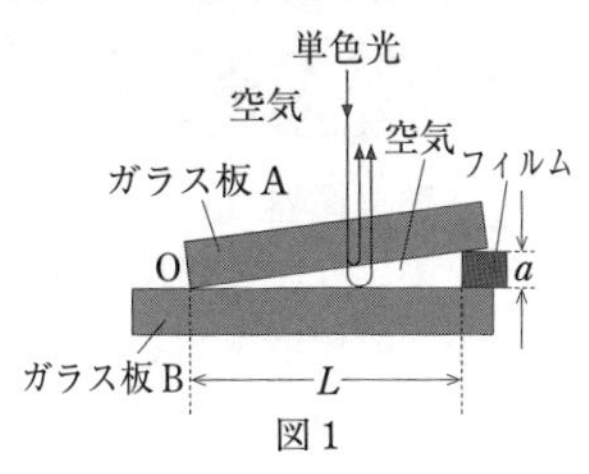

図1

図1のように，空気中で平面ガラス板Aの一端を平面ガラス板Bの上に置き，Oで接触させた。Oから距離Lの位置に厚さaの薄いフィルムをはさんで，ガラス板の間にくさび形のすきまを作り，ガラス板の真上から波長λの単色光を入射させた。ただし，空気に対するガラスの屈折率は1.5である。屈折率の小さい媒質を進んできた光が，屈折率の大きい媒質との境界面で反射するときは，位相が反転（πだけ変化）する。

〈2017年 本試〉

問1 ガラス板の真上から観察したとき，ガラス板Aの下面で反射する光と，ガラス板Bの上面で反射する光とが干渉し，明線と暗線が並ぶ縞模様が見えた。隣りあう明線の間隔dとして正しいものを，次の①～⑥のうちから一つ選べ。$d=$□

① $\dfrac{L\lambda}{4a}$　② $\dfrac{L\lambda}{2a}$　③ $\dfrac{3L\lambda}{4a}$　④ $\dfrac{L\lambda}{a}$　⑤ $\dfrac{3L\lambda}{2a}$　⑥ $\dfrac{2L\lambda}{a}$

問2 次の文章中の空欄［ア］・［イ］に入れる語と式の組合せとして最も適当なものを，下の①～⑥のうちから一つ選べ。□

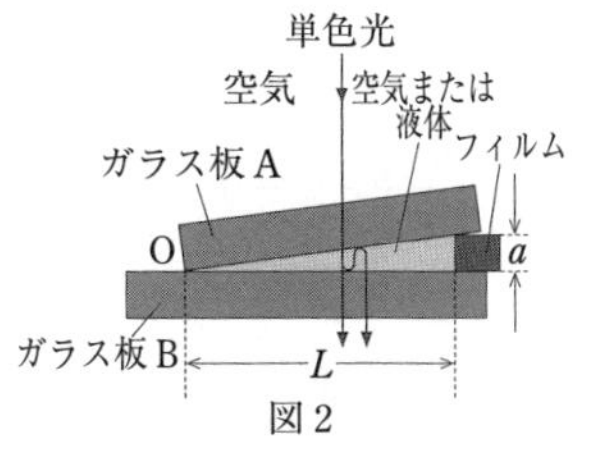

図2

ガラス板の真下から透過光を観測した。図2のように，反射せずに透過する光と，2回反射したのち透過する光とが干渉し，真上から見たとき明線のあった位置には［ア］が見えた。このとき，隣りあう明線の間隔はdであった。

次に，空気に対する屈折率n（$1<n<1.5$）の液体ですきまを満たしたところ，真下から見た隣りあう明線の間隔は［イ］であった。

	ア	イ		ア	イ
①	明線	d	④	暗線	d
②	明線	nd	⑤	暗線	nd
③	明線	$\dfrac{d}{n}$	⑥	暗線	$\dfrac{d}{n}$

第4章　電磁気

24　静電誘導，クーロンの法則

70　箔検電器

図1のような装置は箔(はく)検電器と呼ばれ，箔の開き方から電荷の有無や帯電の程度を知ることができる。箔検電器を用いて行う静電気の実験について考えよう。〈2009年 本試〉

図1

問1　箔検電器の動作を説明する次の文章の空欄［ア］～［ウ］に入れる記述a～cの組合せとして最も適当なものを，下の①～⑥のうちから一つ選べ。［　　］

帯電していない箔検電器の金属板に正の帯電体を近づけると，［ア］ため自由電子が引き寄せられる。その結果，金属板は負に帯電する。一方，箔検電器内では［イ］ため帯電体から遠い箔の部分は自由電子が減少して正に帯電する。帯電した箔は，［ウ］ため開く。

a　同種の電荷は互いに反発しあう

b　異種の電荷は互いに引きあう

c　電気量の総量は一定である

	ア	イ	ウ		ア	イ	ウ
①	a	b	c	④	b	c	a
②	a	c	b	⑤	c	a	b
③	b	a	c	⑥	c	b	a

問2　箔検電器に電荷Qを与えて，図2(a)で示したように箔を開いた状態にしておいた。次に箔検電器の金属板に，**負**に帯電した塩化ビニル棒を遠方から近づけたところ，箔の開きは次第に減少して図2(b)のように閉じた。はじめに与えた電荷Qと図2(b)の状態の金属板の部分にある電荷Q'にあてはまる式の組合せとして正しいものを，次の①～⑥のうちから一つ選べ。

［　　］

(a)

(b)

図2

①　$Q>0$，$Q'>0$　　②　$Q>0$，$Q'=0$

③　$Q>0$，$Q'<0$　　④　$Q<0$，$Q'>0$

⑤　$Q<0$，$Q'=0$　　⑥　$Q<0$，$Q'<0$

図3

問3　図2(b)の状態からさらに棒を近づけると再び箔は開いた。このとき箔の部分にある電荷は正負いずれか。また，その状態のまま図3のように金属板に指で触れた。指で触れているときの箔の開きは，触れる前と比べてどうなるか。電荷の正負と箔の開き方の組合せとして最も適当なものを，次の①～⑥のうちから一つ選べ。

	電荷の正負	箔の開き方		電荷の正負	箔の開き方
①	正	大きくなる	④	負	大きくなる
②	正	変わらない	⑤	負	変わらない
③	正	小さくなる	⑥	負	小さくなる

71 正方形の各頂点にある点電荷

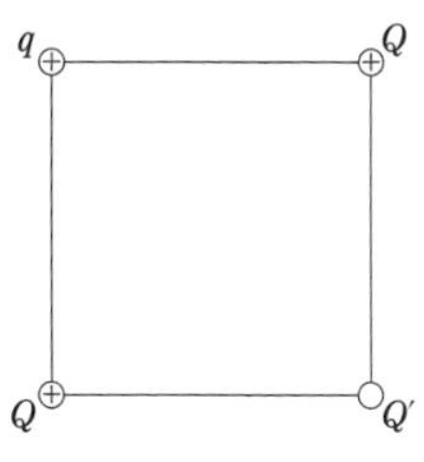

図のように，正方形の各頂点に四つの点電荷を固定した。それぞれの電気量は q，Q，Q'，Q である。ただし，$Q>0$，$q>0$ である。電気量 q の点電荷にはたらく静電気力がつりあうとき，Q' を表す式として正しいものを，次の①～⑧のうちから一つ選べ。$Q'=$ 〈2015年 本試〉

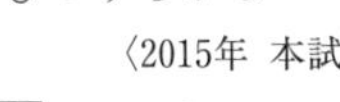

① Q　② $\sqrt{2}Q$　③ $2Q$　④ $2\sqrt{2}Q$　⑤ $-Q$
⑥ $-\sqrt{2}Q$　⑦ $-2Q$　⑧ $-2\sqrt{2}Q$

25 点電荷による電場・電位

72 2点の点電荷による電場

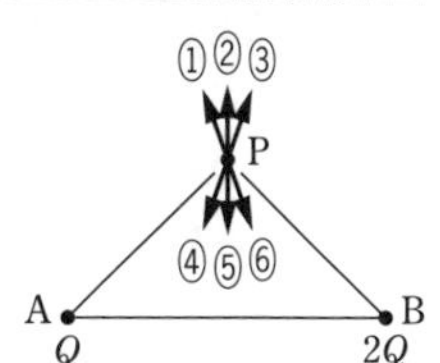

図のように，点Aに電気量 Q，点Bに $2Q$ の点電荷（$Q>0$）を置く。このとき，PA＝PB となるような二等辺三角形PABの頂点Pに生じる電場（電界）の向きとして最も適当なものを，図の①～⑥のうちから一つ選べ。 〈2001年 本試〉

73 x 軸上にある2つの点電荷

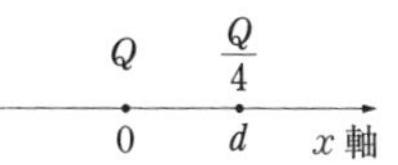

図のように，x 軸上の原点に電気量 Q の正の点電荷を，また，$x=d$ の位置に電気量 $\dfrac{Q}{4}$ の正の点電荷を固定した。〈2003年 本試〉

問1　図の x 軸を含む平面内の等電位線として最も適当なものを，次の①～④のうちから一つ選べ。ただし，図中の左の黒丸は電気量 Q の点電荷の位置を示し，右の黒丸は電気量 $\dfrac{Q}{4}$ の点電荷の位置を示す。

①
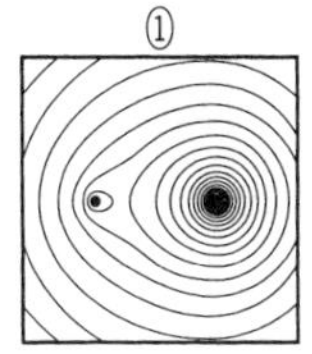

②
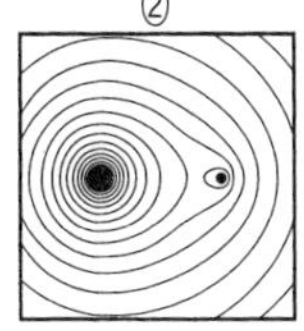

③
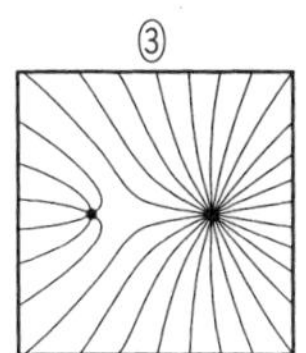

④
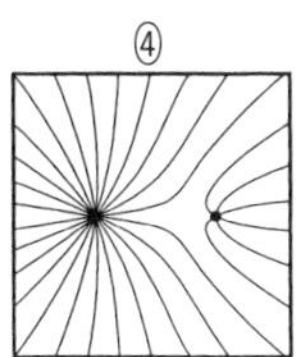

問2　x 軸上で，電気量 Q と $\dfrac{Q}{4}$ の二つの点電荷の間のある位置 $x=d'$ に第3の点電荷を置いたところ，この電荷にはたらく静電気力の合力は0となった。このとき，第3の点電荷の位置 d' として正しいものを，次の①～⑤のうちから一つ選べ。［　　］

①　$\dfrac{1}{4}d$　　②　$\dfrac{1}{3}d$　　③　$\dfrac{1}{2}d$　　④　$\dfrac{2}{3}d$　　⑤　$\dfrac{3}{4}d$

問3　**問2**で第3の点電荷の電気量をある値にすると，$x=0$ にある電気量 Q の点電荷にはたらく静電気力の合力は0になる。このとき，$x=d$ にある電気量 $\dfrac{Q}{4}$ の点電荷にはたらく静電気力の合力として正しいものを，次の①～⑤から一つ選べ。［　　］

①　合力は0になる。
②　x 軸の正の向きにはたらく。
③　x 軸の負の向きにはたらく。
④　x 軸に垂直な方向にはたらく。
⑤　問題の条件からだけではわからない。

74 点電荷による等電位面

図1のように，正の電気量 Q をもつ点電荷が原点に固定されている。図の3つの同心円は，原点を中心とする半径 $2R$，$3R$，および $4R$ の等電位面が原点を含む平面と交わってできる等電位線を表している。〈1996年 本試〉

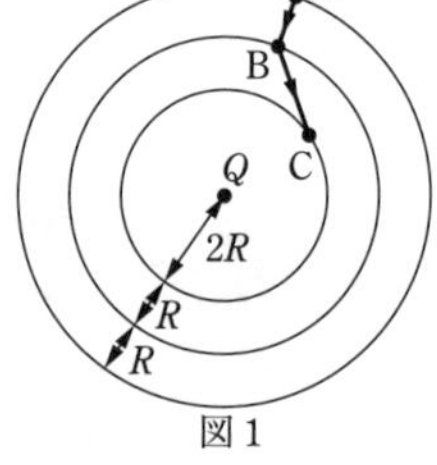

図1

問1　電荷 Q からの距離が r の点における電場の強さを表す式として正しいものを，次の①～④のうちから一つ選べ。ただし，k_0 は定数である。［　　］

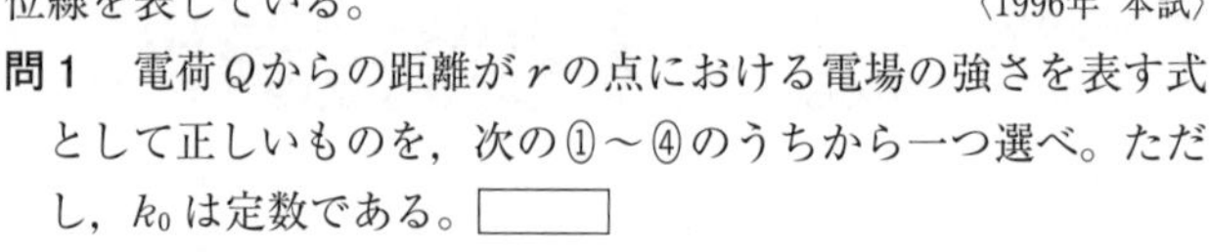

①　$k_0\dfrac{Q}{r}$　　②　$k_0\dfrac{Q}{r^2}$　　③　$k_0\dfrac{Q^2}{r}$　　④　$k_0\dfrac{Q^2}{r^2}$

問2　図1の点Aに電荷 q を置き，この電荷に外力を加えて原点に向かって点Bまでゆっくり動かした。次に，同様に点Bから点Cまで直線に沿って動かした。区間AB，BCで外力がこの電荷にした仕事 W_{AB}，W_{BC} はそれぞれいくらか。［ 1 ］と［ 2 ］に入る正しい数値を，次の①～⑤のうちからそれぞれ一つずつ選べ。ただし，k_0 は**問1**と同じ定数である。

$W_{AB}=k_0\dfrac{qQ}{R}\times$［ 1 ］，$W_{BC}=k_0\dfrac{qQ}{R}\times$［ 2 ］

［ 1 ］，［ 2 ］の解答群

①　$\dfrac{1}{24}$　　②　$\dfrac{1}{12}$　　③　$\dfrac{1}{6}$　　④　$\dfrac{1}{3}$　　⑤　1

問3　図2のように，内側の半径が $2R$，厚さが R の帯電していない金属球殻で正電荷 Q を完全に囲んだ。金属球殻の中心は原点に一致している。このとき，金属球殻の電荷分布として最も適当なものを，次ページの①～⑤のうちから一つ選べ。［　　］

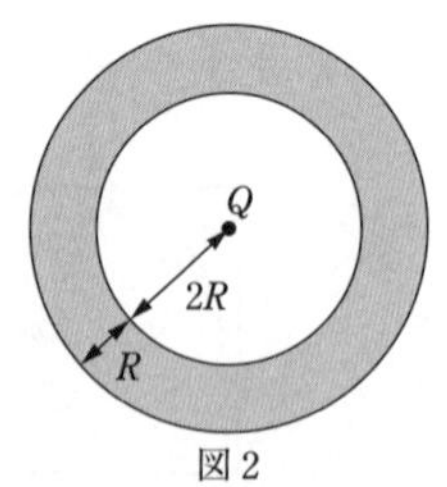

図2

① 内側の表面に負電荷 $-Q$ が，外側の表面に正電荷 Q が一様に分布する。
② 内側の表面に正電荷 Q が，外側の表面に負電荷 $-Q$ が一様に分布する。
③ 球殻全体に負電荷 $-Q$ が一様に分布する。
④ 球殻全体に正電荷 Q が一様に分布する。
⑤ 球殻のどこにも電荷は分布しない。

問4 図2において，原点からの距離が r の点での電場の強さを E とする。E と r との関係を表すグラフとして最も適当なものを，次の①～④のうちから一つ選べ。［　］

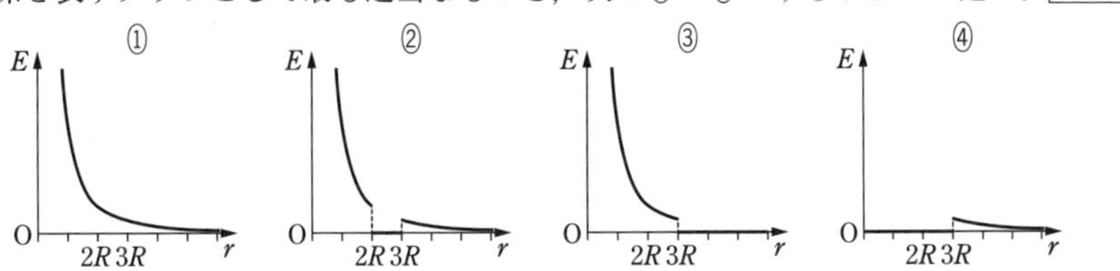

26 コンデンサー

75 コンデンサー①

面積の等しい2枚の金属板を距離 d だけ離して平行板コンデンサーを作った。このコンデンサーに起電力 V_0 の電池とスイッチSを図のようにつないだ。スイッチSを閉じて十分に時間が経ったとき，コンデンサーに蓄えられた電荷を Q_0，静電エネルギーを W_0 とする。以下の問いの解答として正しいものを，文末の解答群の①～⑤のうちから一つずつ選べ。ただし，同じものを繰り返し選んでもよい。

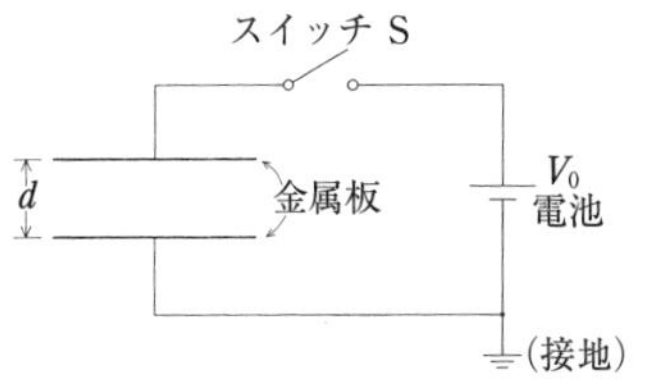

〈2002年 本試〉

問1 スイッチSを閉じたまま，コンデンサーの極板間の距離を $2d$ に広げた。コンデンサーに蓄えられた電荷は Q_0 の何倍になったか。［ 1 ］倍

問2 スイッチSを閉じたまま極板間の距離を d に戻し，十分に時間が経った後，スイッチSを開いた。その後，極板間の距離を $2d$ に広げたとき，コンデンサーに蓄えられた静電エネルギーは W_0 の何倍になったか。［ 2 ］倍

問3 再び極板間の距離を d に戻し，スイッチSを閉じて十分に時間が経った後，スイッチSを開いた。その後，極板間に比誘電率2の誘電体をすきまなく入れると極板間の電位差は V_0 の何倍になったか。［ 3 ］倍

［ 1 ］～［ 3 ］の解答群

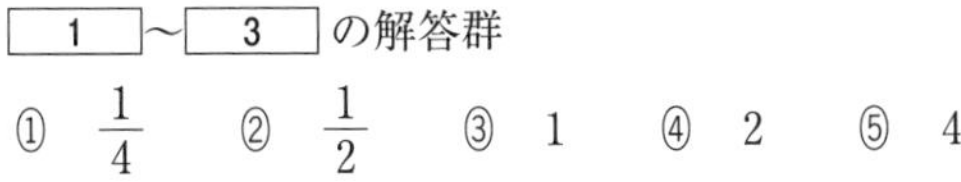

① $\frac{1}{4}$　② $\frac{1}{2}$　③ 1　④ 2　⑤ 4

76 コンデンサー②

図(a)のように，極板間の距離が $3d$ の平行板コンデンサーに電圧 V_0 を加えた。次に，帯電していない厚さ d の金属板を，図(b)のように極板間の中央に，極板と平行となるように挿入した。極板と金属板の面は同じ大きさ同じ形である。また，図(a)および(b)のように，左の極板からの距離を x とする。図中には，両極板の中心を結ぶ線分を破線で，$x=d$ および $x=2d$ の位置を点線で示した。〈2017年 本試〉

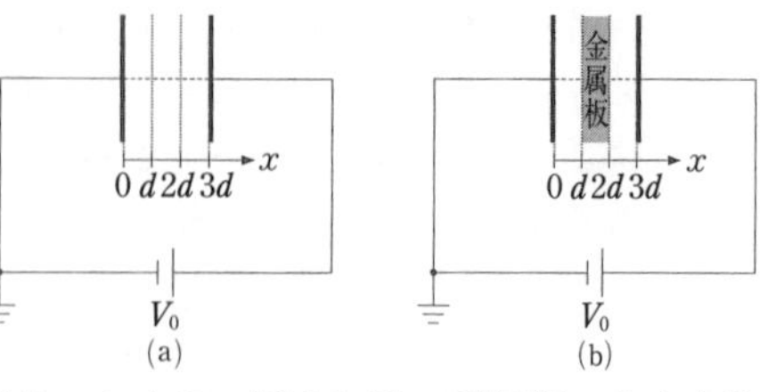

問1 図(a)および(b)において，十分長い時間が経過したあとの，両極板の中心を結ぶ線分上の電位 V と x の関係を表す最も適当なグラフを，次の①～⑥のうちから一つずつ選べ。ただし，同じものを繰り返し選んでもよい。

図(a)：[1]，図(b)：[2]

①
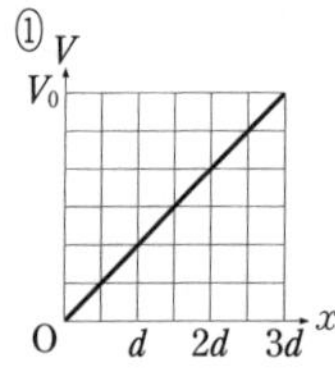

②
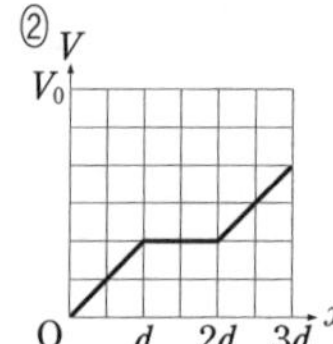

③
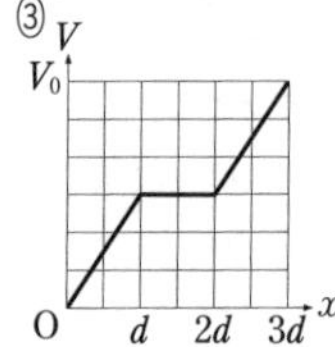

④
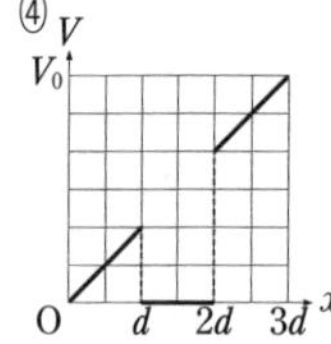

⑤
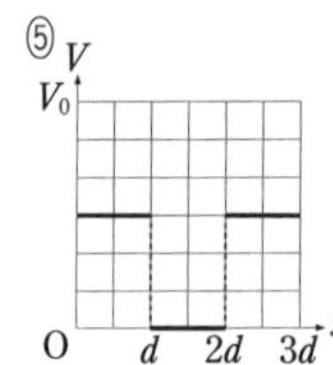

⑥
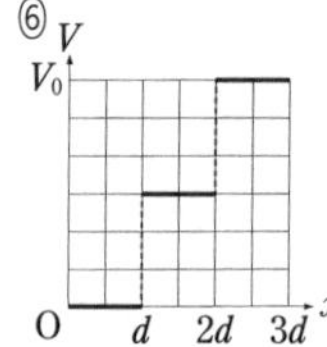

問2 十分長い時間が経過したあとの，図(a)のコンデンサーに蓄えられたエネルギーを U_a，図(b)の金属板が挿入されたコンデンサーに蓄えられたエネルギーを U_b とする。エネルギーの比 $\dfrac{U_b}{U_a}$ として正しいものを，次の①～⑦のうちから一つ選べ。

$\dfrac{U_b}{U_a}=$ [　　]

① $\dfrac{4}{9}$　② $\dfrac{1}{2}$　③ $\dfrac{2}{3}$　④ 1　⑤ $\dfrac{3}{2}$　⑥ 2　⑦ $\dfrac{9}{4}$

27 コンデンサーを含む回路

77 コンデンサーを含む回路①

図のような，起電力Eの電池，電気容量がCと$2C$のコンデンサー，大きさRの抵抗からなる回路がある。はじめスイッチS_1とスイッチS_2はともに開いており，コンデンサーに電荷は蓄えられていなかった。　〈2004年 本試〉

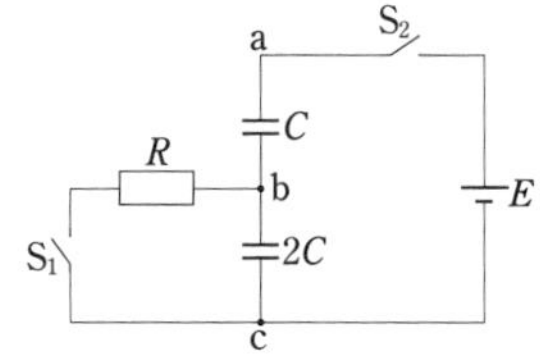

問1　スイッチS_1が開いているとき，点aと点cの間のコンデンサーの合成容量として正しいものを，次の①～⑥のうちから一つ選べ。［　　］

①　$\dfrac{C}{2}$　②　$\dfrac{2C}{3}$　③　C　④　$\dfrac{3C}{2}$　⑤　$2C$　⑥　$3C$

問2　次にスイッチS_1を開いたまま，スイッチS_2を閉じた。このとき，点bの点cに対する電位として正しいものを，次の①～⑦のうちから一つ選べ。［　　］

①　$-\dfrac{2E}{3}$　②　$-\dfrac{E}{2}$　③　$-\dfrac{E}{3}$　④　0　⑤　$\dfrac{E}{3}$　⑥　$\dfrac{E}{2}$　⑦　$\dfrac{2E}{3}$

問3　次にスイッチS_2を開き，そのあとスイッチS_1を閉じた。このとき，二つのコンデンサーに蓄えられている静電エネルギーの和は，**問2**の場合に比べてどうなるか。最も適当なものを，次の①～⑤のうちから一つ選べ。［　　］

①　抵抗Rに電流が流れ，静電エネルギーの和は減少する。
②　二つのコンデンサーに蓄えられている電気量はどちらも変わらず，静電エネルギーの和は変わらない。
③　回路が電源から切り離されたので，静電エネルギーの和は増加する。
④　回路が電源から切り離されたので，静電エネルギーの和は変わらない。
⑤　エネルギー保存の法則により，静電エネルギーの和は変わらない。

78 コンデンサーを含む回路②

コンデンサーについて考える。　〈2016年 本試〉

問1　図1のように，電気容量がそれぞれ4μF，3μF，1μFのコンデンサーC_1，C_2，C_3をつなぎ，端子a，bに10 Vの直流電源をつないだ。このとき，コンデンサーC_1，C_2，C_3にそれぞれ蓄えられる電気量Q_1，Q_2，Q_3の間の関係を表す式，および電気量Q_1の値の組合せとして最も適当なものを，次ページの①～⑨のうちから一つ選べ。ただし，電源を接続する前に各コンデンサーに電荷は蓄えられていなかった。［　　］

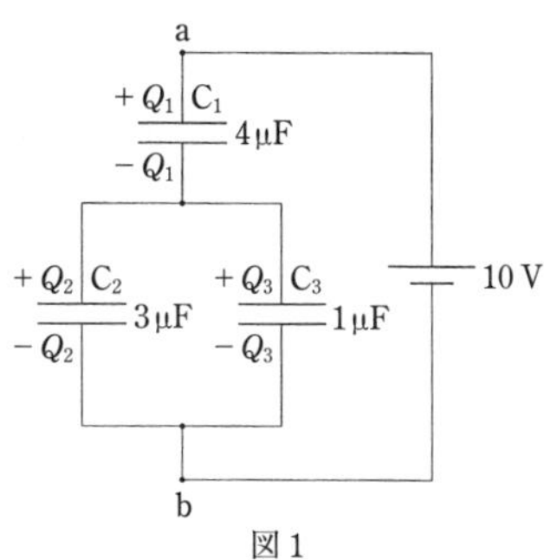

図1

第4章 電磁気

	電気量の関係	Q_1〔C〕
①	$Q_1=Q_2+Q_3$	2×10^{-5}
②	$Q_1=Q_2+Q_3$	5×10^{-5}
③	$Q_1=Q_2+Q_3$	8×10^{-5}
④	$Q_2=Q_3+Q_1$	2×10^{-5}
⑤	$Q_2=Q_3+Q_1$	5×10^{-5}

	電気量の関係	Q_1〔C〕
⑥	$Q_2=Q_3+Q_1$	8×10^{-5}
⑦	$Q_3=Q_1+Q_2$	2×10^{-5}
⑧	$Q_3=Q_1+Q_2$	5×10^{-5}
⑨	$Q_3=Q_1+Q_2$	8×10^{-5}

問2　図2(a)に示す極板間隔dの平行板コンデンサーに，電圧V_0をかけたときの静電エネルギーをU_0とする。このコンデンサーに図2(b)のように比誘電率ε_rの誘電体を極板間にすきまなく挿入し，電圧V_0をかけた。このとき，極板間の電場の大きさEと蓄えられた静電エネルギーUを表す式の組合せとして正しいものを，次の①～⑥のうちから一つ選べ。［　　］

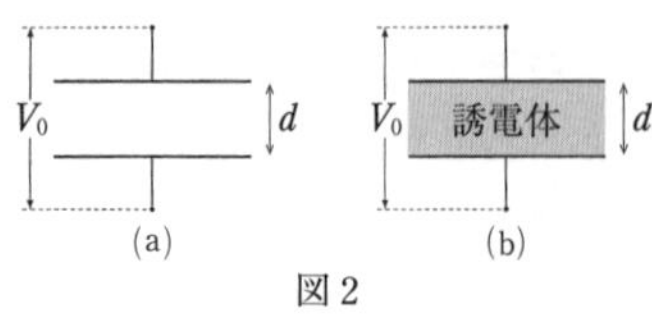

図2

	①	②	③	④	⑤	⑥
E	$\dfrac{V_0}{d}$	$\dfrac{V_0}{d}$	$\dfrac{V_0}{d}$	$\dfrac{V_0}{\varepsilon_r d}$	$\dfrac{V_0}{\varepsilon_r d}$	$\dfrac{V_0}{\varepsilon_r d}$
U	U_0	$\varepsilon_r U_0$	$\varepsilon_r^2 U_0$	U_0	$\varepsilon_r U_0$	$\varepsilon_r^2 U_0$

79 コンデンサーを含む回路③

内部抵抗の無視できる起電力V〔V〕の電池Eに，抵抗値がそれぞれR_1〔Ω〕，R_2〔Ω〕の抵抗R_1，R_2，電気容量C〔F〕のコンデンサーC，スイッチS_1，S_2を図のように接続した。〈1992年 本試〉

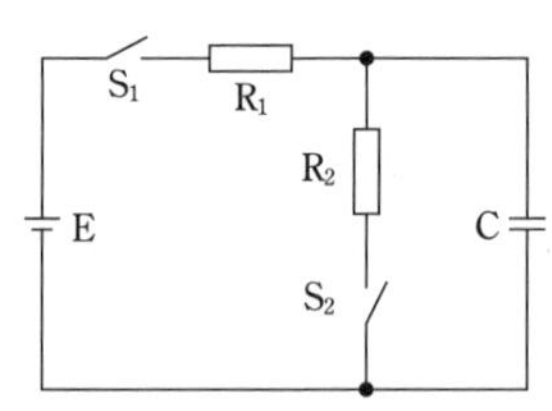

問1　はじめ，スイッチは両方とも開いており，コンデンサーに蓄えられている電気量は0であった。この状態で，S_1のみを閉じた。十分に長い時間が経って電流が流れなくなるまでに，抵抗R_1を通過した電気量として正しいものを，下の①～⑧のうちから一つ選べ。次に，S_1を開いてS_2を閉じた。コンデンサーの電気量が0になるまでに，抵抗R_2で発生したジュール熱として正しいものを，下の①～⑧のうちから一つ選べ。

抵抗R_1を通過した電気量＝［ 1 ］〔C〕

抵抗R_2で発生したジュール熱＝［ 2 ］〔J〕

［ 1 ］，［ 2 ］の解答群

①　$\dfrac{1}{2}CV$　②　CV　③　$\dfrac{1}{2}CV^2$　④　CV^2

⑤　$\dfrac{V}{2R_1}$　⑥　$\dfrac{V}{R_1}$　⑦　$\dfrac{V^2}{2R_2}$　⑧　$\dfrac{V^2}{R_2}$

問2　次に，S_2を閉じたままにして，再びS_1を閉じた。十分に長い時間が経った後，コンデンサーに蓄えられている電気量として正しいものを，次の①～⑥のうちから一つ選べ。□〔C〕

①　$\dfrac{CVR_1}{R_2}$　②　$\dfrac{CVR_2}{R_1}$　③　$\dfrac{CVR_1}{R_1+R_2}$　④　$\dfrac{CVR_2}{R_1+R_2}$　⑤　CV　⑥　0

28 電気抵抗

80 抵抗

長さl，一定の断面積Sの導体中の電流の流れ方について考えてみよう。導体の両端に電圧Vをかけると，導体中には一様な電場が生じ，導体内を移動する電荷$-e$の自由電子は，一様な電場による加速と，熱振動をしている陽イオンとの衝突による減速とを繰り返しながら移動していく。電子の運動を妨げる抵抗力の大きさは，平均的には電子の移動する速さvに比例すると考えてよく，その大きさはKvと表すことができる。ただし，Kは定数である。　〈1999年 本試〉

問1　電場による力と衝突による抵抗力がつりあうとき，導体中での電子の速さvは一定になる。このときのvとして正しいものを，次の①～④のうちから一つ選べ。□

①　$\dfrac{eKV}{l}$　②　$\dfrac{eV}{lK}$　③　$\dfrac{elV}{K}$　④　$elKV$

問2　単位体積当たりの自由電子の数をnとする。導体中を自由電子が一定の速さvで運動するとき，この導体に流れる電流として正しいものを，次の①～⑥のうちから一つ選べ。□

①　$\dfrac{env}{l}$　②　$\dfrac{enSv}{l}$　③　$\dfrac{enlv}{S}$　④　$envS$　⑤　$enlv$　⑥　$\dfrac{env}{S}$

問3　この導体の抵抗として正しいものを，次の①～⑥のうちから一つ選べ。□

①　$\dfrac{Kl}{e^2nS}$　②　$\dfrac{KS}{e^2nl}$　③　$\dfrac{K}{e^2nlS}$　④　$\dfrac{Kl}{enS}$　⑤　$\dfrac{KS}{enl}$　⑥　$\dfrac{K}{enlS}$

29 直流回路，ブリッジ回路

81 直流回路

抵抗値Rの三つの抵抗，スイッチS，起電力E_1，E_2の2個の電池が，図のように接続されている。ただし，電池の内部抵抗は無視できるものとする。　〈1998年 本試〉

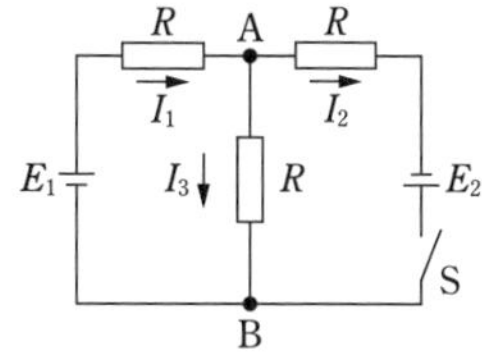

問1　スイッチSが開いているとき，AB間を流れる電流I_3の大きさとして正しいものを，次の①～⑤のうちから一つ選べ。$I_3=$□

①　$\dfrac{4E_1}{R}$　②　$\dfrac{2E_1}{R}$　③　$\dfrac{E_1}{R}$　④　$\dfrac{E_1}{2R}$　⑤　$\dfrac{E_1}{4R}$

問2 図のスイッチSを閉じたとき，各抵抗に矢印の向きに流れる電流を I_1，I_2，I_3 とする。この回路で成り立つ関係式として正しいものを，次の①～⑧のうちから一つ選べ。□

① $\begin{cases} E_1=RI_1+RI_3 \\ E_2=RI_2+RI_3 \end{cases}$　② $\begin{cases} E_1=RI_1+RI_3 \\ E_2=RI_2-RI_3 \end{cases}$　③ $\begin{cases} E_1=RI_1-RI_3 \\ E_2=RI_2+RI_3 \end{cases}$

④ $\begin{cases} E_1=RI_1-RI_3 \\ E_2=RI_2-RI_3 \end{cases}$　⑤ $\begin{cases} E_1=-RI_1+RI_3 \\ E_2=-RI_2+RI_3 \end{cases}$　⑥ $\begin{cases} E_1=-RI_1+RI_3 \\ E_2=-RI_2-RI_3 \end{cases}$

⑦ $\begin{cases} E_1=-RI_1-RI_3 \\ E_2=-RI_2+RI_3 \end{cases}$　⑧ $\begin{cases} E_1=-RI_1-RI_3 \\ E_2=-RI_2-RI_3 \end{cases}$

問3 **問2**で，$E_1=12\,\text{V}$，$E_2=3\,\text{V}$，$R=30\,\Omega$ のとき，AB間を流れる電流 I_3 として最も適当なものを，次の①～⑧のうちから一つ選べ。$I_3=$□A

① −0.20　② −0.15　③ −0.10　④ −0.05　⑤ 0.05
⑥ 0.10　⑦ 0.15　⑧ 0.20

82 複数の電池を接続した回路

図1のように起電力 V，内部抵抗 r の n 個の電池 E_1，E_2，…，E_n と n 個のスイッチ S_1，S_2，…，S_n，抵抗 R を接続した回路がある。〈2005年 本試〉

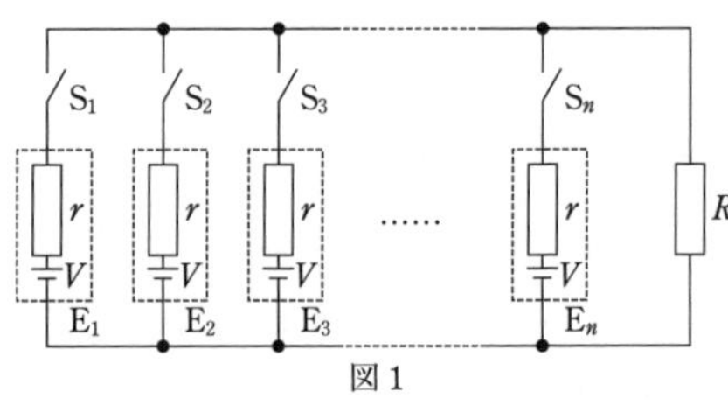

図1

問1 二つのスイッチ S_1，S_2 のみを閉じたとき，抵抗 R に流れる電流として正しいものを，次の①～④のうちから一つ選べ。□

① $\dfrac{V}{R+2r}$　② $\dfrac{2V}{2R+r}$　③ $\dfrac{2V}{R+r}$　④ $\dfrac{V}{2R+r}$

問2 スイッチ S_1，S_2，…，S_n のすべてを閉じたとき，電池 E_1 の内部抵抗に発生する単位時間当たりのジュール熱として正しいものを，次の①～④のうちから一つ選べ。
□

① $\dfrac{rV^2}{(nR+r)^2}$　② $\dfrac{RV^2}{(R+nr)^2}$　③ $\dfrac{RV^2}{(nR+r)^2}$　④ $\dfrac{rV^2}{(R+nr)^2}$

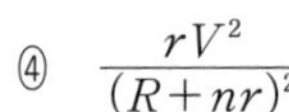

問3 すべてのスイッチ S_1，S_2，…，S_n を閉じた状態で抵抗 R に流れる電流を I とする。n 個の電池を図2のように起電力が V で内部抵抗が r' の1個の電池Eに置き換え，抵抗 R に同じ大きさ I の電流が流れるようにしたい。内部抵抗 r' のとりかたとして正しいものを，次の①～⑤のうちから一つ選べ。$r'=$□

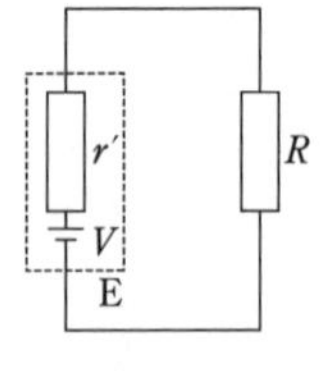

図2

① n^2r　② nr　③ r　④ $\dfrac{r}{n}$　⑤ $\dfrac{r}{n^2}$

83 ブリッジ回路

図1のように，抵抗値rの抵抗を接続した。以下の問いでは，電源および電流計の内部抵抗は無視できるものとする。

〈2015年 追試〉

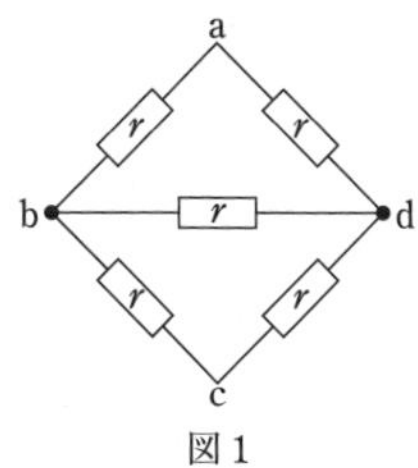

図1

問1 図2のように，電圧Eをac間にかけたとき，電流計にはI_1の電流が流れた。I_1は$\frac{E}{r}$の何倍か。正しいものを，次の①～⑧のうちから一つ選べ。□倍

① $\frac{1}{2}$　② 1　③ $\frac{3}{2}$　④ 2　⑤ $\frac{5}{2}$

⑥ 3　⑦ $\frac{7}{2}$　⑧ 4

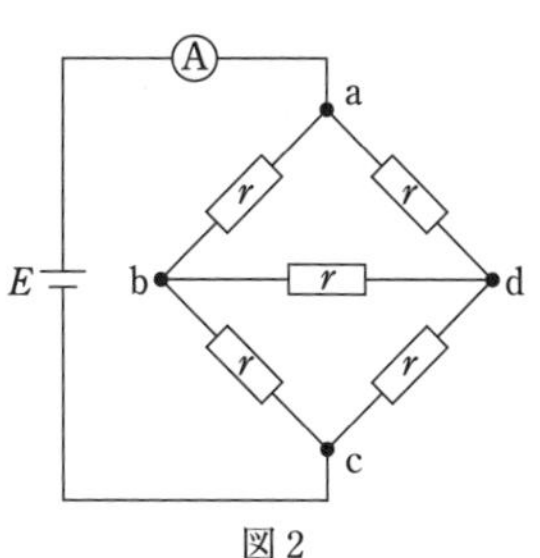

図2

問2 図3のように，電圧Eをbd間にかけたとき，電流計にはI_2の電流が流れた。I_2は$\frac{E}{r}$の何倍か。正しいものを，次の①～⑧のうちから一つ選べ。□倍

① $\frac{1}{4}$　② $\frac{1}{2}$　③ 1　④ $\frac{3}{2}$　⑤ 2

⑥ $\frac{5}{2}$　⑦ 3　⑧ $\frac{7}{2}$

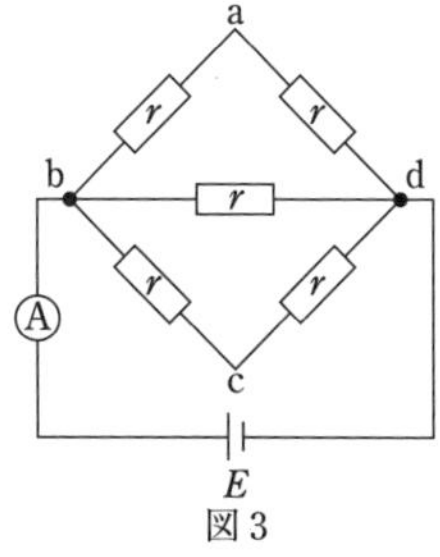

図3

問3 bd間の抵抗を電気容量Cのコンデンサーにつなぎかえた。図4のように，電圧Eをcd間にかけ，十分に時間が経ったとき，コンデンサーに蓄えられている電荷は，CとEの積CEの何倍か。正しいものを，次の①～⑧のうちから一つ選べ。□倍

① $\frac{1}{4}$　② $\frac{1}{3}$　③ $\frac{1}{2}$　④ $\frac{2}{3}$　⑤ $\frac{3}{4}$

⑥ 1　⑦ $\frac{5}{4}$　⑧ $\frac{5}{3}$

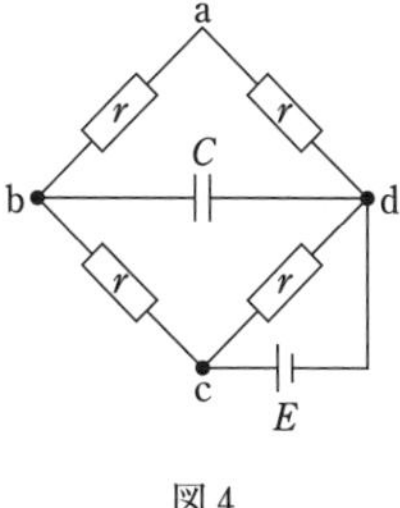

図4

30 非直線抵抗

84 豆電球をつないだ回路

図１のように，抵抗Ｒまたは豆電球Ｍを電源Ｅにつなぎ，その両端の電圧 V〔V〕と電流 I〔mA〕を測定したところ，図２に示す結果が得られた。〈1994年 本試〉

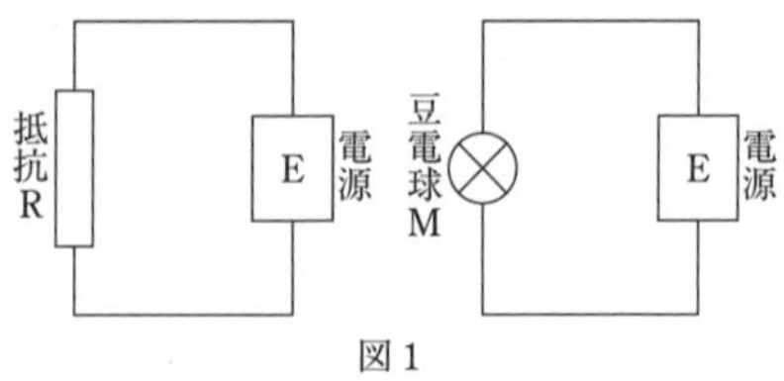

図１

問１ Ｒの抵抗値として最も適当なものを，次の①～⑧のうちから一つ選べ。［　　］Ω

① 0.02　② 0.05　③ 0.2　④ 0.5　⑤ 2　⑥ 5　⑦ 20　⑧ 50

問２ 図２からわかるように，豆電球Ｍについては電流と電圧の間に比例関係が成り立たない。その理由として最も適当なものを，次の①～③のうちから一つ選べ。［　　］

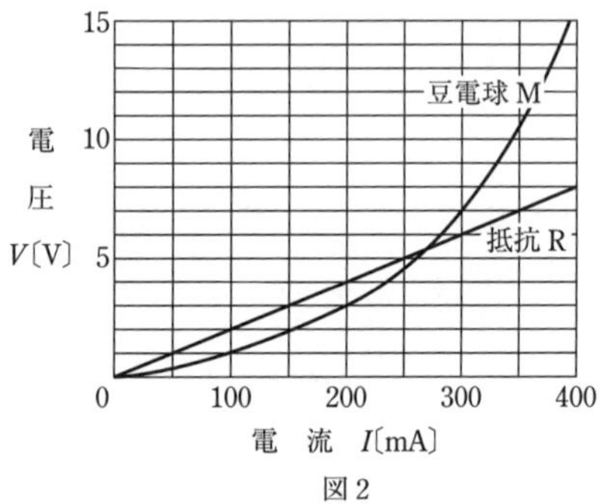

図２

① 電流が多くなると豆電球のフィラメントの温度が上昇し，フィラメント中の原子の熱振動が激しくなり，電子の流れを妨げる作用が増すからである。

② 電流が多くなると豆電球のフィラメントの温度が上昇し，フィラメントが長くなるからである。

③ 電流が多くなると豆電球のフィラメントの温度が上昇し，放出する光のエネルギーが増すからである。

問３ 図３のように，ＲとＭを(a)直列または(b)並列につなぎ，電源Ｅの電圧を７Ｖとした。電流計Ａを流れる電流として最も適当なものを，それぞれ下の①～⑧から一つ選べ。

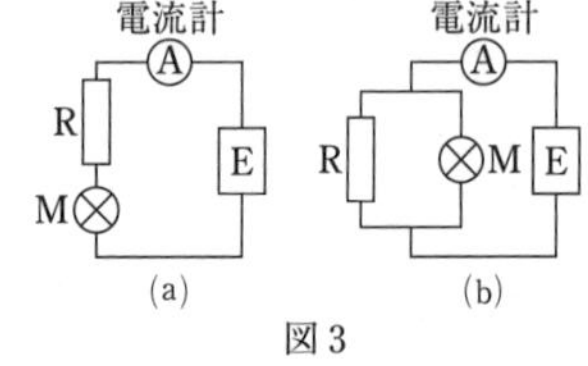

図３

(a) ［ 1 ］mA，　(b) ［ 2 ］mA

［ 1 ］，［ 2 ］の解答群

① 100　② 150　③ 200　④ 250　⑤ 300　⑥ 500　⑦ 650　⑧ 800

31 電流と磁場

85 磁場のかかった回路 基

図のように，3本の銅製のレールを，互いが平行になるように一つの水平面上に置き，直流電源とスイッチSをこれらに接続した。この上に，2本の金属棒A，Bを互いに離し，レールに垂直に置いた。金属棒A，Bはレールの上を自由に転がることができる。図の灰色の領域には，紙面に垂直に裏から表の向きに一様な磁場がかかっている。〈2014年 本試〉

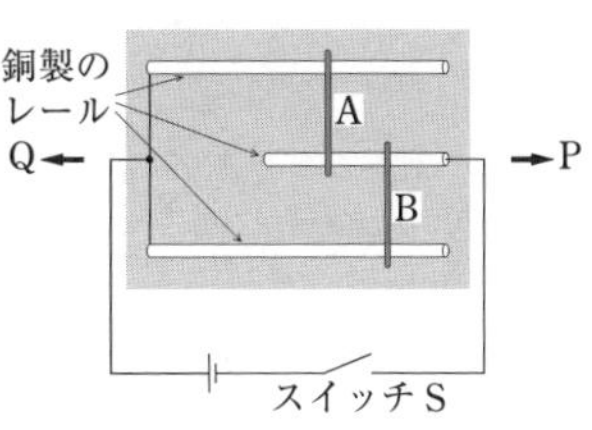

問1 磁場の大きさを一定に保ったままスイッチSを閉じると，AとBはレールに沿って動き始めた。AとBが動いた向きを示す矢印の組合せとして最も適当なものを，次の①～④のうちから一つ選べ。［　　］

	A	B		A	B
①	P	P	③	Q	P
②	P	Q	④	Q	Q

問2 次にスイッチSを開き，AとBをそれぞれ元の位置に戻した。スイッチSを開いたまま，磁場の向きは変えないで強さを急激に増加させると，AとBはレールに沿って動き始めた。AとBが動いた向きを示す矢印の組合せとして最も適当なものを，次の①～④のうちから一つ選べ。［　　］

	A	B		A	B
①	P	P	③	Q	P
②	P	Q	④	Q	Q

86 円錐振り子に取り付けた電荷を帯びた小球

図1のように，長さlの軽い糸の上端を固定し，下端に正の電荷qを帯びた小球を取り付けた。小球に，水平面内で図の矢印の向きに点Oを中心とした等速円運動をさせたところ，糸が鉛直線となす角はθであった。〈2015年 追試〉

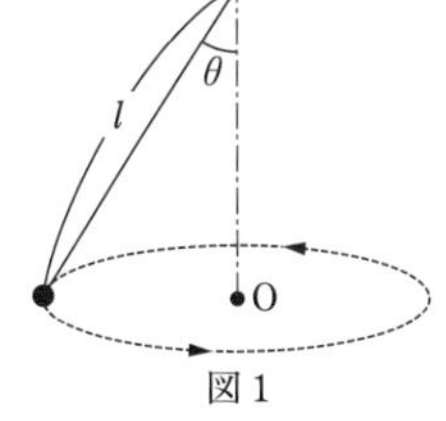

図1

問1 このときの小球の等速円運動の角速度はω_0であった。円運動の周期より十分に長い時間tの間に，円周上の一点を通過する電気量Qを表す式として正しいものを，次の①～⑥のうちから一つ選べ。$Q=$［　　］

① $\dfrac{qt}{\omega_0}$　② $\dfrac{qt}{2\pi\omega_0}$　③ $\dfrac{2\pi qt}{\omega_0}$　④ $q\omega_0 t$　⑤ $\dfrac{q\omega_0 t}{2\pi}$　⑥ $2\pi q\omega_0 t$

問2　$I=\dfrac{Q}{t}$ は円周を流れる電流と見なせる。図1の点Oにおいて，この電流が作る磁場の向きと，強さを表す式の組合せとして正しいものを，次の①～⑥のうちから一つ選べ。［　　］

	向　き	強　さ		向　き	強　さ
①	鉛直上向き	$\dfrac{I}{2l}$	④	鉛直下向き	$\dfrac{I}{2l}$
②	鉛直上向き	$\dfrac{I}{2l\sin\theta}$	⑤	鉛直下向き	$\dfrac{I}{2l\sin\theta}$
③	鉛直上向き	$\dfrac{I}{2l\cos\theta}$	⑥	鉛直下向き	$\dfrac{I}{2l\cos\theta}$

問3　次の文章中の空欄［ア］・［イ］に入れる語句の組合せとして最も適当なものを，下の①～⑧のうちから一つ選べ。［　　］

次に，図2のように，全体に鉛直上向きの一様な磁場をかけ，小球を再び同じ向きに等速円運動させた。このとき，小球が一様な磁場から受ける力の向きは図の［ア］向きである。また小球が図1と同じ円周上を運動するためには，円運動の角速度を磁場のない場合の角速度 ω_0 に比べて［イ］しなければならない。

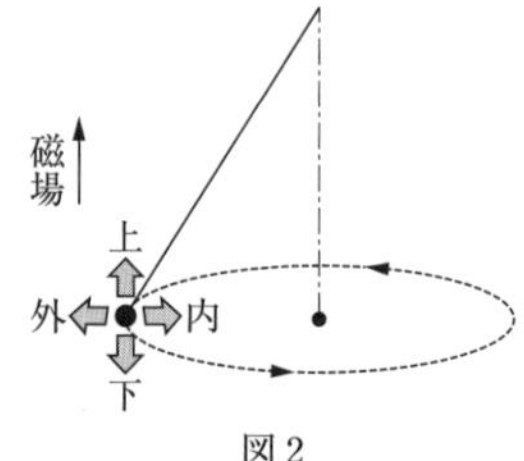

図2

	ア	イ		ア	イ
①	上	大きく	⑤	内	大きく
②	上	小さく	⑥	内	小さく
③	下	大きく	⑦	外	大きく
④	下	小さく	⑧	外	小さく

32 ローレンツ力

87 ローレンツ力

一様な電場，または一様な磁場の中で，正に帯電した粒子が平面内を運動した。図に示すように，平面内の直線 l 上に距離 L だけ離れた2点P，Qがあり，粒子は，点Pを直線 l と45°をなす方向に速さ v で通過した後，点Qを直線 l と45°をなす方向に同じ速さ v で通過した。

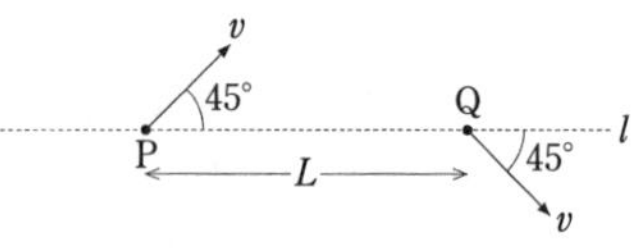

〈2016年 本試〉

問1　このとき，電場や磁場の向きとして最も適当なものを，右の①～⑥のうちから一つずつ選べ。ただし，同じものを繰り返し選んでもよい。

電場の場合：［1］，　磁場の場合：［2］

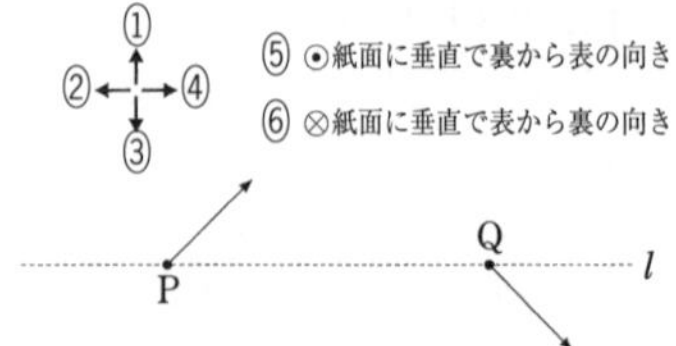

問2　磁場の場合に，点Pから点Qまでの粒子の軌跡と，その間を運動するのに要した時間を表す式の組合せとして最も適当なものを，次の①～⑨のうちから一つ選べ。
□

	軌　跡	時　間		軌　跡	時　間
①	放物線	$\dfrac{\sqrt{2}\pi L}{4v}$	⑥	円　弧	$\dfrac{\sqrt{2}L}{v}$
②	放物線	$\dfrac{\sqrt{2}\pi L}{2v}$	⑦	双曲線	$\dfrac{\sqrt{2}\pi L}{4v}$
③	放物線	$\dfrac{\sqrt{2}L}{v}$	⑧	双曲線	$\dfrac{\sqrt{2}\pi L}{2v}$
④	円　弧	$\dfrac{\sqrt{2}\pi L}{4v}$	⑨	双曲線	$\dfrac{\sqrt{2}L}{v}$
⑤	円　弧	$\dfrac{\sqrt{2}\pi L}{2v}$			

第4章 電磁気

88 サイクロトロン

図のように，真空中で荷電粒子（イオン）を加速する円型の装置を考える。この装置には，内部が中空で半円型の二つの電極が水平に向かい合わせて設置され，それらの間に電圧をかけることができる。全体に一様で一定な磁束密度Bの磁場が鉛直下向きにかかっている。

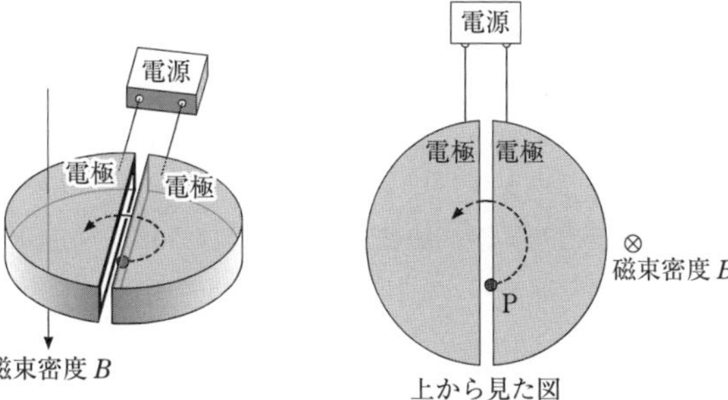

質量m，正電荷qをもつ粒子が，点Pから入射され，中空電極内では磁場による力のみを受けて円運動を行い，半周ごとに電極間を通過する。電極間の電場の向きは粒子が半周するたびに反転して，電極間を通過する粒子は，大きさVの電圧で常に加速されるものとする。
〈2015年 本試〉

問1　運動エネルギーE_0をもつ粒子が電極内に入射し，電極間をn回通過した。粒子のもつ運動エネルギーを表す式として正しいものを，次の①～⑥のうちから一つ選べ。
□

① $nqV+E_0$　② $\dfrac{nV}{q}+E_0$　③ nqV^2+E_0

④ $\dfrac{nV^2}{q}+E_0$　⑤ $\dfrac{1}{2}nqV^2+E_0$　⑥ $\dfrac{1}{2}\cdot\dfrac{nV^2}{q}+E_0$

問2　粒子が電極間を n 回通過した後の運動エネルギーを E_n とする。そのときの速さ v と円運動の半径 r を表す式の組合せとして正しいものを，次の①～⑥のうちから一つ選べ。［　　］

	速さ v	円運動の半径 r		速さ v	円運動の半径 r
①	$\sqrt{\dfrac{2E_n}{m}}$	$\dfrac{mv}{qB}$	④	$\dfrac{E_n}{m}$	$\dfrac{mv}{qB}$
②	$\sqrt{\dfrac{2E_n}{m}}$	$\dfrac{mB}{qv}$	⑤	$\dfrac{E_n}{m}$	$\dfrac{mB}{qv}$
③	$\sqrt{\dfrac{2E_n}{m}}$	$\dfrac{qvB}{m}$	⑥	$\dfrac{E_n}{m}$	$\dfrac{qvB}{m}$

33 電磁誘導

89 手回し発電機 基

手回し発電機は，ハンドルを回転させることによって起電力を発生させる装置である。リード線に図に示すa～cのような接続を行い，いずれの接続の場合でも同じ起電力が発生するように，同じ速さでハンドルを回転させた。a～cの接続について，ハンドルの手ごたえが軽いほうから重いほうに並べた順として正しいものを，下の①～⑥のうちから一つ選べ。［　　］

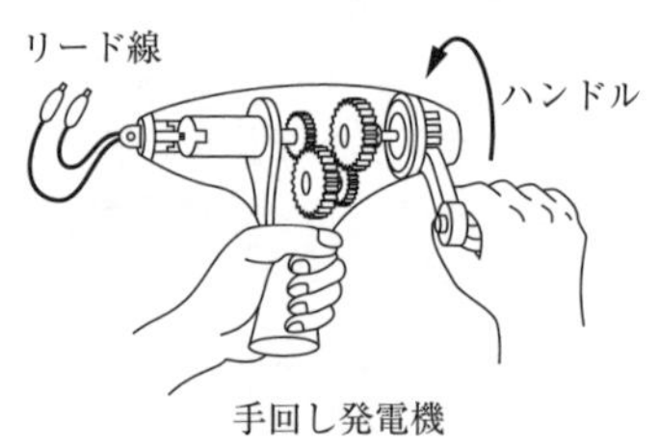

手回し発電機

〈2009年 本試〉

a：豆電球を接続

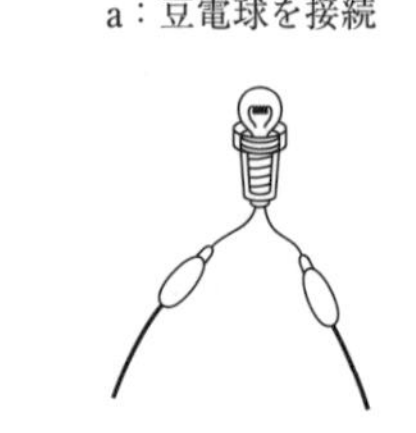

b：リード線どうしを接続

c：不導体の棒を接続

	ハンドルの手ごたえ 軽い ⟶ 重い		
①	a	b	c
②	a	c	b
③	b	a	c
④	b	c	a
⑤	c	a	b
⑥	c	b	a

90 磁場を横切る導体棒

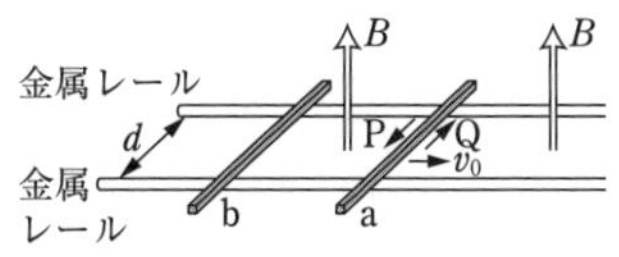

図のように，鉛直上向きで磁束密度の大きさBの一様な磁場（磁界）中に，十分に長い２本の金属レールが水平面内に間隔dで平行に固定されている。その上に導体棒a，bをのせ，静止させた。導体棒a，bの質量は等しく，単位長さあたりの抵抗値はrである。導体棒はレールと垂直を保ったまま，レール上を摩擦なく動くものとする。また，自己誘導の影響とレールの電気抵抗は無視できる。

〈2021年 本試〉

時刻 $t=0$ に導体棒aにのみ，右向きの初速度 v_0 を与えた。

問１ 導体棒aに流れる誘導電流に関して，下の文章中の空欄 ア ・ イ に入れる記号と式の組合せとして最も適当なものを，下の①～④のうちから一つ選べ。 □

導体棒aが動き出した直後に，導体棒aに流れる誘導電流は図の ア の矢印の向きであり，その大きさは イ である。

	①	②	③	④
ア	P	P	Q	Q
イ	$\dfrac{Bdv_0}{2r}$	$\dfrac{Bv_0}{2r}$	$\dfrac{Bdv_0}{2r}$	$\dfrac{Bv_0}{2r}$

問２ 導体棒aが動き始めると，導体棒bも動き始めた。このとき，導体棒aとbが磁場から受ける力に関する文として最も適当なものを，次の①～④のうちから一つ選べ。

□

① 力の大きさは等しく，向きは同じである。
② 力の大きさは異なり，向きは同じである。
③ 力の大きさは等しく，向きは反対である。
④ 力の大きさは異なり，向きは反対である。

問３ 導体棒aが動き始めた後の，導体棒a，bの速度と時間の関係を表すグラフとして最も適当なものを，次の①～④のうちから一つ選べ。ただし，速度の向きは図の右向きを正とする。 □

①

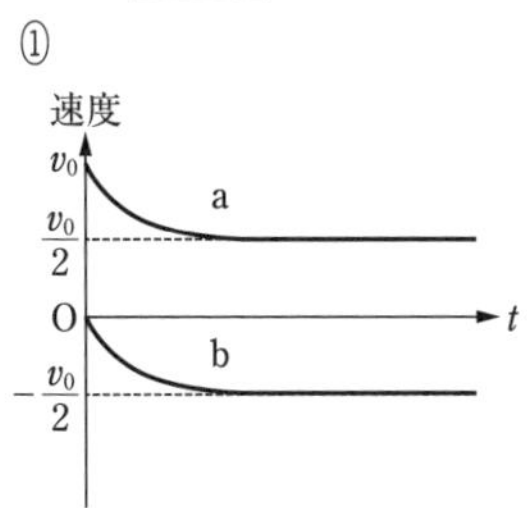

②

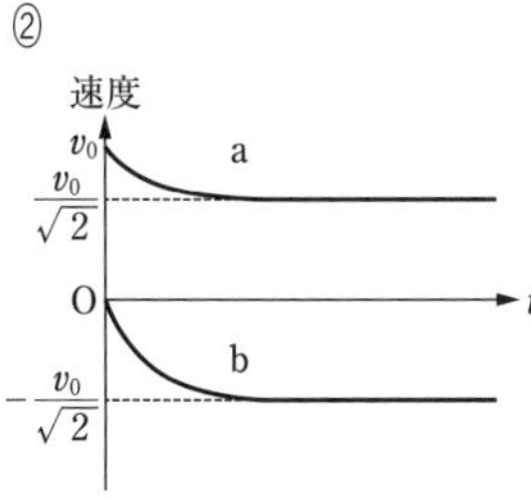

第4章 電磁気

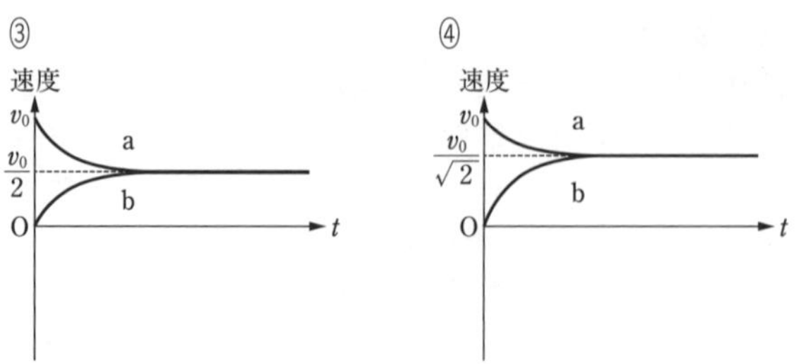

91 磁場を横切るコイル

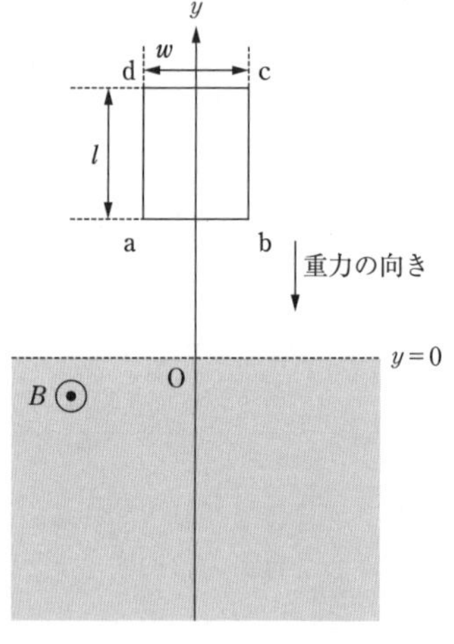

図のように，鉛直上向きに y 軸をとり，$y \leqq 0$ の領域に，磁束密度の大きさ B の一様な磁場（磁界）を紙面に垂直に裏から表の向きにかけた。この磁場領域の鉛直上方から，細い金属線でできた1巻きの長方形コイル abcd を，辺 ab を水平にして落下させる。コイルの質量は m，抵抗値は R，辺の長さは w と l である。

コイルをある高さから落とすと，辺 ab が $y=0$ に到達してから辺 cd が $y=0$ に到達するまでの間，一定の速さ v で落下した。ここで，コイルの辺 cd が $y=0$ に到達する時刻を $t=T$ とする。ただし，コイルは回転も変形もせず，コイルの面はつねに紙面に平行とし，空気の抵抗および自己誘導の影響は無視できるものとする。 〈2018年 本試・改〉

問1 コイルを紙面に垂直に裏から表の向きに貫く磁束 Φ と時刻 t の関係を表すグラフとして最も適当なものを，次の①～⑧のうちから一つ選べ。 □

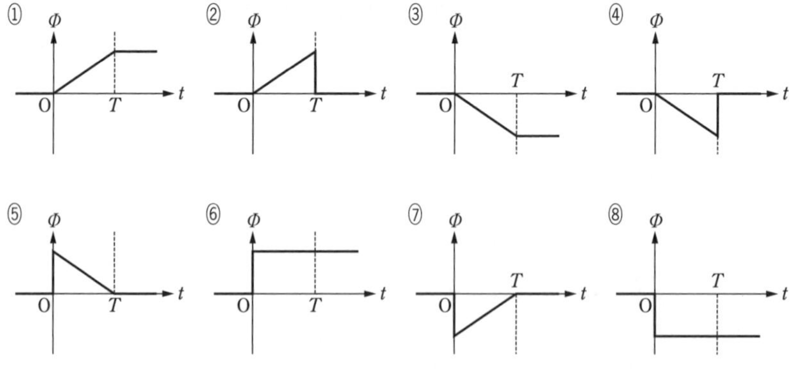

問2　コイルに流れる電流 I と時刻 t の関係を表すグラフとして最も適当なものを，次の①～⑧のうちから一つ選べ。ただし，abcda の向きを電流の正の向きとする。
□

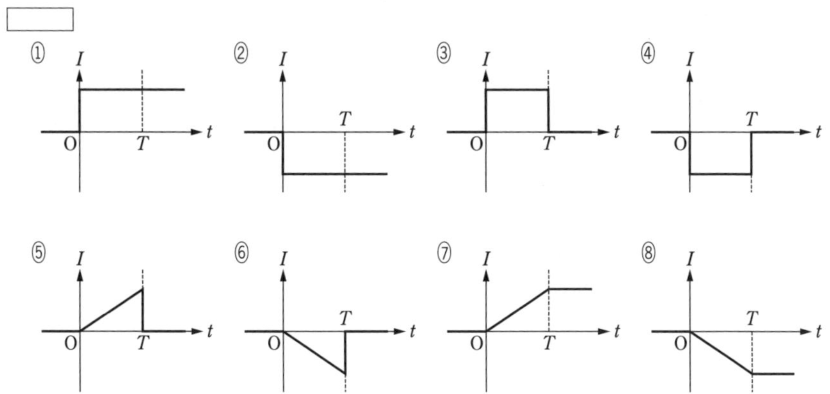

問3　時刻 $t=0$ と $t=T$ の間で，コイルが落下する一定の速さ v を表す式として正しいものを，次の①～⑧のうちから一つ選べ。ただし，重力加速度の大きさを g とする。$v=$□

① $\dfrac{mgR}{B^2w}$　② $\dfrac{mgR}{B^2l^2}$　③ $\dfrac{mgR}{B^2lw}$　④ $\dfrac{mgR}{B^2w^2}$

⑤ $\dfrac{mgR}{Bw}$　⑥ $\dfrac{mgR}{Bl^2}$　⑦ $\dfrac{mgR}{Blw}$　⑧ $\dfrac{mgR}{Bw^2}$

34 交流回路

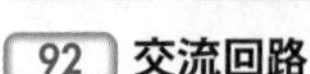

交流回路

図1のように，電圧の最大値が V_0，周期が T の交流電源にダイオードと抵抗を接続した回路を作った。図2は点Bを基準としたときの点Aの電位の時間変化である。ただし，ダイオードは整流作用のみをもつ理想化した素子として考える。〈2015年 本試〉

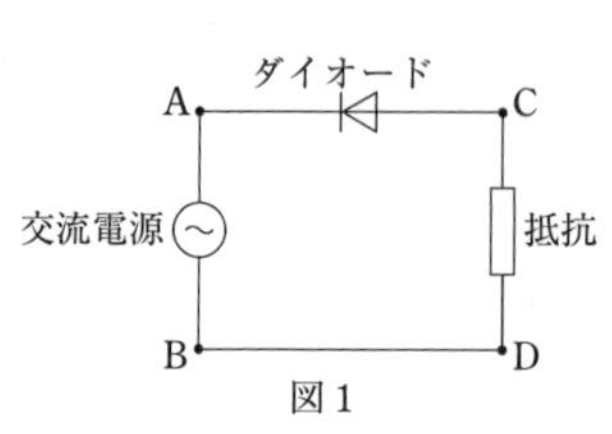

図1

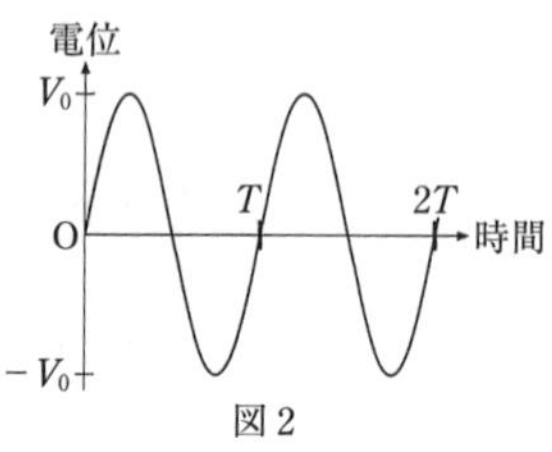

図2

問1 点Dを基準としたときの点Cの電位の時間変化を表す図として最も適当なものを，次の①～⑥のうちから一つ選べ。□

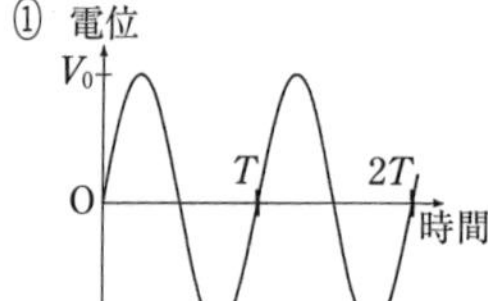

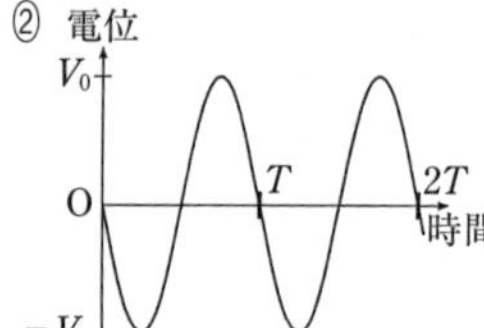

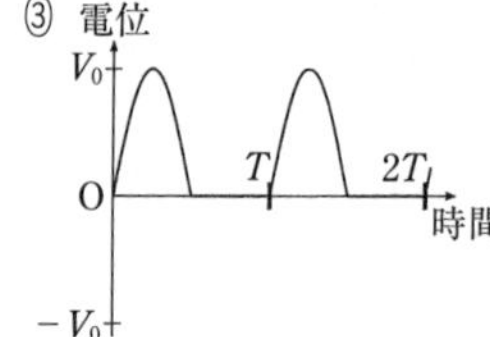

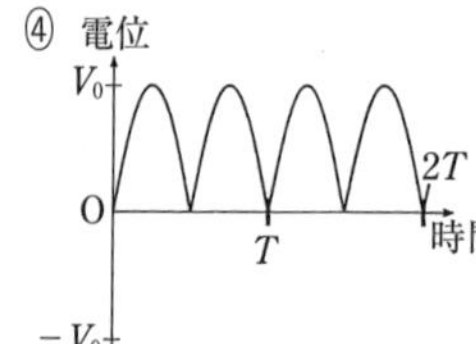

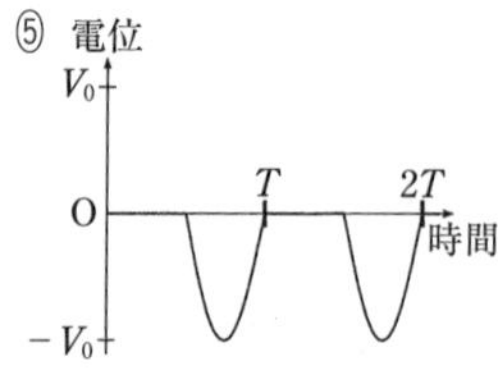

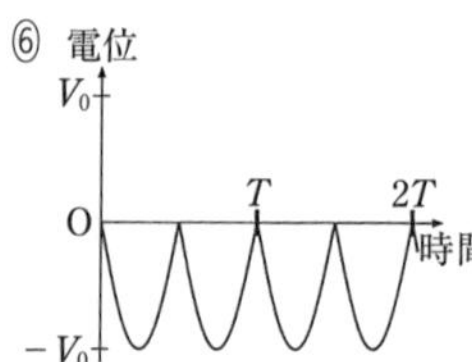

問2 抵抗での消費電力の時間平均として正しいものを，次の①～⑤のうちから一つ選べ。ただし，抵抗の抵抗値を R とする。□

① $\dfrac{1}{16}\cdot\dfrac{{V_0}^2}{R}$　② $\dfrac{1}{8}\cdot\dfrac{{V_0}^2}{R}$　③ $\dfrac{1}{4}\cdot\dfrac{{V_0}^2}{R}$　④ $\dfrac{1}{2}\cdot\dfrac{{V_0}^2}{R}$　⑤ $\dfrac{{V_0}^2}{R}$

第5章　原　子

35　トムソンの実験

93　電磁場中の荷電粒子の運動

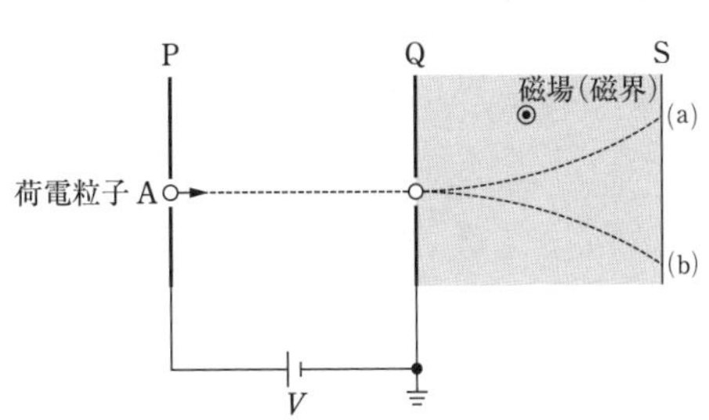

図のように，互いに平行な板状の電極P，Qが紙面に垂直に置かれている。質量m，電気量q $(q>0)$の荷電粒子Aが電極P，Qの穴を通過した後，面Sに達した。Qに対するPの電位はVであり，電極P，Qの穴を通過したときの粒子の進行方向は，それぞれの電極の面に垂直であった。電極Qと面Sの間の灰色の領域では，紙面に垂直に裏から表の向きへ一様な磁場(磁界)がかけられており，電場(電界)はないとする。ただし，装置はすべて真空中に置かれており，重力の影響は無視できるものとする。　〈2020年 本試〉

問1　次の文章中の空欄 ア ・ イ に入れる記号と語句の組合せとして最も適当なものを，下の①～⑥のうちから一つ選べ。

荷電粒子Aは，一様な磁場から力を受けて図の ア の軌道を描いて面Sに達した。面Sに達する直前の荷電粒子Aの運動エネルギーは，電極Qの穴を通過したときの運動エネルギーと比べて イ 。

	①	②	③	④	⑤	⑥
ア	(a)	(a)	(a)	(b)	(b)	(b)
イ	小さい	変わらない	大きい	小さい	変わらない	大きい

問2　次の文章中の空欄 ウ ・ エ に入れる式と語の組合せとして最も適当なものを，下の①～⑥のうちから一つ選べ。

電極Pの穴を速さvで通過した荷電粒子Aが，電極Qの穴を速さ$2v$で通過した。このとき，Qに対するPの電位Vは ウ と表される。このVのもとで，電気量qで質量がmより大きい荷電粒子Bが電極Pの穴を速さvで通過した。この荷電粒子Bが電極Qの穴を通過したときの速さは$2v$よりも エ 。

	ウ	エ		ウ	エ
①	$\dfrac{mv^2}{2q}$	小さい	④	$\dfrac{3mv^2}{2q}$	大きい
②	$\dfrac{mv^2}{2q}$	大きい	⑤	$\dfrac{5mv^2}{2q}$	小さい
③	$\dfrac{3mv^2}{2q}$	小さい	⑥	$\dfrac{5mv^2}{2q}$	大きい

36 光電効果

94 光電効果①

量子論によると，光は波動としての性質と粒子としての性質を持ち合わせている。光の粒子を光子（フォトン）という。プランク定数をh，光速をcとする。〈関西大・改〉

問1　振動数νの光子のエネルギーとして正しいものを，次の①～⑤のうちから一つ選べ。［　　］

①　$c\nu$　②　$\dfrac{\nu}{c}$　③　$h\nu$　④　$\dfrac{\nu}{h}$　⑤　$\dfrac{h\nu}{c}$

問2　振動数νの光子の運動量として正しいものを，次の①～⑤のうちから一つ選べ。［　　］

①　$c\nu$　②　$\dfrac{\nu}{c}$　③　$h\nu$　④　$\dfrac{\nu}{h}$　⑤　$\dfrac{h\nu}{c}$

光電効果の実験は，金属中の電子が光子を吸収すると考えることによって理解できる。図は，光電効果の実験で，ある金属の電極に単色光を当てたとき，電極から出た電子（光電子）の運動エネルギーの最大値Eと，光の振動数νとの関係を示したものである。$1\,\text{eV}=1.6\times10^{-19}\,\text{J}$とする。

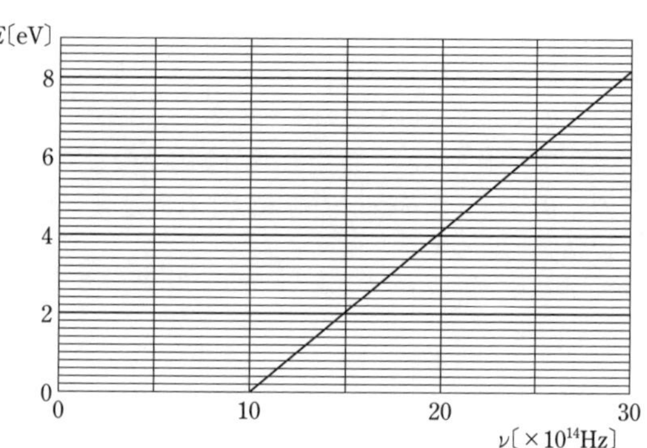

問3　この金属から電子が外に出るのに必要なエネルギー（仕事関数）〔eV〕として，最も適当な数値を，次の①～⑤のうちから一つ選べ。［　　］eV

①　3.9　②　4.1　③　4.3　④　4.5　⑤　4.7

問4　この実験から見積もられるプランク定数h〔J･s〕の値として最も適当なものを，次の①～⑤のうちから一つ選べ。［　　］J･s

①　5.6×10^{-34}　②　6.1×10^{-34}　③　6.6×10^{-34}　④　7.1×10^{-34}
⑤　7.6×10^{-34}

95 光電効果②

光電効果に関する次の問いに答えよ。 〈2016年 本試〉

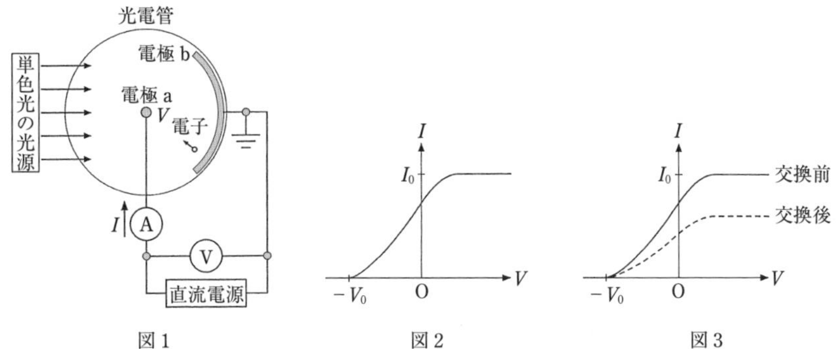

図1　図2　図3

問1 図1のような装置で光電効果を調べる。電極bは接地されており，直流電源の電圧を変えることにより電極aの電位 V を変えることができる。単色光を光電管に当て，V と光電流 I の関係を調べたところ，図2のグラフが得られた。このとき，光電効果によって電極bから飛び出した直後の電子の速さの最大値を表す式として最も適当なものを，下の①～⑧のうちから一つ選べ。ただし，電気素量を e，電子の質量を m とし，電極aでの光電効果は無視できるものとする。［　　］

① $\dfrac{eI_0}{2m}$　② $\dfrac{2eI_0}{m}$　③ $\sqrt{\dfrac{eI_0}{2m}}$　④ $\sqrt{\dfrac{2eI_0}{m}}$

⑤ $\dfrac{eV_0}{2m}$　⑥ $\dfrac{2eV_0}{m}$　⑦ $\sqrt{\dfrac{eV_0}{2m}}$　⑧ $\sqrt{\dfrac{2eV_0}{m}}$

問2 次の文章中の空欄［ア］・［イ］に入れる語句の組合せとして最も適当なものを，下の①～⑨のうちから一つ選べ。［　　］

上の図1の装置の光源を，単色光を発する別の光源に交換し，V と I の関係を調べたところ，図3の**破線**の結果が得られた。図3の**実線**は交換前の V と I の関係を示している。このグラフから次のことがわかる。交換後の光の振動数は，［ア］。また，単位時間当たりに電極bに入射する光子の数は，［イ］。

	ア	イ
①	交換前より小さい	交換前より少ない
②	交換前より小さい	交換前と等しい
③	交換前より小さい	交換前より多い
④	交換前と等しい	交換前より少ない
⑤	交換前と等しい	交換前と等しい
⑥	交換前と等しい	交換前より多い
⑦	交換前より大きい	交換前より少ない
⑧	交換前より大きい	交換前と等しい
⑨	交換前より大きい	交換前より多い

96 X線の発生

図1のX線管の陰極(フィラメント)Fと，モリブデンの陽極(ターゲット)Tとの間に25 kVの加速電圧を加えたとき，発生したX線の波長とその強さのグラフは図2のようになった。

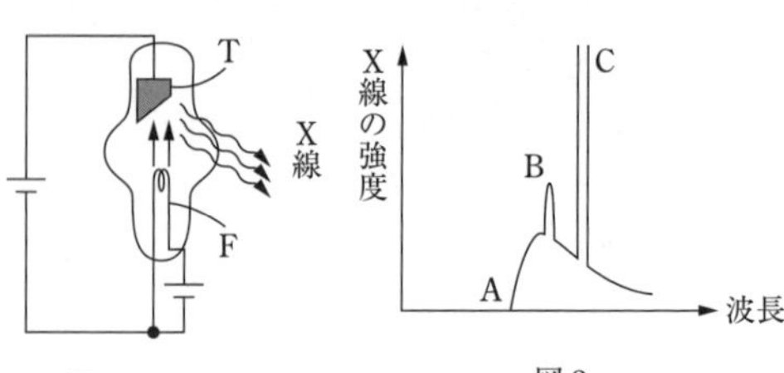

図1　図2

問1　Fでの電子の速さを0 m/sとするとき，Tに達する瞬間の電子1個のエネルギー〔J〕として最も適当な数値を，次の①～⑤のうちから一つ選べ。ただし，電気素量を1.6×10^{-19} Cとする。[　　] J

①　1.0×10^{-15}　②　2.0×10^{-15}　③　3.0×10^{-15}　④　4.0×10^{-15}
⑤　5.0×10^{-15}

問2　図2の点Aの波長(最短波長)〔m〕として最も適当な数値を，次の①～⑤のうちから一つ選べ。ただし，プランク定数hを6.6×10^{-34} J・s，光速度cを3.0×10^{8} m/sとする。[　　] m

①　1.0×10^{-11}　②　2.0×10^{-11}　③　3.0×10^{-11}　④　4.0×10^{-11}
⑤　5.0×10^{-11}

問3　次の**ア**と**イ**のようにするとき，図2のグラフの中のA，B，Cの位置の変化の組合せとして正しいものを，次の①～⑨のうちからそれぞれ一つ選べ。ただし，同じものを繰り返し選んでもよい。

ア　FとTの間の加速電圧を大きくする。[1]

イ　FとTの間の加速電圧は一定のままFを流れる電流を大きくする。[2]

	A	B	C
①	変わらない	左にずれる	左にずれる
②	変わらない	右にずれる	右にずれる
③	変わらない	変わらない	変わらない
④	左にずれる	左にずれる	左にずれる
⑤	左にずれる	右にずれる	右にずれる

	A	B	C
⑥	左にずれる	変わらない	変わらない
⑦	右にずれる	左にずれる	左にずれる
⑧	右にずれる	右にずれる	右にずれる
⑨	右にずれる	変わらない	変わらない

97 ブラッグ反射

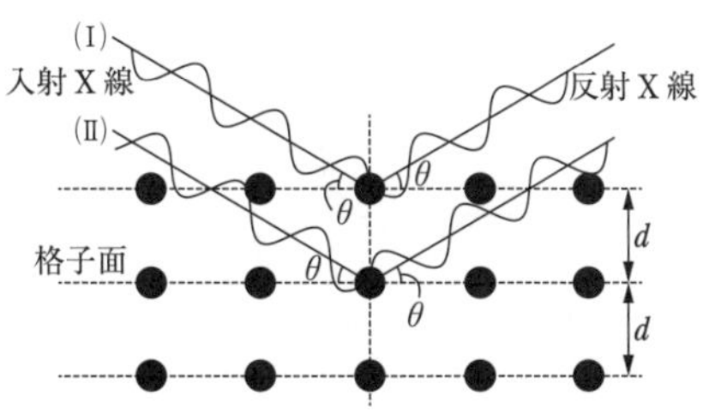

結晶の規則正しく配列した原子配列面(格子面)にX線を入射させると，X線は何層にもわたる格子面の原子によって散乱される。このとき，X線の波長がある条件を満たせば，散乱されたX線が互いに干渉し強め合う。まず一つの格子面を構成する多くの原子で散乱されるX線に注目すると，反射の法則を満たす方向に進むX線どうしは，強め合う。これを反射X線という。また，隣り合う格子面における反射X線が同位相であれば，それぞれの格子面で反射されるX線は強め合う。図は，間隔 d の隣り合う格子面に角度 θ で入射した波長 λ のX線が，格子面上の原子によって同じ角度 θ の方向に反射された場合を示している。〈2022年 追試〉

次の文章中の空欄 [1]・[2] に入れる数式として正しいものを，それぞれの直後の{ }で囲んだ選択肢のうちから一つずつ選べ。

図の2層目の格子面で反射される(II)のX線は，1層目の格子面で反射される(I)のX線より

[1] { ① $d\sin\theta$　② $2d\sin\theta$　③ $d\cos\theta$　④ $2d\cos\theta$ } だけ経路が長い。

この経路差が

[2] { ① $\dfrac{\lambda}{4}$　② $\dfrac{\lambda}{2}$　③ $\dfrac{3\lambda}{4}$　④ λ　⑤ $\dfrac{5\lambda}{4}$　⑥ $\dfrac{3\lambda}{2}$ } の整数倍のときにつねに強め合う。

38 ボーア模型

98 原子核の発見と原子の構造

原子核の発見と原子の構造の解明に関する次の問いに答えよ。〈2015年 本試〉

問1 金箔(きんぱく)に照射した α 粒子(電気量 $+2e$，e は電気素量)の散乱実験の結果から，ラザフォードは，質量と正電荷が狭い部分に集中した原子核の存在を突き止めた。金の原子核による α 粒子の散乱の様子を示した図として最も適当なものを，次の①～⑥のうちから一つ選べ。ただし，図中の黒丸は原子核の位置を，実線は原子核の周辺での α 粒子の飛跡を模式的に示している。[　　]

①

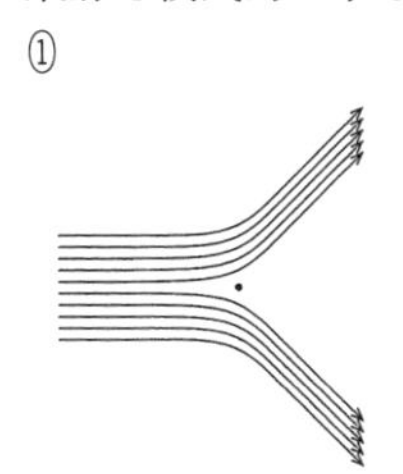

②

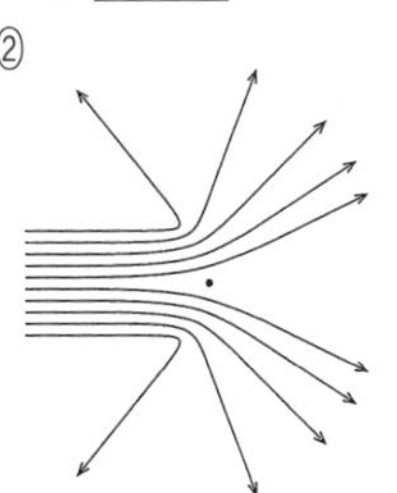

③

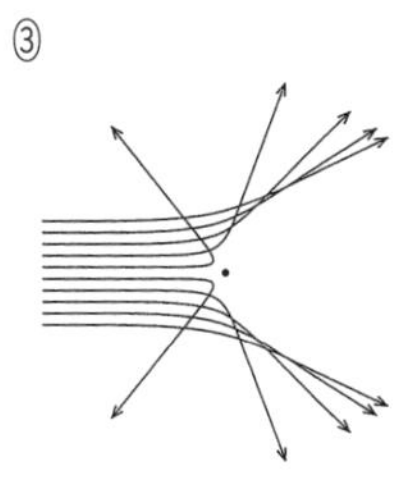

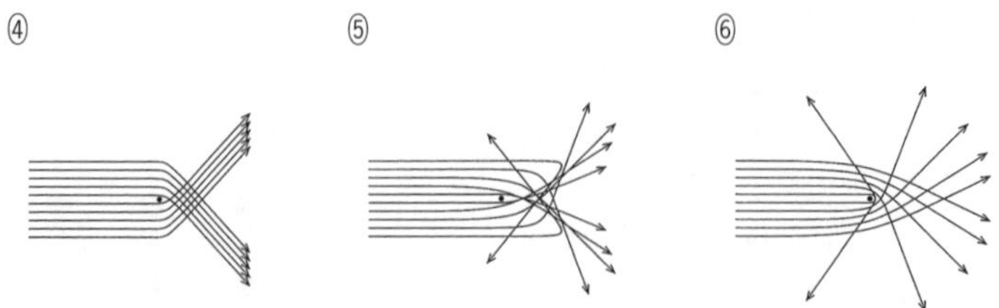

問2　次の文章中の空欄 ア ・ イ に入れる語の組合せとして最も適当なものを，下の①～⑥のうちから一つ選べ。

電子が原子核のまわりを円運動していると考えるラザフォードの原子模型では，電子が電磁波を放射して徐々に ア を失い，電子の軌道半径が時間とともに小さくなってしまうという問題があった。ボーアはこの問題を解決するために「原子中の電子は，ある条件を満足する円軌道上のみで運動している」という仮説を導入した。このとき，電子はある決まったエネルギーをもち電磁波を放射しない。この状態を定常状態という。

さらに，「電子がある定常状態から別のエネルギーをもつ定常状態に移るとき，その差のエネルギーをもつ１個の イ が放出または吸収される」という仮説も導入し，水素原子のスペクトルの説明に成功した。

	ア	イ		ア	イ
①	質　量	光電子	④	エネルギー	光　子
②	質　量	光　子	⑤	電　荷	光電子
③	エネルギー	光電子	⑥	電　荷	光　子

問3　定常状態は，ド・ブロイによって提唱された物質波の考えを用いることにより，波動としての電子が原子核を中心とする円軌道上にあたかも定常波をつくっている状態だと解釈されるようになった。このとき，量子数 n $(n=1,\ 2,\ 3,\ \cdots)$ の定常状態における円軌道の半径 r，電子の質量 m，電子の速さ v，プランク定数 h の間に成り立つ関係式として正しいものを，次の①～⑥のうちから一つ選べ。

①　$\pi r^2=\dfrac{nmv}{h}$　　②　$\pi r=\dfrac{nmv}{h}$　　③　$2\pi r=\dfrac{nmv}{h}$

④　$\pi r^2=\dfrac{nh}{mv}$　　⑤　$\pi r=\dfrac{nh}{mv}$　　⑥　$2\pi r=\dfrac{nh}{mv}$

99 水素原子

水素原子を，図1のように，静止した正の電気量 e を持つ陽子と，そのまわりを負の電気量 $-e$ を持つ電子が速さ v，軌道半径 r で等速円運動するモデルで考える。陽子および電子の大きさは無視できるものとする。陽子の質量を M，電子の質量を m，クーロンの法則の真空中での比例定数を k_0，プランク定数を h，万有引力定数を G，真空中の光速を c とし，必要ならば，表1の物理定数を用いよ。 〈2022年 本試〉

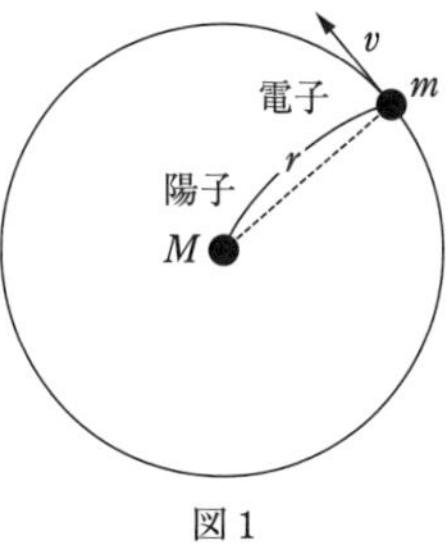

図1

表1 物理定数

名　称	記　号	数値・単位
万有引力定数	G	$6.7\times10^{-11}\,\mathrm{N\cdot m^2/kg^2}$
プランク定数	h	$6.6\times10^{-34}\,\mathrm{J\cdot s}$
クーロンの法則の真空中での比例定数	k_0	$9.0\times10^{9}\,\mathrm{N\cdot m^2/C^2}$
真空中の光速	c	$3.0\times10^{8}\,\mathrm{m/s}$
電気素量	e	$1.6\times10^{-19}\,\mathrm{C}$
陽子の質量	M	$1.7\times10^{-27}\,\mathrm{kg}$
電子の質量	m	$9.1\times10^{-31}\,\mathrm{kg}$

問1 次の文章中の空欄 ア ・ イ に入れる式の組合せとして最も適当なものを，下の①～⑥のうちから一つ選べ。 □

図2(a)のように，半径 r の円軌道上を一定の速さ v で運動する電子の角速度 ω は ア で与えられる。時刻 t での速度 $\overrightarrow{v_1}$ と微小な時間 Δt だけ経過した後の時刻 $t+\Delta t$ での速度 $\overrightarrow{v_2}$ との差の大きさは イ である。

ただし，図2(b)は $\overrightarrow{v_2}$ の始点を $\overrightarrow{v_1}$ の始点まで平行移動した図であり，$\omega\Delta t$ は $\overrightarrow{v_1}$ と $\overrightarrow{v_2}$ とがなす角である。また，微小角 $\omega\Delta t$ を中心角とする弧(図2(b)の破線)と弦(図2(b)の実線)の長さは等しいとしてよい。

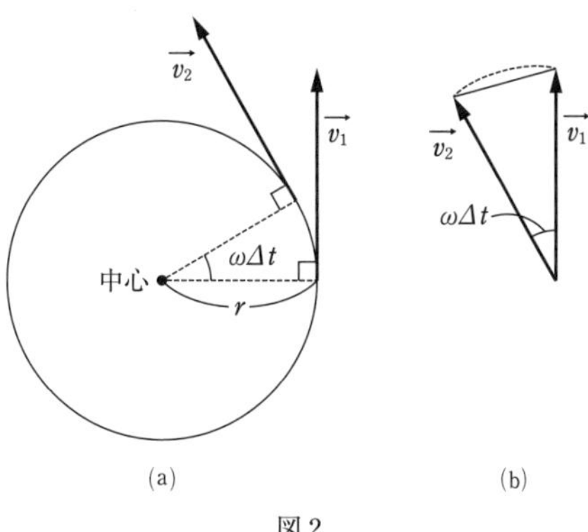

図2

	①	②	③	④	⑤	⑥
ア	rv	rv	rv	$\dfrac{v}{r}$	$\dfrac{v}{r}$	$\dfrac{v}{r}$
イ	0	$rv^2\Delta t$	$\dfrac{v^2}{r}\Delta t$	0	$rv^2\Delta t$	$\dfrac{v^2}{r}\Delta t$

問2　次の文章中の空欄 [　　] に入れる数値として最も適当なものを，下の①～⑥のうちから一つ選べ。

水素原子中の電子と陽子の間にはたらくニュートンの万有引力と静電気力の大きさを比較すると，万有引力は静電気力のおよそ $10^{-\square}$ 倍であることがわかる。万有引力はこのように小さいので，電子の運動を考える際には，万有引力は無視してよい。

①　10　　②　20　　③　30　　④　40　　⑤　50　　⑥　60

問3　次の文章中の空欄 [　　] に入れる式として正しいものを，下の①～⑧のうちから一つ選べ。

円運動の向心力は陽子と電子の間にはたらく静電気力のみであるとする。量子数を n ($n=1,\ 2,\ 3,\ \cdots$) とすると，ボーアの量子条件 $mvr=n\dfrac{h}{2\pi}$ は，電子の円軌道の一周の長さが電子のド・ブロイ波の波長の n 倍に等しいとする定在波（定常波）の条件と一致する。以上の関係から，v を含まない式で水素原子の電子の軌道半径 r を表すと，$r=\dfrac{h^2}{4\pi^2 k_0 me^2}n^2$ となる。

この結果から，量子条件を満たす電子のエネルギー（運動エネルギーと無限遠を基準とした静電気力による位置エネルギーの和）E_n を計算すると，$E_n=-2\pi^2 k_0{}^2\times$ [　　] と求められる。この E_n を量子数 n に対応する電子のエネルギー準位という。

①　$\dfrac{me}{nh}$　　②　$\dfrac{m^2e}{n^2h}$　　③　$\dfrac{me^2}{nh^2}$　　④　$\dfrac{me^4}{n^2h^2}$

⑤　$\dfrac{nh}{me}$　　⑥　$\dfrac{n^2h}{m^2e}$　　⑦　$\dfrac{nh^2}{me^2}$　　⑧　$\dfrac{n^2h^2}{me^4}$

問4　次の文章中の空欄 [　　] に入れる式として正しいものを，下の①～④のうちから一つ選べ。

水素原子中の電子が，量子数 n のエネルギー準位 E から量子数 n' のより低いエネルギー準位 E' へ移るとき，放出される光子の振動数 ν は，$\nu=$ [　　] である。

①　$\dfrac{E'-E}{h}$　　②　$\dfrac{E-E'}{h}$　　③　$\dfrac{h}{E'-E}$　　④　$\dfrac{h}{E-E'}$

39 放射性崩壊，半減期

100 放射性崩壊と半減期

静止した放射性原子核 $^{210}_{84}\mathrm{Po}$ が α 崩壊によって原子核 $^{206}_{82}\mathrm{Pb}$ と α 粒子に分裂し，核エネルギー Q が放出された。ただし，$^{210}_{84}\mathrm{Po}$ と $^{206}_{82}\mathrm{Pb}$ の原子核，および α 粒子の質量を，それぞれ M_{Po}，M_{Pb}，M_{α} とし，また，真空中の光の速さを c とする。〈2015年 追試〉

問1 Q を表す式として正しいものを，次の①～⑥のうちから一つ選べ。$Q=$□

① $(M_{\mathrm{Po}}+M_{\mathrm{Pb}}+M_{\alpha})c^2$　② $(M_{\mathrm{Po}}-M_{\mathrm{Pb}}+M_{\alpha})c^2$　③ $(-M_{\mathrm{Po}}+M_{\mathrm{Pb}}+M_{\alpha})c^2$

④ $(M_{\mathrm{Po}}-M_{\mathrm{Pb}}-M_{\alpha})c^2$　⑤ $(M_{\mathrm{Po}}+M_{\mathrm{Pb}}-M_{\alpha})c^2$　⑥ $(-M_{\mathrm{Po}}+M_{\mathrm{Pb}}-M_{\alpha})c^2$

問2 崩壊後，$^{206}_{82}\mathrm{Pb}$ の原子核と α 粒子は互いに逆方向に運動した。このときの $^{206}_{82}\mathrm{Pb}$ の原子核の速さ v_{Pb} と α 粒子の速さ v_{α} の比 $\dfrac{v_{\mathrm{Pb}}}{v_{\alpha}}$ として正しいものを，次の①～⑤のうちから一つ選べ。ただし，v_{Pb} と v_{α} は光の速さ c に比べて十分に小さい。

$\dfrac{v_{\mathrm{Pb}}}{v_{\alpha}}=$□

① $\sqrt{\dfrac{M_{\alpha}}{M_{\mathrm{Pb}}}}$　② $\sqrt{\dfrac{M_{\mathrm{Pb}}}{M_{\alpha}}}$　③ $\dfrac{M_{\alpha}}{M_{\mathrm{Pb}}}$　④ $\dfrac{M_{\mathrm{Pb}}}{M_{\alpha}}$　⑤ 1

問3 はじめに N 個あった $^{210}_{84}\mathrm{Po}$ の原子核が α 崩壊により減り，$\dfrac{N}{8}$ 個になるのに420日かかった。$^{210}_{84}\mathrm{Po}$ の半減期として最も適当なものを，次の①～⑥のうちから一つ選べ。□日

① 53　② 70　③ 105　④ 140　⑤ 210　⑥ 240

第5章 原子

40 核エネルギー

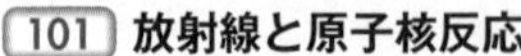

101 放射線と原子核反応

放射線と原子核反応に関する次の問いに答えよ。 〈2017年 本試〉

問1 放射線に関する記述として最も適当なものを，次の①～⑤のうちから一つ選べ。 [ ]

① α 線，β 線，γ 線のうち，α 線のみが物質中の原子から電子をはじき飛ばして原子をイオンにするはたらき（電離作用）をもつ。

② α 線，β 線，γ 線を一様な磁場に対して垂直に入射すると，β 線のみが直進する。

③ β 崩壊の前後で，原子核の原子番号は変化しない。

④ 自然界に存在する原子核はすべて安定であり，放射線を放出しない。

⑤ シーベルト（記号 Sv）は，人体への放射線の影響を評価するための単位である。

問2 原子核がもつエネルギーは，ばらばらの状態にある核子がもつエネルギーの和よりも小さい。このエネルギー差 ΔE を結合エネルギーという。原子番号 Z，質量数 A の原子核の場合，原子核の質量を M，陽子と中性子の質量をそれぞれ m_p，m_n とするとき，ΔE を表す式として正しいものを，次の①～⑧のうちから一つ選べ。ただし，真空中の光の速さを c とする。$\Delta E=$ [ ]

① $\{A(m_p+m_n)-AM\}c^2$　　② $\{Zm_p+(A-Z)m_n-AM\}c^2$

③ $\{A(m_p+m_n)-M\}c^2$　　④ $\{Zm_p+(A-Z)m_n-M\}c^2$

⑤ $\{(A-Z)m_p+Zm_n-AM\}c^2$　　⑥ $\{Zm_p+Am_n-AM\}c^2$

⑦ $\{(A-Z)m_p+Zm_n-M\}c^2$　　⑧ $\{Zm_p+Am_n-M\}c^2$

問3 次の文章中の空欄 [ア]・[イ] に入れる式と語の組合せとして最も適当なものを，次の①～⑧のうちから一つ選べ。 [ ]

太陽の中心部では，${}^{1}_{1}\mathrm{H}$ が次々に核融合して，最終的に ${}^{4}_{2}\mathrm{He}$ が生成されている。その最終段階の反応の一つは，次の式で表すことができる。

$$ {}^{3}_{2}\mathrm{He} + {}^{3}_{2}\mathrm{He} \longrightarrow {}^{4}_{2}\mathrm{He} + \boxed{\text{ア}} $$

この反応ではエネルギーが [イ] される。ただし，${}^{2}_{1}\mathrm{H}$，${}^{3}_{2}\mathrm{He}$，${}^{4}_{2}\mathrm{He}$ の結合エネルギーは，それぞれ 2.2 MeV，7.7 MeV，28.3 MeV であるとする。

	ア	イ		ア	イ
①	${}^{1}_{1}\mathrm{H}$	放出	⑤	${}^{2}_{1}\mathrm{H}$	放出
②	${}^{1}_{1}\mathrm{H}$	吸収	⑥	${}^{2}_{1}\mathrm{H}$	吸収
③	$2{}^{1}_{1}\mathrm{H}$	放出	⑦	$2{}^{2}_{1}\mathrm{H}$	放出
④	$2{}^{1}_{1}\mathrm{H}$	吸収	⑧	$2{}^{2}_{1}\mathrm{H}$	吸収

第6章 実験・考察問題

102

スポーツに関する次の文章を読み，次の問いに答えよ。 〈2013年 本試〉

〔A〕 アーチェリーは，図1のように，弓の弾性エネルギーを利用したスポーツである。弾性エネルギーとは，ばねやゴムなどの弾性をもつ物体が外力によって変形したときにもつエネルギーのことである。人が弓を引くときにはたらく弾性力は，弓を引いた距離に応じて変化する。ある弓について，弓を引いた距離と人が弓にした仕事との関係を調べたところ，図2のようになった。

図1

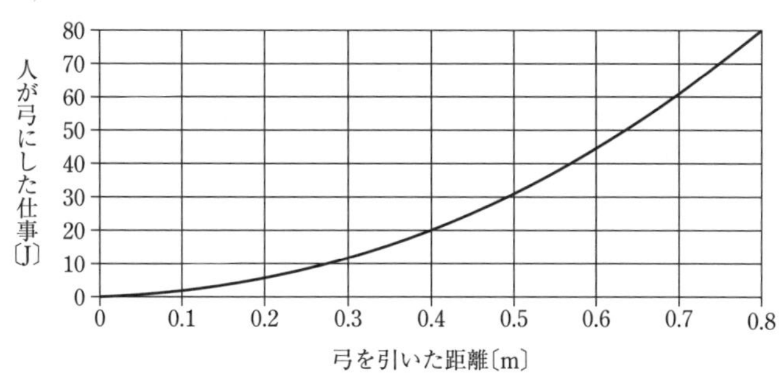

図2

このときに人が弓にした仕事は，弓の弾性エネルギーの増加分として蓄えられ，矢を放つときに矢の運動エネルギーに変わる。次の**問1～3**では，人が弓にした仕事がすべて矢の運動エネルギーに変わるものとし，空気抵抗は無視する。

問1 この弓を使って，質量20gの矢を速さ50m/sで放ちたい。弓を引く距離として最も適当なものを，次の①～⑥のうちから一つ選べ。［　　］m

① 0.25　② 0.30　③ 0.40　④ 0.45　⑤ 0.50　⑥ 0.63

問2 次の文章中の空欄［ア］・［イ］に入る語句の組合せとして最も適当なものを，次ページの①～⑧のうちから一つ選べ。［　　］

この弓を斜め上に向けて遠方に矢を放った。矢が最高点に達したとき，矢の運動エネルギーは［ア］であり，矢には力が［イ］。

	ア	イ
①	最　大	はたらいていない
②	最　大	水平方向にはたらいている
③	最　大	鉛直下向きにはたらいている
④	最　大	斜め下向きにはたらいている
⑤	最　小	はたらいていない
⑥	最　小	水平方向にはたらいている
⑦	最　小	鉛直下向きにはたらいている
⑧	最　小	斜め下向きにはたらいている

問3　図3のように，この弓を0.40 m引いて質量20 gの矢を放ち，的に当てたところ，矢の先が0.20 mだけ中に突き刺さって止まった。矢が的に突き刺さり始めてから止まるまでの間にはたらいた抵抗力の大きさとして最も適当なものを，次の①～⑥のうちから一つ選べ。ただし，はたらいた抵抗力の大きさは一定と仮定する。また，的は射る人のすぐ近くに固定されていて動かないものとし，重力の影響は無視する。［　　］N

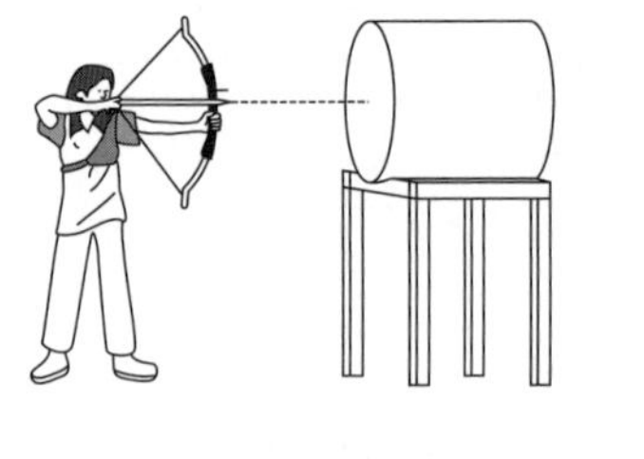

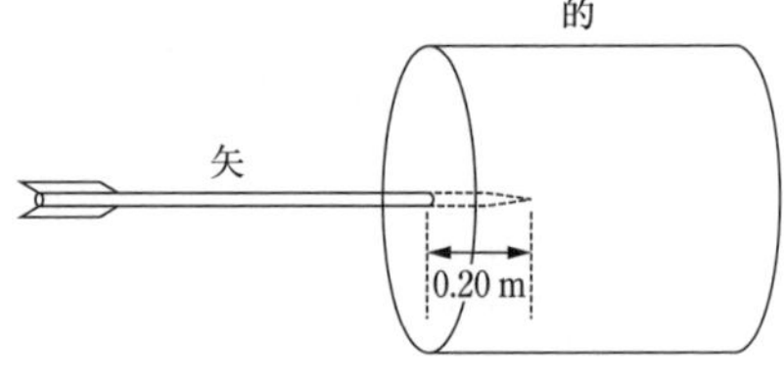

図3

①　8　　②　16　　③　20　　④　40　　⑤　80　　⑥　100

〔B〕　棒高跳びも，弾性エネルギーを利用したスポーツである。

問4　図4は，棒高跳びの各段階(a)～(f)の様子を模式的に表したものである。選手は(a)から加速しながら助走し，(b)で棒の先をボックスに当てる。(c)で棒が最も大きく曲がり，その後，(d)と(e)で棒の曲がりが元に戻っていく。そして(f)で選手は最高点に達する。(a)～(f)の一連の運動において，(b)および(d)のときの力学的エネルギーに関する記述として最も適当なものを，次ページの①～⑥のうちからそれぞれ一つずつ選べ。ただし，棒の質量は無視できるも

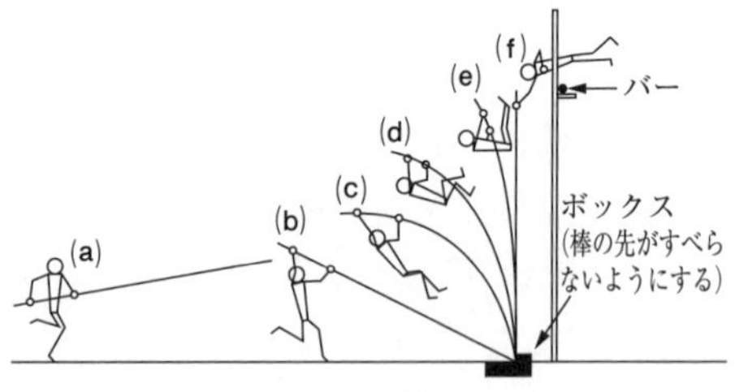

図4　棒高跳びの各段階の様子

のとする。(b) [1] (d) [2]

① 選手の「重力による位置エネルギー」が最大になっている。
② 選手の「運動エネルギー」が最大になっている。
③ 棒の「弾性エネルギー」が最大になっている。
④ 選手の「重力による位置エネルギー」が棒の「弾性エネルギー」に変わりつつある。
⑤ 選手の「運動エネルギー」が棒の「弾性エネルギー」に変わりつつある。
⑥ 棒の「弾性エネルギー」が選手の「重力による位置エネルギー」に変わりつつある。

問5 図4の(b)において，体重50 kgの選手の速さが10 m/sであった。助走時の選手の運動エネルギーのすべてが選手の位置エネルギーに変化したと仮定して，この選手が到達できる高さを求めたい。地面から選手の重心までの最大の高さとして最も適当なものを，次の①～⑨のうちから一つ選べ。ただし，重力加速度の大きさを10 m/s^2 とし，(b)での選手の重心は地面から1 mのところにあるものとする。

[ ] m

① 3　② 4　③ 5　④ 6　⑤ 7
⑥ 8　⑦ 9　⑧ 10　⑨ 11

問6 実際の棒高跳びの記録では，**問5**の方法で求めた高さにはならない。次の**要因ウ～オ**は，選手が到達できる最大の高さをより高くする(＋で表す)か，低くする(－で表す)か。これらの答えの組合せとして最も適当なものを，次の①～⑧のうちから一つ選べ。[ ]

要　因

ウ 図4の段階(b)～(e)の間で選手が筋力を使って体を持ち上げる。
エ 空気の抵抗がある。
オ 選手がバーを飛び越えるときに，速さが0ではない。

	ウ	エ	オ		ウ	エ	オ
①	＋	＋	＋	⑤	－	＋	＋
②	＋	＋	－	⑥	－	＋	－
③	＋	－	＋	⑦	－	－	＋
④	＋	－	－	⑧	－	－	－

103

公園には，シーソーやブランコ，そしてすべり台などいろいろな遊具がある。子ども時代を思い出し，これらの遊具での遊びを考えてみよう。遊具に関する次の文章を読み，次の問いに答えよ。

〈2012 年　本試〉

〔A〕 体重の違った子どもどうしでも遊べる遊具，それがシーソーである。

問1　図1の**ア**～**カ**は，シーソーに花子と，花子よりも体重の重い太郎を座らせた場所を表したものである。この中で，花子の方が下にさがる座り方はどれか。その組合せとして最も適当なものを，下の①～⑦のうちから一つ選べ。ただし，図1において，点線は，二人が座ったときに，どちらにも傾かなかった「つりあい」の位置を表している。 ［　　］

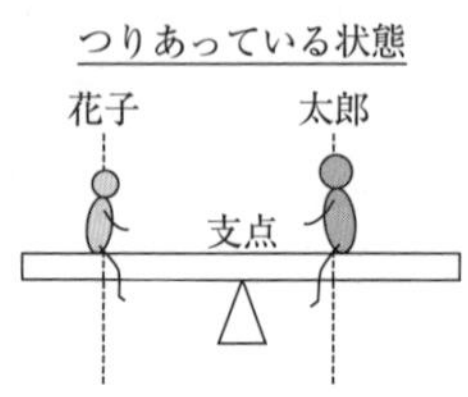

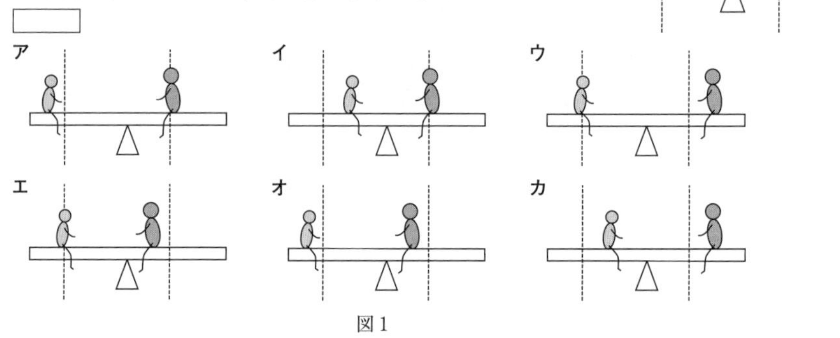

図1

①　**ア，イ**　　②　**ウ，エ**　　③　**オ，カ**　　④　**ア，ウ**
⑤　**イ，エ**　　⑥　**ア，エ，オ**　　⑦　**イ，ウ，カ**

問2　図2のように，シーソーの左端に小物体Pを固定し，点A，B，またはCのいずれかにPと同じ質量の小物体Qを固定する。ここで，シーソーの右端を手で静かに床まで押し下げる仕事を考えよう。それぞれの点にQを固定した場合，手がシーソーを床まで押し下げる仕事を W_A，W_B，W_C とすると，W_A，W_B，W_C の大きさにはどのような関係が成り立つか。正しいものを，次ページの①～⑦のうちから一つ選べ。［　　］

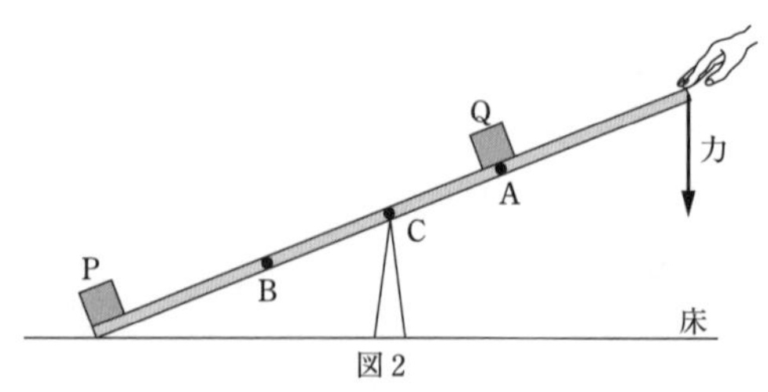

図2

① $W_A = W_B = W_C$　② $W_A > W_B > W_C$　③ $W_A > W_C > W_B$
④ $W_B > W_A > W_C$　⑤ $W_B > W_C > W_A$　⑥ $W_C > W_A > W_B$
⑦ $W_C > W_B > W_A$

〔B〕 ブランコ遊びによって，理科で学習する振り子の運動を体験することができる。この体験をもとに振り子の運動を考えてみよう。

図3は，振り子のおもりを左端から右端に運動させたとき，一定時間ごとのおもりの位置を示したものである。この図に関する次の問いに答えよ。ただし，空気の抵抗，および糸の質量は無視できるものとする。また，点A，Dは，それぞれおもりの運動の最下点，最高点とする。

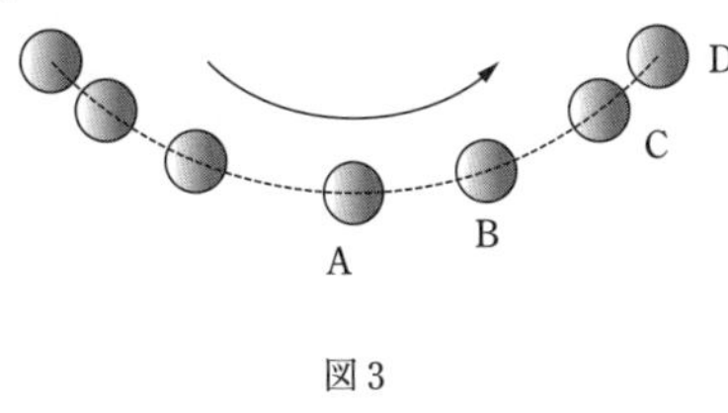

図3

問3 図3のBの位置では，おもりにどのような力がはたらいているか。おもりにはたらく力を示す矢印として最も適当なものを，次の①～⑧のうちから一つ選べ。ただし，図にはおもりの糸も描き加えてある。［　　］

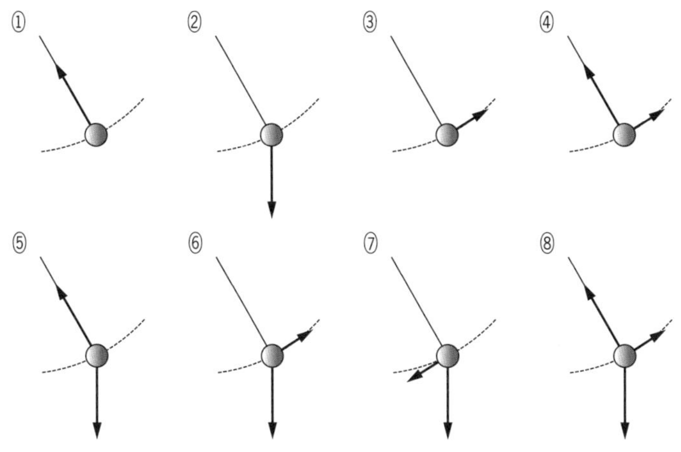

問4 次の文章中の空欄［キ］～［ケ］に入る語句の組合せとして最も適当なものを，次ページの①～⑥のうちから一つ選べ。［　　］

振り子のおもりが最下点Aから最高点Dに向かっているとする。このとき，A点ではおもりの［キ］が最大になり，D点では［ク］が最大になる。その途中では，［キ］の減少分が［ク］の増加分になり，このときの力学的エネルギーは，D点での力学的エネルギーに［ケ］。

第6章　実験・考察問題

	キ	ク	ケ
①	運動エネルギー	位置エネルギー	比べて大きい
②	運動エネルギー	位置エネルギー	比べて小さい
③	運動エネルギー	位置エネルギー	等しい
④	位置エネルギー	運動エネルギー	比べて大きい
⑤	位置エネルギー	運動エネルギー	比べて小さい
⑥	位置エネルギー	運動エネルギー	等しい

問5　図3で，ある点での振り子の速さが，最下点Aでの速さの半分であったという。A点から測ったこの点の高さはいくらか。正しいものを，次の①～⑤のうちから一つ選べ。ただし，A点から測ったD点までの高さをhとする。［　　］

①　$\frac{h}{8}$　　②　$\frac{h}{4}$　　③　$\frac{h}{2}$　　④　$\frac{3h}{4}$　　⑤　$\frac{7h}{8}$

〔C〕 すべり台は，斜面上での物体の運動を体験できる遊具である。

問6　図4のように，摩擦の無視できるすべり台ABがある。いま，このすべり台の斜面に沿って，花子と太郎が荷物をBからAまでロープで引き上げる仕事をした。太郎の引き上げた荷物の質量は花子の引き上げた荷物の質量の2倍であり，引き上げに要した時間は，太郎は花子の4倍であった。

　このとき，二人のした仕事と仕事率に関する記述として正しいものを，下の①～⑥のうちから一つ選べ。ただし，花子と太郎の使ったロープの質量は無視でき，それぞれの荷物は一定の速さで引き上げられたものとする。［　　］

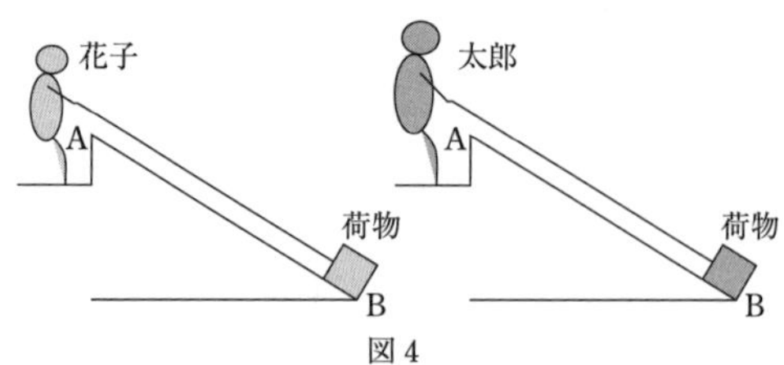

図4

①　仕事は太郎の方が大きく，太郎の仕事率は花子の半分である。
②　仕事は太郎の方が大きく，太郎の仕事率は花子の2倍である。
③　仕事は太郎の方が大きく，太郎と花子の仕事率は等しい。
④　仕事は太郎の方が小さく，太郎の仕事率は花子の半分である。
⑤　仕事は太郎の方が小さく，太郎の仕事率は花子の2倍である。
⑥　仕事は太郎の方が小さく，太郎と花子の仕事率は等しい。

問7　摩擦の無視できないすべり台に関する次の会話文を読んで，次の問いに答えよ。

太郎：すべり台での嫌な思い出というと，やけどをしたことかな。
花子：えっ，すべり台でやけど？
太郎：すべり台とおしりの間に摩擦がはたらくだろう。それでやけどをしたんだ。
花子：やけどをするくらいの熱が発生したんだ。この熱って，どれくらいの大きさなんだろう。私の体重ぐらいの物体を使って考えてみよう。

図5のように，高さ5mの斜面上の点Aから質量42kgの物体を静かにすべらせた。斜面上を運動した物体は，その後，水平面上を運動して点Cで静止したとする。ただし，この斜面は，最下点Bで水平面となめらかにつながっており，斜面や水平面と物体の間には摩擦力がはたらいたとする。

点Aから点Cまでの間に物体が失った力学的エネルギーは，すべて熱エネルギーに変わったとする。この熱エネルギーが水の加熱にすべて使われた場合，35°Cの水10gの温度はいくらになるか。最も適当なものを，次の①～⑤のうちから一つ選べ。ただし，水の比熱を4.2 J/(g·K)，重力加速度の大きさを10 m/s^{2}とする。

°C

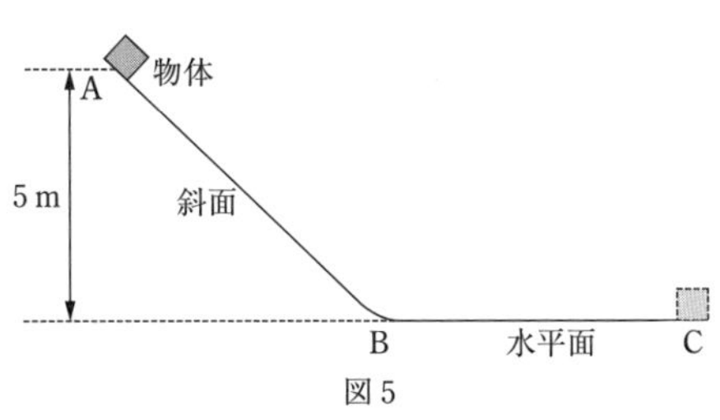

図5

①　15　　②　45　　③　50　　④　75　　⑤　85

104

次の文章を読み，下の問いに答えよ。　〈共通テスト試行調査〉

〔A〕　x軸上を負の向きに速さvで進む質量mの小物体Aと，正の向きに速さvで進む質量mの小物体Bが衝突し，衝突後もx軸上を運動した。衝突時に接触していた時間をΔt，反発係数（はねかえり係数）をe（$0<e\leqq1$）とする。

問1　衝突後の小物体Aの速度を表す式として正しいものを，次の①～⑦のうちから一つ選べ。□

①　$-2ev$　　②　$-ev$　　③　$-\frac{1}{2}ev$　　④　0

⑤　$2ev$　　⑥　ev　　⑦　$\frac{1}{2}ev$

問2　$\varDelta t$ の間に小物体Aが小物体Bから受けた力の平均値を表す式として正しいものを，次の①～⑨のうちから一つ選べ。$\boxed{}$

① $\dfrac{emv}{2\varDelta t}$　② $\dfrac{emv}{\varDelta t}$　③ $\dfrac{2emv}{\varDelta t}$

④ $\dfrac{(1-e)mv}{2\varDelta t}$　⑤ $\dfrac{(1-e)mv}{\varDelta t}$　⑥ $\dfrac{2(1-e)mv}{\varDelta t}$

⑦ $\dfrac{(1+e)mv}{2\varDelta t}$　⑧ $\dfrac{(1+e)mv}{\varDelta t}$　⑨ $\dfrac{2(1+e)mv}{\varDelta t}$

〔B〕　高校の授業で，衝突中に2物体がおよぼしあう力の変化を調べた。力センサーのついた台車A，Bを，水平な一直線上で，等しい速さ v で向かいあわせに走らせ，衝突させた。センサーを含む台車1台の質量 m は 1.1 kg である。それぞれの台車が受けた水平方向の力を測定し，時刻 t との関係をグラフに表すと図1のようになった。ただし，台車Bが衝突前に進む向きを力の正の向きとする。

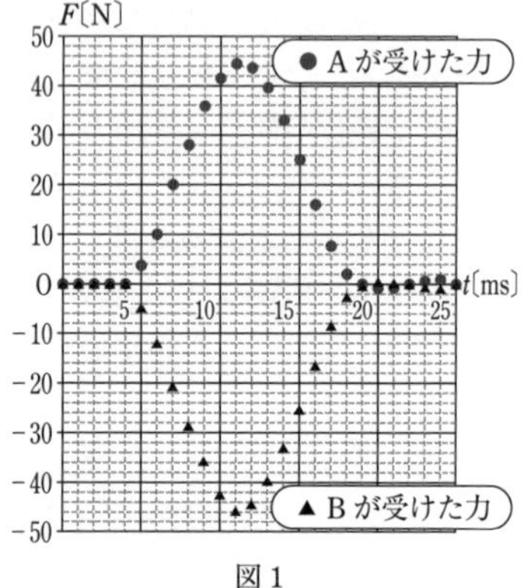

図1

問3　次の文章は，この実験結果に関する生徒たちの会話である。生徒たちの説明が科学的に正しい考察となるように，文章中の空欄に入れる式として最も適当なものを，次ページの選択肢のうちからそれぞれ一つずつ選べ。

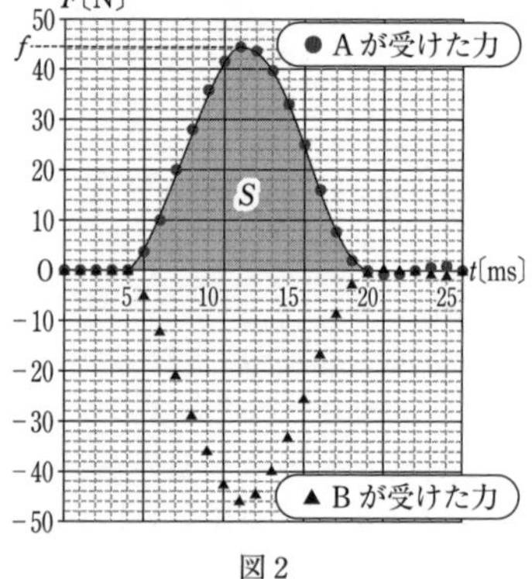

図2

「短い時間の間だけど，力は大きく変化していて一定じゃないね。」
「そのような場合，力と運動量の関係はどう考えたらいいのだろうか。」
「測定結果のグラフの $t=4.0\times10^{-3}$ s から $t=19.0\times10^{-3}$ s までの間を2台の台車が接触していた時間 $\varDelta t$ としよう。そして，測定点をなめらかにつなぎ，図2のように影をつけた部分の面積を S としよう。弾性衝突ならば，$S=\boxed{\ 1\ }$ が成り立つはずだ。」
「その面積 S はグラフからどうやって求めるのだろうか。」
「衝突の間にAが受けた力の最大値を f とすると，面積 S はおよそ $\boxed{\ 2\ }$ に等しいと考えていいだろう。」

1 の選択肢

① $\frac{1}{2}mv$　② mv　③ $2mv$　④ 0

⑤ $\frac{1}{2}mv^2$　⑥ mv^2　⑦ $2mv^2$

2 の選択肢

① $\frac{1}{3}f\Delta t$　② $\frac{1}{2}f\Delta t$　③ $\frac{2}{3}f\Delta t$　④ $f\Delta t$　⑤ $2f\Delta t$

問4　2台の台車の速さは，衝突の前後で変わらなかったとする。台車が接触していた時間を $t=4.0\times10^{-3}$ s から $t=19.0\times10^{-3}$ s までの間とすると，衝突前の台車Aの速さ v はいくらか。最も近い値を，次の①～⑥のうちから一つ選べ。

□ m/s

① 0.050　② 0.15　③ 0.25　④ 0.35　⑤ 0.45　⑥ 0.55

問5　図1のグラフの概形を図3のように表すことにする。実線は台車Aが受けた力，破線は台車Bが受けた力を表す。台車Aが受けた力の最大値を f とした。台車Aを静止させ，台車Bを速さ $2v$ で台車Aに衝突させると，力の時間変化はどうなるか。そのグラフとして最も適当なものを，次の①～⑥のうちから一つ選べ。□

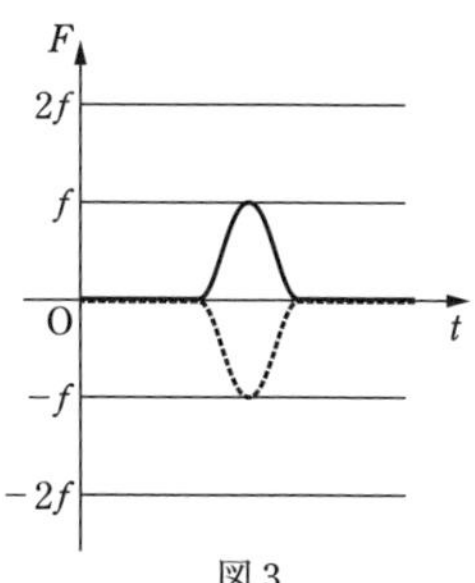

図3

①　②　③

④　⑤　⑥

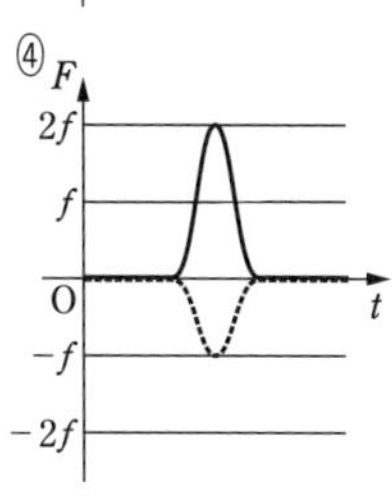

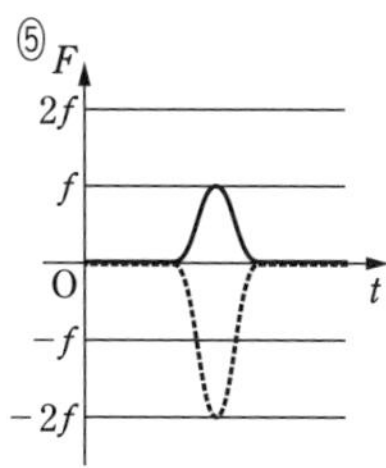

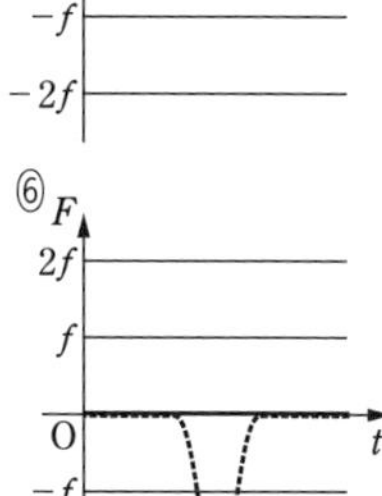

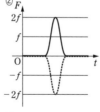

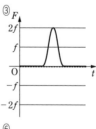

105

次の文章を読み，下の問いに答えよ。 〈共通テスト試行調査〉

放課後の公園で，図1のようなブランコがゆれているのを，花子は見つけた。高校の物理で学んだばかりの単振り子の周期 T の式

$$T=2\pi\sqrt{\frac{L}{g}} \quad \cdots\cdots(\mathrm{i})$$

を，太郎は思い出した。L は単振り子の長さ，g は重力加速度の大きさである。二人はこの式についてあらためて深く考えてみることにした。

図1

問1 二人はブランコにも式(i)が適用できることを前提に，その周期をより短くする方法を考えた。その方法として適当なものを，次の①～⑤のうちから**すべて選べ**。ただし，該当するものがない場合は⓪を選べ。空気の抵抗は無視できるものとする。 □

① ブランコに座って乗っていた場合，板の上に立って乗る。
② ブランコに立って乗っていた場合，座って乗る。
③ ブランコのひもを短くする。
④ ブランコのひもを長くする。
⑤ ブランコの板をより重いものに交換する。

小学校で振り子について学んだときのことを思い出した二人は，物理実験室に戻り，その結果や実験方法を見直してみることにした。

二人は実験方法について，次のように話し合った。

太郎：振り子が10回振動する時間をストップウォッチで測定し，周期を求めることにしよう。
花子：小学校のときには振動の端を目印に，つまり，おもりの動きが向きを変える瞬間にストップウォッチを押していたね。
太郎：他の位置，たとえば中心でも，目印をしておけばきちんと測定できると思う。
花子：端と中心ではどちらがより正確なのかしら。実験をして調べてみましょう。

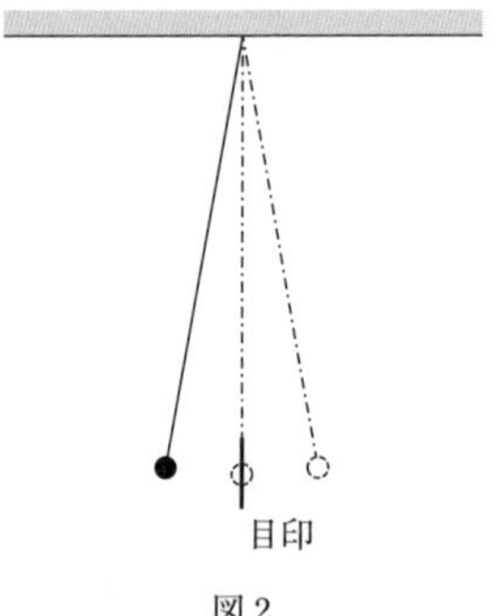

図2

二人は長さ 50 cm の木綿の糸と質量 30 g のおもりを用いて振り子を作った（図2）。振れはじめの角度を 10° にとって振り子を振動させ，目印の位置に最初に到達した瞬間から，10回振動して同じ位置に到達した瞬間までの時間を測定し，振動の周期の10倍の値を求めた。振動の端を目印にとる場合と，中心に目印を置く場合のそれぞれについて，この測定を10回繰り返し，次ページの表1のような結果を得た。

問2　表1の結果からこの振り子の周期の測定について考えられることとして適当なものを次の①～⑤のうちから<u>すべて選べ</u>。ただし，該当するものがない場合は⓪を選べ。［　　］

表1　測定結果

振動の端で測定した場合

測定〔回目〕	周期×10〔s〕
1	14.22
2	14.44
3	14.31
4	14.37
5	14.35
6	14.19
7	14.25
8	14.47
9	14.22
10	14.35
平均値	14.32

振動の中心で測定した場合

測定〔回目〕	周期×10〔s〕
1	14.32
2	14.31
3	14.32
4	14.31
5	14.31
6	14.31
7	14.32
8	14.28
9	14.32
10	14.28
平均値	14.31

① 振動の端で測定した方が，測定値のばらつきが大きく，より正確であった。
② 振動の端で測定した方が，測定値のばらつきが小さく，より正確であった。
③ 振動の中心で測定した方が，測定値のばらつきが大きく，より正確であった。
④ 振動の中心で測定した方が，測定値のばらつきが小さく，より正確であった。
⑤ 振り子が静止している瞬間の方が，より正確にストップウォッチを押すことができた。

式(i)の右辺には振幅が含まれていない。この式が本当に成り立つのか，疑問に思った二人は，振れはじめの角度だけを様々に変更した同様の実験を行い，確かめることにした。表2はその結果である。

表2　実験結果（平均値）

振れはじめの角度	周期〔s〕
10°	1.43
45°	1.50
70°	1.56

問3　表2の結果に基づく考察として合理的なものを，次の①～③のうちから<u>すべて選べ</u>。ただし，該当するものがない場合は⓪を選べ。［　　］

① 式(i)には，振幅が含まれていないので，振幅を変えても周期は変化しない。したがって，表2のように，振幅によって周期が変化する結果が得られたということは測定か数値の処理に誤りがある。
② 式(i)は，振動の角度が小さい場合の式なので，振動の角度が大きいほど実測値との差が大きい。
③ 実験の間，糸の長さが変化しなかったとみなしてよい場合，「振り子の周期は，振幅が大きいほど長い」という仮説を立てることができる。

次に二人は，式(i)をより詳しく確かめるため，これまでの考察を生かしつつ，次の手順の実験を行うことにした。今度は物理実験室にあった球形の金属製のおもりとピアノ線を用いた。

手順：

(1) おもりの直径をノギスで測る。
(2) ピアノ線の一端をおもりに取りつけ，他端を鉄製スタンドのクランプではさんで固定する。
(3) ピアノ線の長さ（クランプとおもりの上端の距離）を測定する。
(4) 振れはじめの角度を10°にして単振り子を振動させ，周期を測定する。
(5) ピアノ線の長さをもう一度測定し，(3)で測定した他との平均値を求める。
(6) (5)で求めた平均値におもりの半径を加え，その値を単振り子の長さとする。

単振り子の長さを約1mから始めておよそ25cmずつ減らして，以上の実験を行ったところ，表3のような結果が得られた。

表3　実験結果

単振り子の長さ〔m〕	周期〔s〕
0.252	1.01
0.501	1.42
0.750	1.74
1.008	2.01

問4　グラフ用紙を使って，表3の実験結果をグラフに描くことにした。グラフの横軸と縦軸の変数の組合せをどのように選べば式(i)を確認しやすいか。最も適当なものを，次の①～④のうちから一つ，⑤～⑧のうちから一つ，合計二つ選べ。［　］，［　］

	横軸にとる変数
①	単振り子の長さ
②	単振り子の長さの2乗
③	単振り子の長さの3乗
④	単振り子の長さの逆数

	縦軸にとる変数
⑤	周　期
⑥	周期の2乗
⑦	周期の3乗
⑧	周期の対数

問5　この実験で，単振り子が振動の左端から振動の中心を通過して右端に達するまでの間に，ピアノ線の張力の大きさはどのように変化したか。最も適当なものを，次の①～⑨のうちから一つ選べ。［　］

	左　端	中　心	右　端
①	0	最　大	0
②	最　大	0	最　大
③	最　大	最　小	最　大
④	最　小	最　大	最　小
⑤	最　大	減　少	最　小

	左　端	中　心	右　端
⑥	最　小	増　大	最　大
⑦	最　大	減　少	0
⑧	0	増　大	最　大
⑨	変化しない		

106

空気中での落下運動に関する探究について，次の問いに答えよ。　〈2023年 本試〉

問 1　次の発言の内容が正しくなるように，空欄 ア ～ ウ に入れる語句の組合せとして最も適当なものを，下の①～⑧のうちから一つ選べ。 □

先生：物体が空気中を運動すると，物体は運動の向きと ア の抵抗力を空気から受けます。初速度 0 で物体を落下させると，はじめのうち抵抗力の大きさは イ し，加速度の大きさは ウ します。やがて，物体にはたらく抵抗力が重力とつりあうと，物体は一定の速度で落下するようになります。このときの速度を終端速度とよびます。

	ア	イ	ウ		ア	イ	ウ
①	同じ向き	増　加	増　加	⑤	逆向き	増　加	増　加
②	同じ向き	増　加	減　少	⑥	逆向き	増　加	減　少
③	同じ向き	減　少	増　加	⑦	逆向き	減　少	増　加
④	同じ向き	減　少	減　少	⑧	逆向き	減　少	減　少

先生：それでは，授業でやったことを復習してください。

生徒：抵抗力の大きさ R が速さ v に比例すると仮定すると，正の比例定数 k を用いて

$$R=kv$$

と書けます。物体の質量を m，重力加速度の大きさを g とすると，$R=mg$ となる v が終端速度の大きさ v_f なので，

$$v_f=\frac{mg}{k}$$

と表されます。実験をして v_f と m の関係を確かめてみたいです。

先生：いいですね。図 1 のようなお弁当のおかずを入れるアルミカップは，何枚か重ねることによって質量の異なる物体にすることができるので，落下させてその関係を調べることができますね。その物体の形は枚数によらずほぼ同じなので，k は変わらないとみなしましょう。物体の質量 m はアルミカップの枚数 n に比例します。

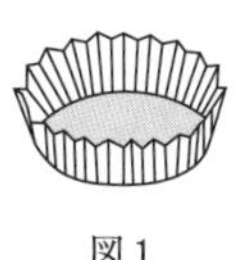

図 1

生徒：そうすると，v_f が n に比例することが予想できますね。

n 枚重ねたアルミカップを落下させて動画を撮影した。次ページの図 2のように，アルミカップが落下していく途中で，20 cm ごとに落下するのに要する時間を 10 回測定して平均した。この実験を $n=1$, 2, 3, 4, 5 の場合について行った。その結果を次ページの表 1にまとめた。

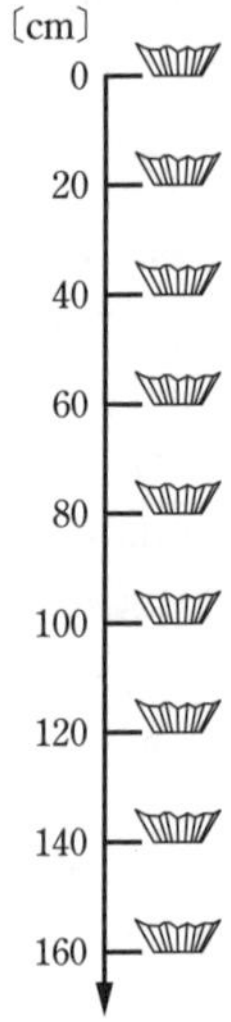

〔cm〕 0 20 40 60 80 100 120 140 160

図2

表1
20 cm の落下に要する時間〔s〕

枚数 n ／ 区間〔cm〕	1	2	3	4	5
0～ 20	0.29	0.25	0.23	0.22	0.22
20～ 40	0.23	0.16	0.14	0.12	0.12
40～ 60	0.23	0.16	0.13	0.12	0.11
60～ 80	0.23	0.16	0.13	0.11	0.10
80～100	0.23	0.16	0.13	0.11	0.10
100～120	0.23	0.16	0.13	0.11	0.10
120～140	0.23	0.16	0.13	0.11	0.10
140～160	0.23	0.16	0.13	0.11	0.10

問2　表1の測定結果から，アルミカップを3枚重ねたとき（$n=3$ のとき）の v_f を有効数字2桁で求めるとどうなるか。次の式中の空欄 [1]～[3] に入れる数字として最も適当なものを，下の①～⓪のうちから一つずつ選べ。ただし，同じものを繰り返し選んでもよい。

$v_f=$ [1] . [2] $\times 10^{[\ 3\ ]}$ m/s

① 1　② 2　③ 3　④ 4　⑤ 5
⑥ 6　⑦ 7　⑧ 8　⑨ 9　⓪ 0

生徒：アルミカップの枚数 n と v_f の測定値を図3に点で描き込みましたが，$v_f=\dfrac{mg}{k}$ に基づく予想と少し違いますね。

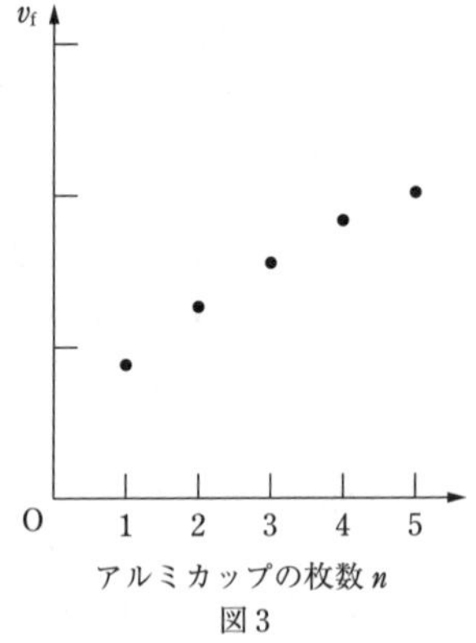

図3

問3　図3が予想していた結果と異なると判断できるのはなぜか。その根拠として最も適当なものを，次の①～④のうちから一つ選べ。[　]

① アルミカップの枚数 n を増やすと，v_f が大きくなる。
② 測定値のすべての点のできるだけ近くを通る直線が，原点から大きくはずれる。
③ v_f がアルミカップの枚数 n に反比例している。
④ 測定値がとびとびにしか得られていない。

先生：実は，物体の形状や速さによっては，空気による抵抗力の大きさRは，速さに比例するとは限らないのです。

生徒：そうなんですか。授業で習ったv_{f}の式は，いつも使えるわけではないのですね。

先生：はい。ここでは，Rがv^2に比例するとみなせる場合も考えてみましょう。正の比例定数k'を用いてRを

$$R=k'v^2$$

と書くと，先ほどと同様に，$R=mg$となるvが終端速度の大きさv_{f}なので，

$$v_{\mathrm{f}}=\sqrt{\frac{mg}{k'}}$$

と書くことができます。比例定数kと同様に，k'はnによって変化しないものとみなしましょう。mはnに比例するので，v_{f}とnの関係を調べると，$R=kv$と$R=k'v^2$のどちらが測定値によく合うかわかります。

生徒：わかりました。縦軸と横軸をうまく選んでグラフを描けば，原点を通る直線になってわかりやすくなりますね。

先生：それでは，そのグラフを描いてみましょう。

問4　速さの2乗に比例する抵抗力のみがはたらく場合に，グラフが原点を通る直線になるような縦軸・横軸の選び方の組合せとして最も適当なものを，次の①～⑨のうちから二つ選べ。［　　］，［　　］

	①	②	③	④	⑤	⑥	⑦	⑧	⑨
縦軸	$\sqrt{v_{\mathrm{f}}}$	$\sqrt{v_{\mathrm{f}}}$	$\sqrt{v_{\mathrm{f}}}$	v_{f}	v_{f}	v_{f}	${v_{\mathrm{f}}}^2$	${v_{\mathrm{f}}}^2$	${v_{\mathrm{f}}}^2$
横軸	$\sqrt{n}$	n	n^2	$\sqrt{n}$	n	n^2	$\sqrt{n}$	n	n^2

先生：抵抗力の大きさRと速さvの関係を明らかにするために，ここまでは終端速度の大きさと質量の関係を調べましたが，落下途中の速さが変化していく過程で，Rとvの関係を調べることもできます。鉛直下向きにy軸をとり，アルミカップを原点から初速度0で落下させます。アルミカップの位置yを$\Delta t=0.05\,\mathrm{s}$ごとに記録したところ，次ページの図4のような$y$-$t$グラフが得られました。この$y$-$t$グラフをもとにして，$R$と$v$の関係を調べる手順を考えてみましょう。

第6章　実験・考察問題

問5　この手順を説明する文章中の空欄［エ］・［オ］には，それぞれの直後の｛　｝内の記述および数式のいずれか一つが入る。入れる記述および数式を示す記号の組合せとして最も適当なものを，下の①～⑨のうちから一つ選べ。［　　］

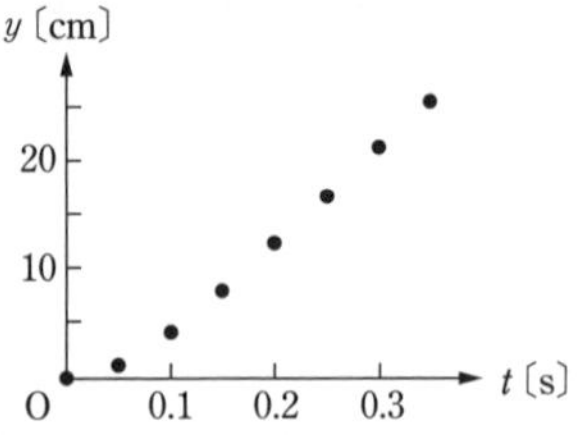

図4

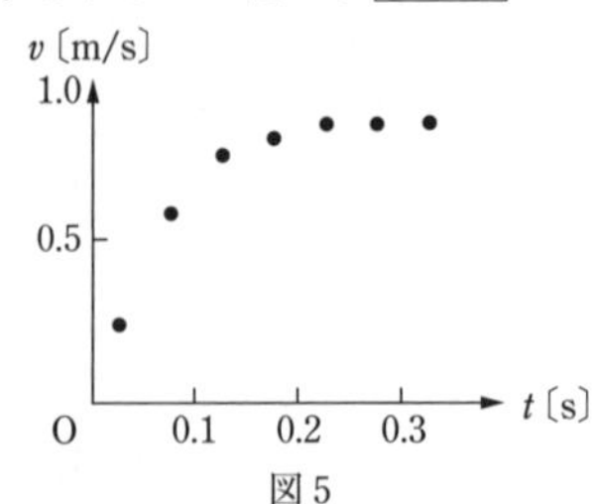

図5

まず，図4の y-t グラフより，$\Delta t = 0.05$ s ごとの平均の速さ v を求め，図5の v-t グラフを作る。次に，加速度の大きさ a を調べるために，

［エ］｛
(a)　v-t グラフのすべての点のできるだけ近くを通る一本の直線を引き，その傾きを求めることによって a を求める。
(b)　v-t グラフから終端速度を求めることによって a を求める。
(c)　v-t グラフから Δt ごとの速度の変化を求めることによって a-t グラフを作る。
｝

こうして求めた a から，アルミカップにはたらく抵抗力の大きさ R は，

$R =$［オ］｛(a)　$m(g+a)$　(b)　ma　(c)　$m(g-a)$｝と求められる。

以上の結果をもとに，R と v の関係を示すグラフを描くことができる。

	エ	オ
①	(a)	(a)
②	(a)	(b)
③	(a)	(c)
④	(b)	(a)
⑤	(b)	(b)
⑥	(b)	(c)
⑦	(c)	(a)
⑧	(c)	(b)
⑨	(c)	(c)

107

Aさんは固定した台座の上に立っていて，Bさんは水平な氷上に静止したそりの上に立っている。図1のように，Aさんが質量 m のボールを速さ v_A，水平面となす角 θ_A で斜め上方に投げたとき，ボールは速さ v_B，水平面となす角 θ_B で，Bさんに届いた。そりとBさんを合わせた質量は M であった。ただし，そりと氷との間に摩擦力ははたらかないものとする。空気抵抗は無視できるものとし，重力加速度の大きさを g とする。

〈2021年 本試〉

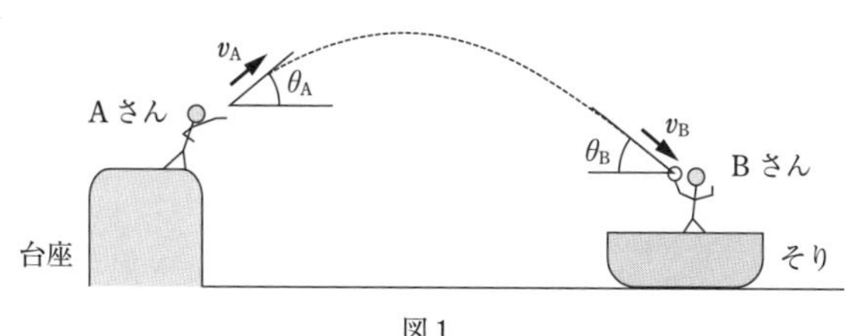

図1

問1　Aさんが投げた瞬間のボールの高さと，Bさんに届く直前のボールの高さが等しい場合には，$v_A = v_B$，$\theta_A = \theta_B$ である。図1のように，Aさんが投げた瞬間のボールの高さの方が，Bさんに届く直前のボールの高さより高いとき，v_A，v_B，θ_A，θ_B の大小関係を表す式として正しいものを，次の①～④のうちから一つ選べ。□

①　$v_A > v_B$，$\theta_A > \theta_B$　　②　$v_A > v_B$，$\theta_A < \theta_B$

③　$v_A < v_B$，$\theta_A > \theta_B$　　④　$v_A < v_B$，$\theta_A < \theta_B$

問2　Bさんが届いたボールを捕球して，そりとBさんとボールが一体となって氷上をすべり出す場合を考える。捕球した後，そりとBさんの速さが一定値 V になった。V を表す式として正しいものを，次の①～④のうちから一つ選べ。$V =$ □

①　$\dfrac{(m+M)v_B\cos\theta_B}{M}$　　②　$\dfrac{(m+M)v_B\sin\theta_B}{M}$

③　$\dfrac{mv_B\cos\theta_B}{m+M}$　　④　$\dfrac{mv_B\sin\theta_B}{m+M}$

問3　**問2**のように，Bさんが届いたボールを捕球して一体となって運動するときの全力学的エネルギー E_2 と，捕球する直前の全力学的エネルギー E_1 との差 $\varDelta E = E_2 - E_1$ について記述した文として最も適当なものを，次の①～④のうちから一つ選べ。□

①　$\varDelta E$ は負の値であり，失われたエネルギーは熱などに変換される。

②　$\varDelta E$ は正の値であり，重力のする仕事の分だけエネルギーが増加する。

③　$\varDelta E$ はゼロであり，エネルギーはつねに保存する。

④　$\varDelta E$ の正負は，m と M の大小関係によって変化する。

問4　図2のように，Bさんが届いたボールを捕球できず，ボールがそり上面に衝突し跳ね返る場合を考える。このとき，衝突前に静止していたそりは，衝突後も静止したままであった。ただし，そり上面は水平となっており，そり上面とボールの間には摩擦力ははたらかないものとする。

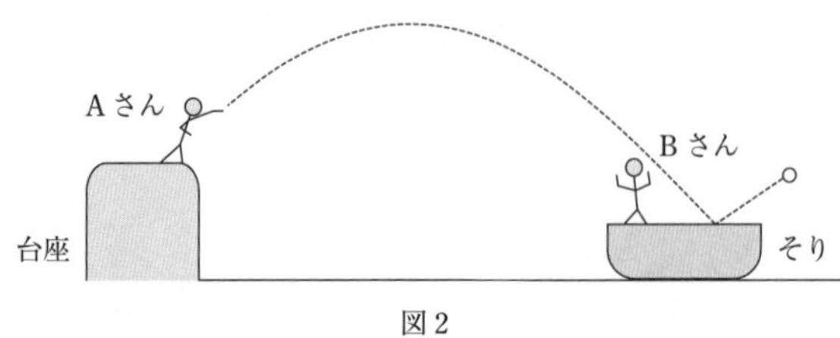

図2

以下のAさんとBさんの会話の内容が正しくなるように，次の文章中の空欄 ア ・ イ に入れる語句の組合せとして最も適当なものを，下の①～④のうちから一つ選べ。［　　］

Aさん：あれ？そりはつるつるの氷の上にあるのに，全然動かなかったのは，どうしてなんだろう？
Bさん：全然動かなかったということは，ボールからそりに ア と言えるわけだね。
Aさん：こうなるときには，ボールとそりは必ず弾性衝突しているんだろうか？
Bさん： イ と思うよ。

	ア	イ
①	与えられた力積がゼロ	そうだね，エネルギー保存の法則から必ず弾性衝突になる
②	与えられた力積がゼロ	いいえ，鉛直方向の運動によっては弾性衝突とは限らない
③	はたらいた力の水平方向の成分がゼロ	そうだね，エネルギー保存の法則から必ず弾性衝突になる
④	はたらいた力の水平方向の成分がゼロ	いいえ，鉛直方向の運動によっては弾性衝突とは限らない

108

無重力の宇宙船内では重力を利用した体重計を使うことができないが，ばねに付けた物体の振動からその物体の質量を測定することができる。

地球上の摩擦のない水平面上に，ばね定数が異なり質量の無視できる二つのばねと，物体を組合わせた実験装置を作った。はじめ，図1(a)のように，ばね定数 k_A のばねAと，ばね定数 k_B のばねBは，自然の長さからそれぞれ L_A ($L_A>0$) と L_B ($L_B>0$) だけ伸びた状態であり，物体はばねから受ける力がつりあって静止している。このつりあいの位置を x 軸の原点Oとし，図1の右向きを x 軸の正の向きに定めた。次に，図1(b)のように，物体を $x=x_0$ ($x_0>0$) まで移動させてから静かに放したところ，単振動した。その後の物体の位置を x とする。ただし，空気抵抗の影響は無視できるものとする。

〈2021年 追試〉

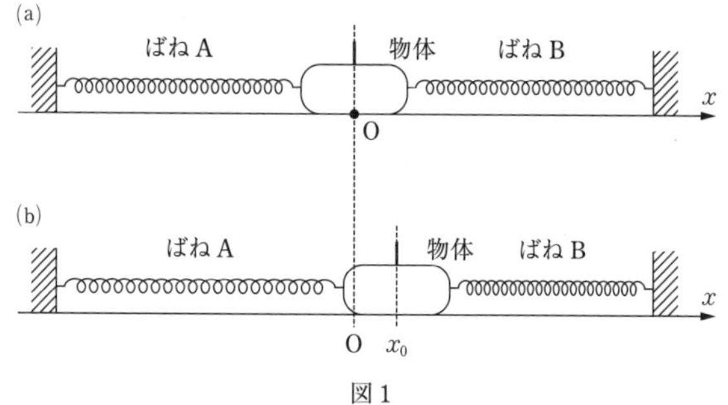

図1

問1 k_A, k_B, L_A, L_B の間に成り立つ式として正しいものを，次の①～④のうちから一つ選べ。［　　］

① $k_AL_A-k_BL_B=0$　　② $k_AL_B-k_BL_A=0$

③ $\frac{1}{2}k_AL_A{}^2-\frac{1}{2}k_BL_B{}^2=0$　　④ $\frac{1}{2}k_AL_B{}^2-\frac{1}{2}k_BL_A{}^2=0$

問2 この実験では，どちらかのばねが自然の長さよりも縮むと，ばねが曲がってしまうことがある。これを避けるため，実験を計画するときには，どちらのばねもつねに自然の長さよりも伸びた状態にする必要がある。そのために L_A, L_B が満たすべき条件として最も適当なものを，次の①～④のうちから一つ選べ。［　　］

① $(L_A+L_B)>x_0$　　② $|L_A-L_B|>x_0$

③ $L_A>x_0$ かつ $L_B>x_0$　　④ $L_A>x_0$ または $L_B>x_0$

問3 次の文章中の空欄［　　］に入れる式として正しいものを，次ページの①～④のうちから一つ選べ。

ばねから物体にはたらく力を考える。x 軸の正の向きを力の正の向きにとると，ばねAから物体にはたらく力は $-k_A(L_A+x)$ であり，ばねBから物体にはたらく力は［　　］となる。したがって，これらの合力を考えると，ばねAとばねBを一つの合成ばねとみなしたときのばね定数Kがわかる。

① $-k_B(L_B-x)$　② $-k_B(L_B+x)$　③ $k_B(L_B-x)$　④ $k_B(L_B+x)$

問4　$x_0=0.14\ \mathrm{m}$ として，時刻 $t=0\ \mathrm{s}$ で物体を静かに放してから，0.1 s ごとに時刻 t における物体の位置 x を測定したところ，図 2 に示す x-t グラフを得た。図 2 から読み取れる周期 T と物体の速さの最大値 v_{max} の組合せとして最も適当なものを，下の①～④のうちから一つ選べ。[　　]

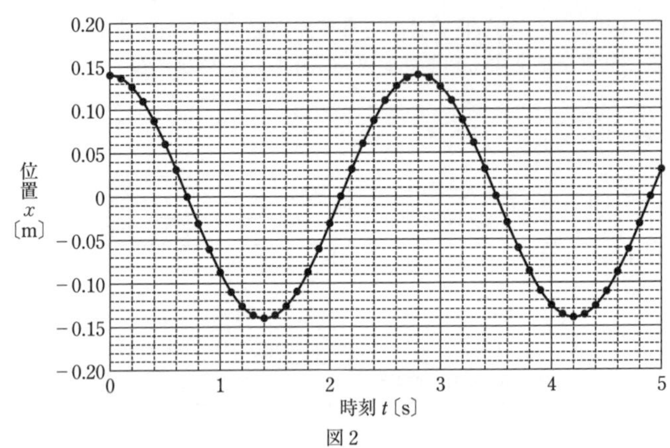

図 2

① $T=1.4\ \mathrm{s}$，$v_{max}=0.3\ \mathrm{m/s}$　② $T=1.4\ \mathrm{s}$，$v_{max}=0.6\ \mathrm{m/s}$

③ $T=2.8\ \mathrm{s}$，$v_{max}=0.3\ \mathrm{m/s}$　④ $T=2.8\ \mathrm{s}$，$v_{max}=0.6\ \mathrm{m/s}$

問5　次の文章中の空欄 [ア]・[イ] に入れる式と語句の組合せとして最も適当なものを，下の①～④のうちから一つ選べ。[　　]

合成ばねの単振動の周期 T を測定して，物体の質量を求めるためには，ばね定数 K，質量 m の物体の単振動の周期が $T=2\pi\sqrt{\dfrac{m}{K}}$ であることを利用すればよい。一方，v_{max} を測定して，物体の質量を求めることもできる。力学的エネルギーが保存することから質量を求めると，x_0 と v_{max} を用いて $m=$ [ア] と表すことができる。

実験では，物体と水平面上との間にわずかに摩擦がはたらく。摩擦のない理想的な場合と比べると，摩擦のある場合の振動では v_{max} は変化する。そのため，上述のように v_{max} を用いて計算された物体の質量は，真の質量よりわずかに [イ]。

	ア	イ
①	$\dfrac{Kx_0^2}{v_{max}^2}$	大きい
②	$\dfrac{Kx_0^2}{v_{max}^2}$	小さい
③	$\dfrac{v_{max}^2}{Kx_0^2}$	大きい
④	$\dfrac{v_{max}^2}{Kx_0^2}$	小さい

109

図1のような装置を使って，弦の定在波（定常波）の実験をした。金属製の弦の一端を板の左端に固定し，弦の他端におもりを取り付け，板の右端にある定滑車を通しておもりをつり下げた。そして，こま1とこま2を使って，弦を板から浮かした。さらに，こま1とこま2の中央にU型磁石を置き，弦に垂直で水平な磁場がかかるようにした。そして，弦に交流電流を流した。電源の交流周波数は自由に変えることができる。こま1とこま2の間隔をLとする。ただし，電源をつないだことによる弦の張力への影響はないものとする。 〈2021年 追試〉

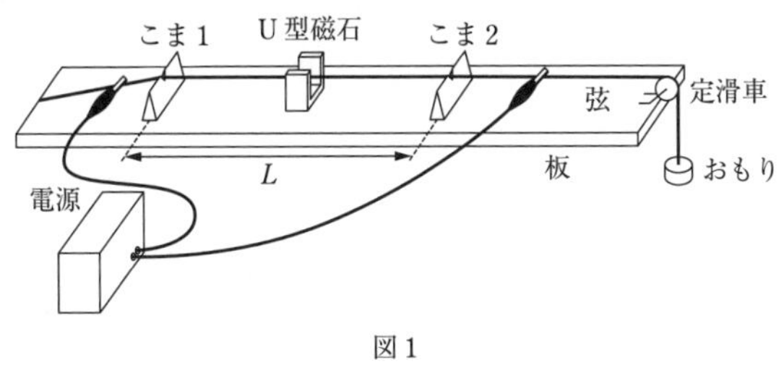

図1

弦に交流電流を流して，腹1個の定在波が生じたときの交流周波数fを測定した。これは，交流周波数と弦の基本振動数が一致して共振を起こした結果である。U型磁石がつねに中央にあるように，こま1とこま2の間隔Lを変えながら実験を行い，縦軸に基本振動数f，横軸に$\dfrac{1}{L}$をとって，図2のようなグラフを作成した。次の問いに答えよ。

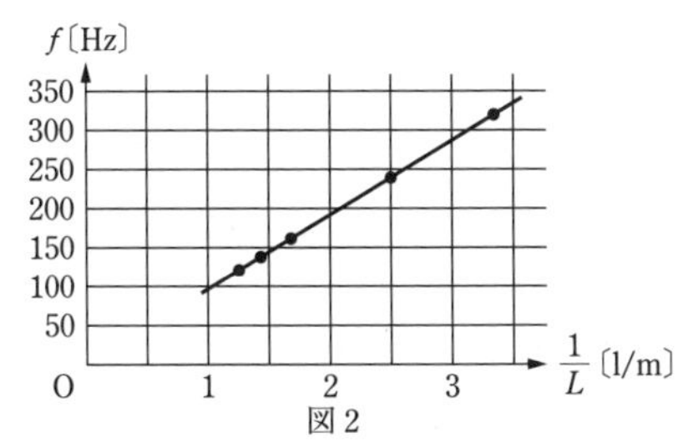

図2

問1 $L=0.50$ m の弦の基本振動数は何 Hz か。最も適当な数値を，次の①～⑥のうちから一つ選べ。［　　］Hz

① 50　② 90　③ 1.7×10^2

④ 1.9×10^2　⑤ 2.7×10^2　⑥ 3.1×10^2

問2 弦を伝わる波の速さは何 m/s か。次の空欄［1］～［3］に入れる数字として最も適当なものを，下の①～⓪のうちから一つずつ選べ。ただし，同じものを繰り返し選んでもよい。

［1］.［2］×10^［3］ m/s

① 1　② 2　③ 3　④ 4　⑤ 5

⑥ 6　⑦ 7　⑧ 8　⑨ 9　⓪ 0

第6章 実験・考察問題

問3　定在波について述べた次の文章中の空欄［ア］・［イ］に入れる式と記号の組合せとして最も適当なものを，下の①～⑧のうちから一つ選べ。［　　］

一般に，定在波は波長も振幅も等しい逆向きに進む2つの正弦波が重なり合って生じる。下の図3は，時刻 $t=0$ の瞬間の右に進む正弦波の変位 y_1（実線）と左に進む正弦波の変位 y_2（破線）を，位置 x の関数として表したグラフである。それぞれの振幅を $\frac{A_0}{2}$，波長を λ，振動数を f とすれば，時刻 t における y_1 は，

$$y_1=\frac{A_0}{2}\sin 2\pi\left(ft-\frac{x}{\lambda}\right)$$

と表され，y_2 は，$y_2=$［ア］と表される。図3の［イ］は，ともに定在波の節の位置になる。

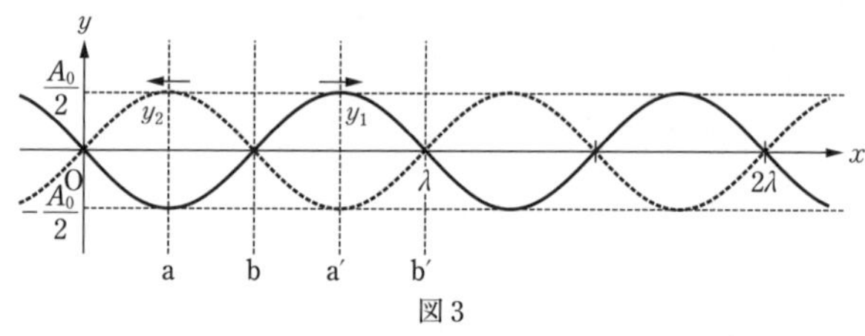

図3

	ア	イ		ア	イ
①	$\frac{A_0}{2}\cos 2\pi\left(ft+\frac{x}{\lambda}\right)$	a，a′	⑤	$\frac{A_0}{2}\sin 2\pi\left(ft+\frac{x}{\lambda}\right)$	a，a′
②	$\frac{A_0}{2}\cos 2\pi\left(ft+\frac{x}{\lambda}\right)$	b，b′	⑥	$\frac{A_0}{2}\sin 2\pi\left(ft+\frac{x}{\lambda}\right)$	b，b′
③	$-\frac{A_0}{2}\cos 2\pi\left(ft+\frac{x}{\lambda}\right)$	a，a′	⑦	$-\frac{A_0}{2}\sin 2\pi\left(ft+\frac{x}{\lambda}\right)$	a，a′
④	$-\frac{A_0}{2}\cos 2\pi\left(ft+\frac{x}{\lambda}\right)$	b，b′	⑧	$-\frac{A_0}{2}\sin 2\pi\left(ft+\frac{x}{\lambda}\right)$	b，b′

110

物理の授業でコンデンサーの電気容量を測定する実験を行った。まず，コンデンサーの基本的性質を復習するため，図1のような真空中に置かれた平行平板コンデンサーを考える。極板の面積を S，極板間隔を d とする。〈2023年 本試〉

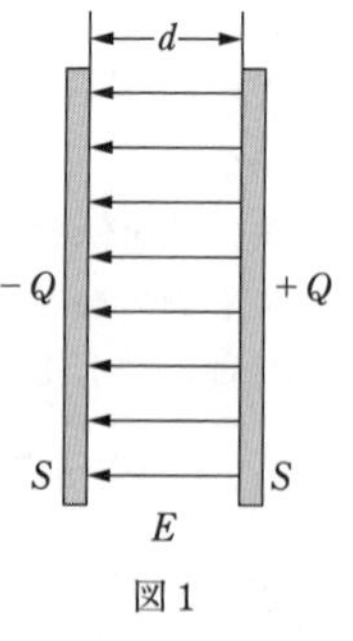

図1

問1　次の文章中の空欄［ア］・［イ］に入れる式の組合せとして正しいものを，次ページの①～⑧のうちから一つ選べ。［　　］

図1のコンデンサーに電気量（電荷）Q が蓄えられているときの極板間の電圧を V とする。極板間の電場（電界）が一様であるとすると，極板間の電場の大きさ E と V，d の間には $E=$［ア］の関係が成り立つ。

また，真空中でのクーロンの法則の比例定数を k_0 とすると，二つの極板間には $4\pi k_0 Q$ 本の電気力線があると考えられ，電気力線の本数と電場の大きさの関係を用いると E が求められる。これと［　ア　］が等しいことから Q は V に比例して $Q=CV$ と表せることがわかる。このとき比例定数(電気容量)は $C=$［　イ　］となる。

	ア	イ		ア	イ
①	Vd	$4\pi k_0 dS$	⑤	$\dfrac{V}{d}$	$4\pi k_0 dS$
②	Vd	$\dfrac{dS}{4\pi k_0}$	⑥	$\dfrac{V}{d}$	$\dfrac{dS}{4\pi k_0}$
③	Vd	$\dfrac{4\pi k_0 S}{d}$	⑦	$\dfrac{V}{d}$	$\dfrac{4\pi k_0 S}{d}$
④	Vd	$\dfrac{S}{4\pi k_0 d}$	⑧	$\dfrac{V}{d}$	$\dfrac{S}{4\pi k_0 d}$

図2のように，直流電源，コンデンサー，抵抗，電圧計，電流計，スイッチを導線でつないだ。スイッチを閉じて十分に時間が経過してからスイッチを開いた。図3のグラフは，スイッチを開いてから時間 t だけ経過したときの，電流計が示す電流 I を表す。ただし，スイッチを開く直前に電圧計は 5.0 V を示していた。

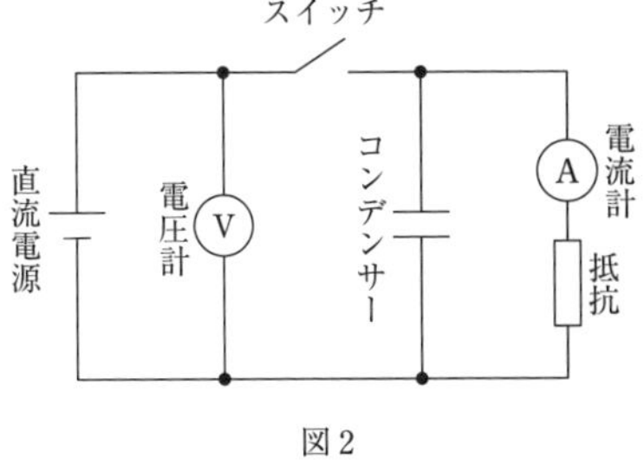

図2

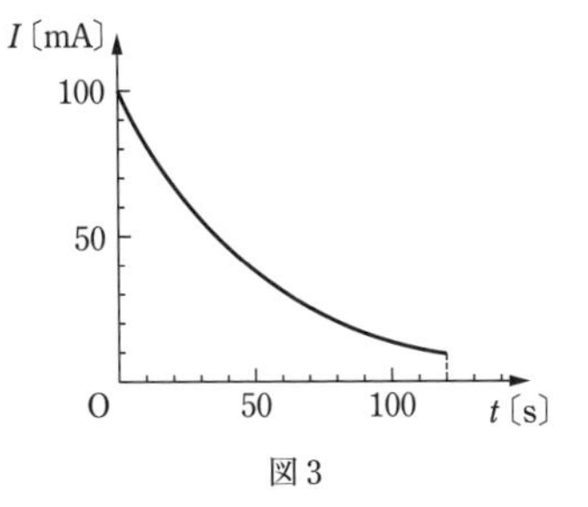

図3

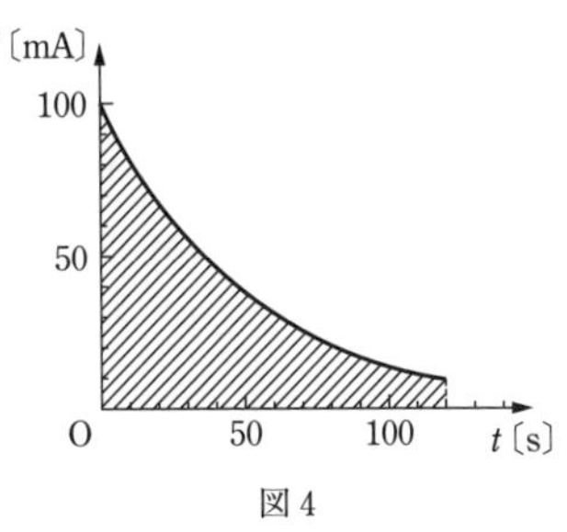

図4

問2　図3のグラフから，この実験で用いた抵抗の値を求めると何Ωになるか。その値として最も適当なものを，次の①～⑧のうちから一つ選べ。ただし，電流計の内部抵抗は無視できるものとする。［　　］Ω

①　0.02　　②　2　　③　20　　④　200
⑤　0.05　　⑥　5　　⑦　50　　⑧　500

問3　次の文章中の空欄 [1]・[2] に入れる値として最も適当なものを，それぞれの直後の｛　｝で囲んだ選択肢のうちから一つずつ選べ。

図3のグラフを方眼紙に写して前ページの図4を作った。このとき，横軸の1 cmを10 s，縦軸の1 cmを10 mAとするように目盛りをとった。

図4の斜線部分の面積は，$t=0$ s から $t=120$ s までにコンデンサーから放電された電気量に対応している。このとき，1 cm^2 の面積は

[1] ｛ ① 0.001 C　② 0.01 C　③ 0.1 C　④ 1 C　⑤ 10 C　⑥ 100 C ｝の電気量に対応する。

この斜線部分の面積を，ます目を数えることで求めると45 cm^2 であった。$t=120$ s 以降に放電された電気量を無視すると，コンデンサーの電気容量は

[2] ｛ ① 4.5×10^{-3} F　② 9.0×10^{-3} F　③ 1.8×10^{-2} F　④ 4.5×10^{-2} F　⑤ 9.0×10^{-2} F　⑥ 1.8×10^{-1} F　⑦ 4.5×10^{-1} F　⑧ 9.0×10^{-1} F　⑨ 1.8 F ｝と求められた。

問3の方法では，$t=120$ s のときにコンデンサーに残っている電気量を無視していた。この点について，授業で討論が行われた。

問4　次の会話文の内容が正しくなるように，空欄 [　　] に入れる数値として最も適当なものを，下の①～⑧のうちから一つ選べ。

Aさん：コンデンサーに蓄えられていた電荷が全部放電されるまで実験をすると，どれくらい時間がかかるんだろう。

Bさん：コンデンサーを5.0 Vで充電したときの実験で，電流の値が $t=0$ s での電流 $I_0=100$ mA の $\frac{1}{2}$ 倍，$\frac{1}{4}$ 倍，$\frac{1}{8}$ 倍 になるまでの時間を調べてみると，図5のように35 s間隔になっています。なかなか0にならないですね。

Cさん：電流の大きさが十分小さくなる目安として最初の $\frac{1}{1000}$ の0.1 mA程度になるまで実験をするとしたら，[　　] sくらいの時間，測定することになりますね。それくらいの時間なら，実験できますね。

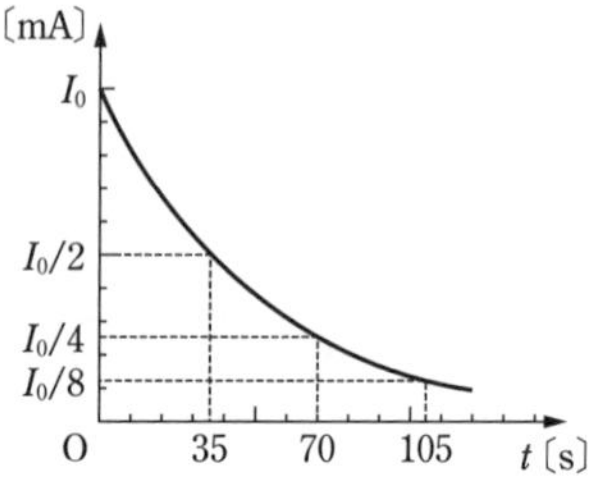

I〔mA〕
I_0
$I_0/2$
$I_0/4$
$I_0/8$
O　35　70　105　t〔s〕

図5

① 140　② 210　③ 280　④ 350
⑤ 420　⑥ 490　⑦ 560　⑧ 630

問5　次ページの会話文の内容が正しくなるように，空欄 [ウ]・[エ] に入れる式と語句の組合せとして最も適当なものを，文末の①～⑧のうちから一つ選べ。[　　]

先　生：時間をかけずに電気容量を正確に求める他の方法は考えられますか。

Aさん：この回路では，コンデンサーに蓄えられた電荷が抵抗を流れるときの電流はコンデンサーの電圧に比例します。一方で，コンデンサーに残っている電気量もコンデンサーの電圧に比例します。この両者を組み合わせることで，この実験での電流と電気量の関係がわかりそうです。

Bさん：なるほど。電流の値が $t=0$ での値 I_0 の半分になる時刻 t_1 に注目してみよう。グラフの面積を用いて $t=0$ から $t=t_1$ までに放電された電気量 Q_1 を求めれば，$t=0$ にコンデンサーに蓄えられていた電気量が $Q_0=$［ウ］とわかるから，より正確に電気容量を求められるよ。最初の方法で私たちが求めた電気容量は正しい値より［エ］のですね。

Cさん：この方法で電気容量を求めてみたよ。最初の方法で求めた値と比べると10％も違うんだね。せっかくだから，十分に時間をかける実験を1回やってみて結果を比較してみよう。

	ウ	エ		ウ	エ
①	$\frac{Q_1}{4}$	小さかった	⑤	$2Q_1$	小さかった
②	$\frac{Q_1}{4}$	大きかった	⑥	$2Q_1$	大きかった
③	$\frac{Q_1}{2}$	小さかった	⑦	$4Q_1$	小さかった
④	$\frac{Q_1}{2}$	大きかった	⑧	$4Q_1$	大きかった

111

図1のように，二つのコイルをオシロスコープにつなぎ，平面板をコイルの中を通るように水平に設置した。台車に初速を与えてこの板の上で走らせる。台車に固定した細長い棒の先に，台車の進行方向にN極が向くように軽い棒磁石が取り付けられている。二つのコイルの中心間の距離は0.20 mである。ただし，コイル間の相互インダクタンスの影響は無視でき，また，台車は平面板の上をなめらかに動く。〈2022年 本試〉

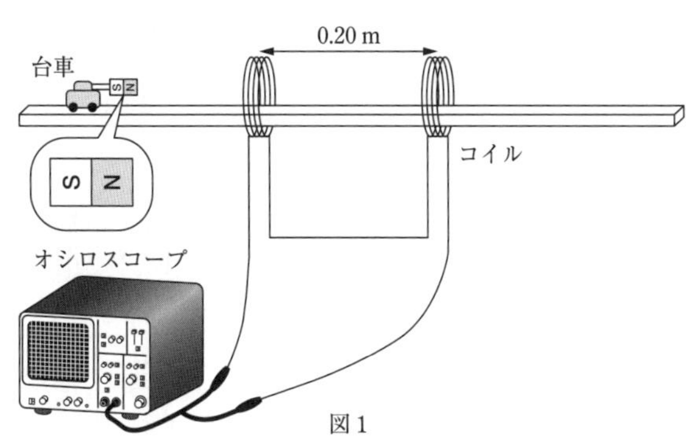

図1

台車が運動することにより，コイルには誘導起電力が発生する。オシロスコープにより電圧を測定すると，台車が動き始めてからの電圧は，図2のようになった。

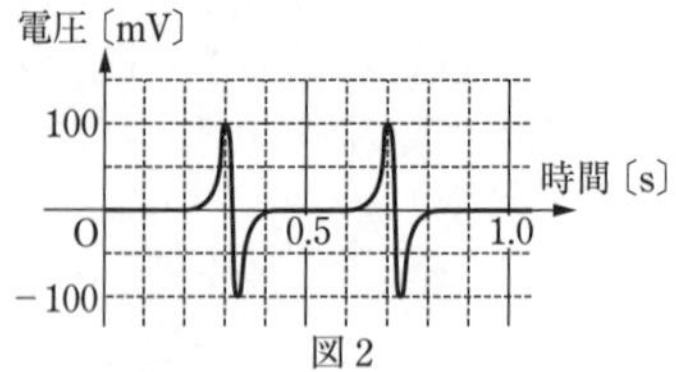

図2

問1　このコイルとオシロスコープの組合せを，スピードメーターとして使うことができる。この台車の運動を等速直線運動と仮定したとき，図2から読み取れる台車の速さを，有効数字1桁で求めるとどうなるか。次の式中の空欄 [1]・[2] に入れる数字として最も適当なものを，下の①～⓪のうちから一つずつ選べ。ただし，同じものを繰り返し選んでもよい。

[1]$\times 10^{-[2]}$ m/s

① 1　② 2　③ 3　④ 4　⑤ 5

⑥ 6　⑦ 7　⑧ 8　⑨ 9　⓪ 0

問2　この実験に関して述べた次の文章中の空欄 [3]～[5] に入れる語句として最も適当なものを，それぞれの直後の｛　｝で囲んだ選択肢のうちから一つずつ選べ。

コイルに電磁誘導による電流が流れると，その電流による磁場は，台車の速さを

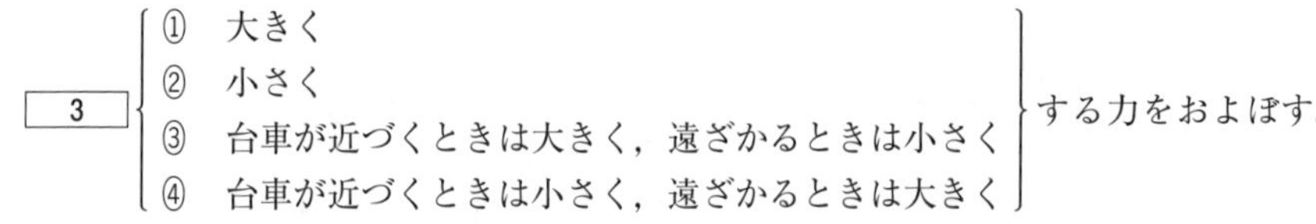
[3]
① 大きく
② 小さく
③ 台車が近づくときは大きく，遠ざかるときは小さく
④ 台車が近づくときは小さく，遠ざかるときは大きく
する力をおよぼす。

しかし，実際の実験ではこの力は小さいので，台車の運動はほぼ等速直線運動とみなしてよかった。力が小さい理由は，オシロスコープの内部抵抗が

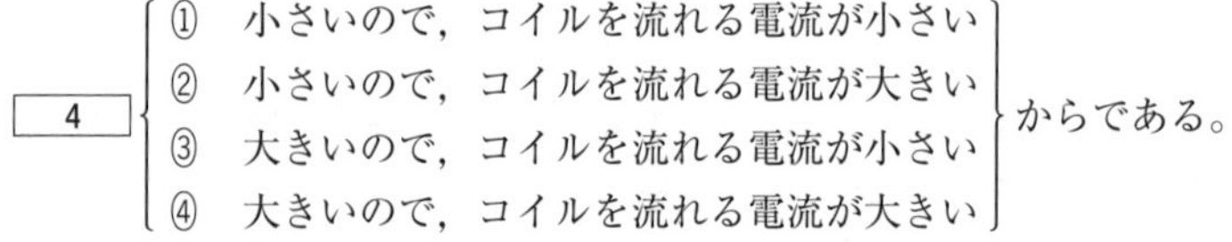
[4]
① 小さいので，コイルを流れる電流が小さい
② 小さいので，コイルを流れる電流が大きい
③ 大きいので，コイルを流れる電流が小さい
④ 大きいので，コイルを流れる電流が大きい
からである。

空気抵抗も台車の加速度に影響を与えると考えられるが，この実験では台車が遅く，さらに台車の質量が [5] ｛① 大きい　② 無視できる｝ので，空気抵抗の影響は小さい。

問3　Aさんが，条件を少し変えて実験してみたところ，結果は図3のように変わった。

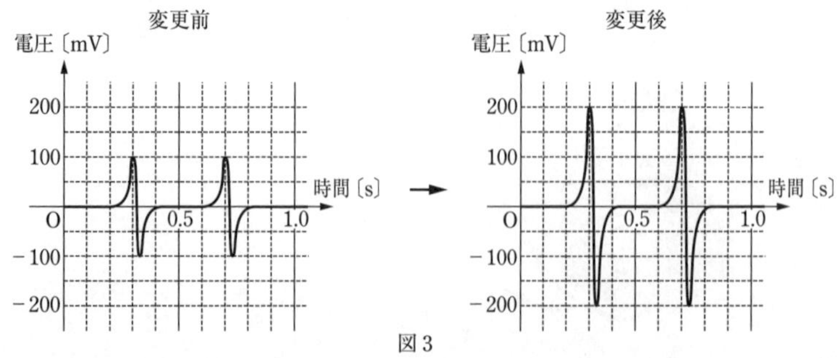

図3

Aさんが加えた変更として最も適当なものを，次の①～⑤のうちから一つ選べ。ただし，選択肢に記述されている以外の変更は行わなかったものとする。また，磁石を追加した場合は，もとの磁石と同じものを使用したものとする。［　　］

① 台車の速さを $\sqrt{2}$ 倍にした。

② 台車の速さを 2 倍にした。

③ 台車につける磁石を［S｜N｜S｜N］のように 2 個つなげたものに交換した。

④ 台車につける磁石を［N S / S N］のように 2 個たばねたものに交換した。

⑤ 台車につける磁石を［S N / S N］のように 2 個たばねたものに交換した。

Aさんは次に図 4 のようにコイルを三つに増やして実験をした。ただし，コイルの巻き数はすべて等しく，コイルは等間隔に設置されている。また，台車に取り付けた磁石は 1 個である。

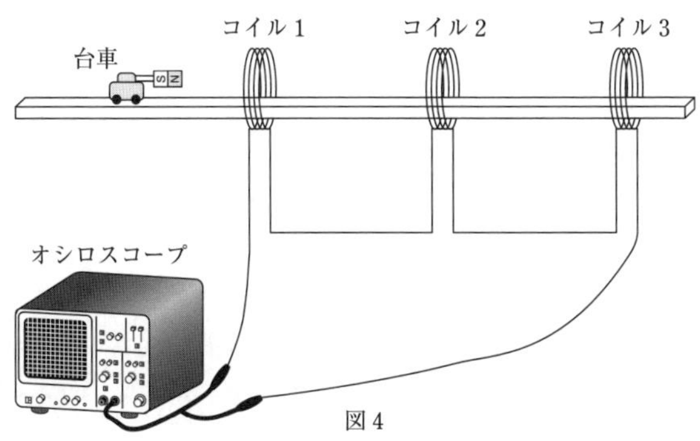

図 4

実験結果は，図 5 のようになった。

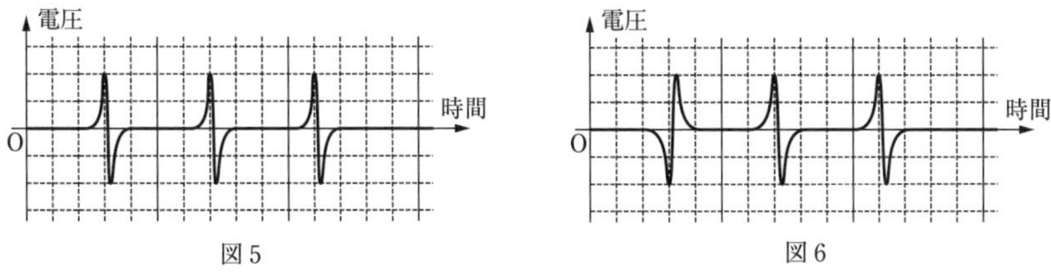

図 5　　図 6

問 4　BさんがAさんと同じような装置を作り，三つのコイルを用いて実験をしたところ，図 6 のように，Aさんの図 5 と違う結果になった。

Bさんの実験装置はAさんの実験装置とどのように違っていたか。最も適当なものを，次の①～⑤のうちから一つ選べ。ただし，選択肢に記述されている以外の違いはなかったものとする。[　　]

① コイル1の巻数が半分であった。
② コイル2，コイル3の巻数が半分であった。
③ コイル1の巻き方が逆であった。
④ コイル2，コイル3の巻き方が逆であった。
⑤ オシロスコープのプラスマイナスのつなぎ方が逆であった。

問5 Aさんが図7のように実験装置を傾けて板の上に台車を静かに置くと，台車は板を外れることなくすべり下りた。

このとき，オシロスコープで測定される電圧の時間変化を表すグラフの概形として最も適当なものを，次の①～⑤のうちから一つ選べ。[　　]

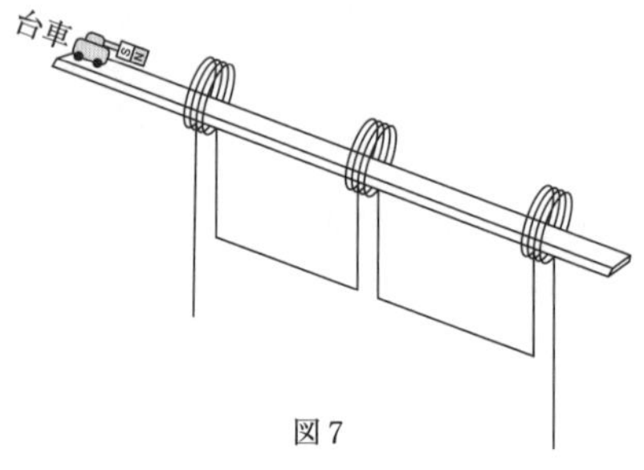

図7

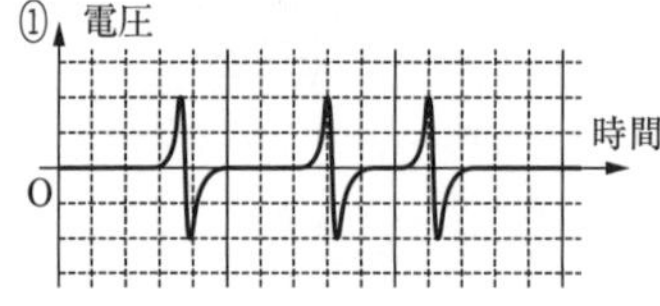

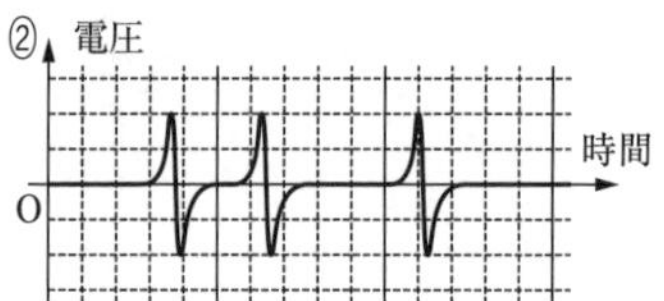

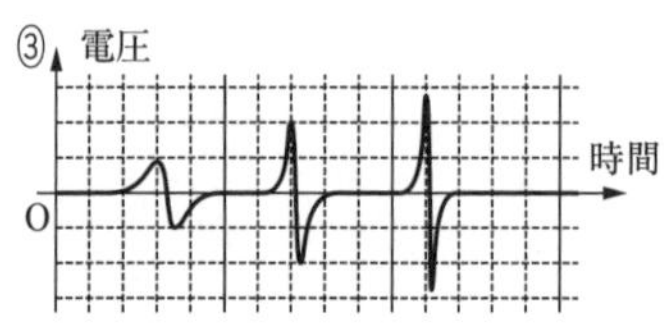

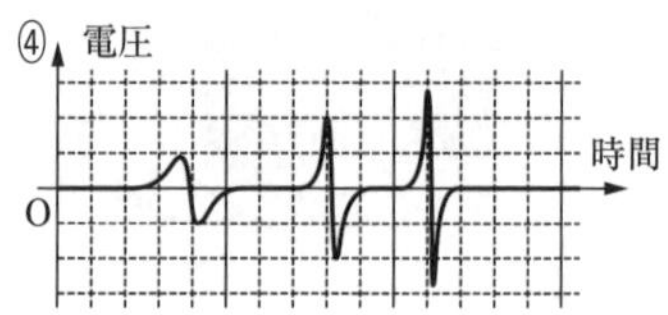

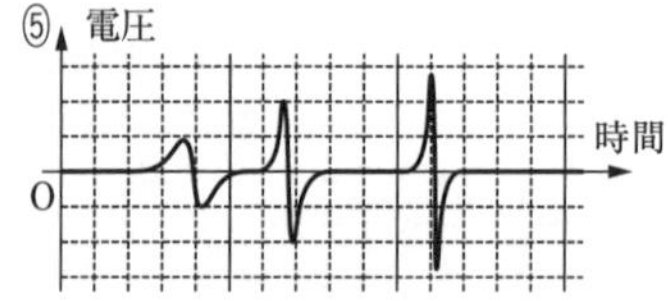

採点・見直しができる無料の学習アプリ「学びの友」で簡単に自動採点することができます。

① 「学びの友」公式サイトへアクセス
https://manatomo.obunsha.co.jp/

② アプリを起動後，「旺文社まなびID」に会員登録（無料）

③ アプリ内のライブラリより本書を選び，「追加」ボタンをタップ

※ iOS/Andoroid 端末，Web ブラウザよりご利用いただけます。

※ 本サービスは予告なく終了することがあります。

第1章 力 学

1 等速直線運動

1 ③

 静水時の船の速度を $\vec{v}$，川の流れの速度を $\vec{v_1}$，合成速度を $\vec{v_2}$ とすると，

$$\vec{v}+\vec{v_1}=\vec{v_2} \quad より，\quad \vec{v}=\vec{v_2}-\vec{v_1}$$

また，$|\vec{v}|=V$，$|\vec{v_1}|=\dfrac{V}{2}$ であるから図 a の △ABC は ∠C＝90°，∠A＝30° の直角三角形になる。よって，$\vec{v}$ は③になる。

注意 図 b のような斜辺と他の 1 辺の比が 2：1 の特別な直角三角形になっている。

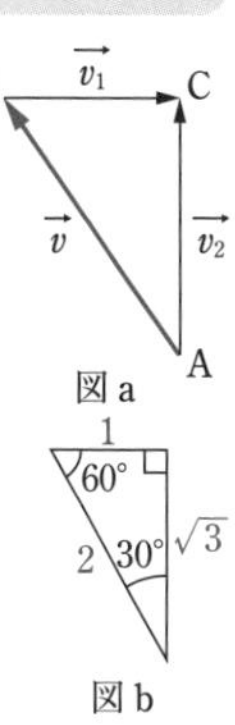

図 a
図 b

2 等加速度直線運動

2 問1 ② 問2 ②

解説 問1 おもりの静止位置を原点とし，鉛直方向下向きに y 軸をとる。運動を始めてから t〔s〕後の速さを v〔m/s〕，加速度を a〔m/s^2〕とすると，$y=\dfrac{1}{2}at^2$ において，$y=0.50$ m，$t=1.0$ s より，

$$0.50\ \mathrm{m}=\frac{1}{2}a\times(1.0\ \mathrm{s})^2 \quad よって，\ a=1.0\ \mathrm{m/s^2}$$

問2　等加速度直線運動の公式より，求めるおもりの速さ v〔m/s〕は，

$$v=at=1.0\ \mathrm{m/s^2}\times1.0\ \mathrm{s}=1.0\ \mathrm{m/s}$$

別解　$v^2-0^2=2\times1.0\ \mathrm{m/s^2}\times0.50\ \mathrm{m}=1.0\ \mathrm{m^2/s^2}$　◀ $v^2-v_0{}^2=2ay$

より，$v=1.0\ \mathrm{m/s}$

3　落体の運動

3　問1　③　問2　④　問3　③

解説　**問1**　投げ上げたときの速度を v_0〔m/s〕，重力加速度の大きさを g〔m/s²〕，時刻 t〔s〕の速度を v〔m/s〕とする。鉛直投げ上げ運動の公式より，

$$v=v_0-gt \quad \cdots\cdots(\mathrm{i}), \qquad y=v_0t-\frac{1}{2}gt^2 \quad \cdots\cdots(\mathrm{ii})$$

グラフより，$t=1.0\ \mathrm{s}$ のとき $v=0\ \mathrm{m/s}$ であるから，(i)式より，

$0=v_0-g\times1.0$　よって，$v_0=g$〔m/s〕

(ii)式に $v_0=g$〔m/s〕，$t=1.0\ \mathrm{s}$ を代入すると，最高点の高さ y_1〔m〕は，

$$y_1=g\times1.0-\frac{1}{2}g\times1.0^2=\frac{g}{2}=4.9\ \mathrm{m}$$

Point　物体は最高点に達した瞬間静止するので，$v=0$ になる。

問2　火星上の重力加速度の大きさを g'〔m/s²〕(＝3.7 m/s²) とする。**問1**より，初速度 g〔m/s〕で投げ上げるから，

$$v=g-g't \quad \cdots\cdots(\mathrm{iii}), \qquad y=gt-\frac{1}{2}g't^2 \quad \cdots\cdots(\mathrm{iv})$$

物体が最高点に到達したとき，物体の速度は 0 m/s になるから(iii)式より，

$0=g-g't$　よって，$t=\dfrac{g}{g'}=\dfrac{9.8}{3.7}\fallingdotseq2.6>1.0$

また，最高点の高さ y_2〔m〕は(iv)式に $t=\dfrac{g}{g'}$ を代入して，

$$y_2=g\left(\frac{g}{g'}\right)-\frac{1}{2}g'\left(\frac{g}{g'}\right)^2=\frac{1}{2}\cdot\frac{g^2}{g'}$$

問1の最高点の高さと比べると，

$$y_2=\frac{g}{g'}\cdot\frac{g}{2}=\frac{g}{g'}y_1>y_1$$

よって，④のグラフになる。

問3　地表付近での重力加速度の大きさ g は一定と見なしてよいので，物体の質量を m（場所によらない定数）として，mg で表される重力の大きさは地表面からの高さによらない。よって，③が間違っている。

4 問1 ② 問2 ② 問3 ① 問4 ③

解説 問1 小物体はなめらかな斜面ABをすべるので，力学的エネルギーが保存される。水平面BCを位置エネルギーの基準面にとると，

$$\frac{1}{2}m\times0^2+mgh=\frac{1}{2}mv_0{}^2+mg\times0 \quad より，\ v_0=\sqrt{2gh}$$

注意 小物体は点Aから静かにすべり出すので，初速度は0である。

問2 小物体は，鉛直上向きを正とすると，初速度 $v_0\sin\theta$，重力加速度 $-g$ の鉛直投げ上げ運動をする。最高点では鉛直方向の速度は0になるから，最高点の高さ h' は，

$$0^2-(v_0\sin\theta)^2=2(-g)h' \quad より，\ h'=\frac{v_0{}^2}{2g}\sin^2\theta$$

> **Point** t が与えられていない場合は，等加速度直線運動の公式 $v^2-v_0{}^2=2ax$ を利用。

別解 点Bから最高点に達するまでの時間を t とすると，最高点では鉛直方向の速度が0になるから，

$$0=v_0\sin\theta-gt \quad より，\ t=\frac{v_0\sin\theta}{g}$$

よって，

$$h'=v_0\sin\theta\cdot t-\frac{1}{2}gt^2=v_0\sin\theta\cdot\frac{v_0\sin\theta}{g}-\frac{1}{2}g\left(\frac{v_0\sin\theta}{g}\right)^2=\frac{v_0{}^2}{2g}\sin^2\theta$$

問3 点Bから最高点に達するまでの時間を t とすると，点Bを飛び出してから点Cに到達するまでの時間は，放物運動の対称性から $2t$ になる。鉛直方向の運動について，

$$0=v_0\sin\theta-gt \quad より，\ t=\frac{v_0\sin\theta}{g}$$

また，小物体は水平方向右向きに初速度 $v_0\cos\theta$ の等速直線運動をするから，

$$x=v_0\cos\theta\cdot2t=\frac{2v_0{}^2}{g}\sin\theta\cos\theta \quad \cdots\cdots(\mathrm{i})$$

問4 (i)式で $2\sin\theta\cos\theta=\sin2\theta$ と置き換えると，$x=\frac{v_0{}^2}{g}\sin2\theta$

$0°\leqq\theta\leqq90°$ のとき $0\leqq\sin2\theta\leqq1$ より，$\sin2\theta=1$ となる $2\theta=90°$ すなわち $\theta=45°$ のとき，x は最大になる。

参考 三角関数の加法定理，$\sin(\alpha+\beta)=\sin\alpha\cos\beta+\cos\alpha\sin\beta$ において，$\beta=\alpha$ とすると，$\sin2\alpha=2\sin\alpha\cos\alpha$ （倍角の公式）が得られる。

5 問1 ④　問2 ①　問3 1：④，2：②　問4 ⑥　問5 ⑦

解説 問1　小球は水平方向には等速直線運動をする。0.3 s 後の位置は 0.1 s のときの位置の 3 倍になるから，

$$0.39\times3=1.17\ \mathrm{m}$$

問2　鉛直下向きの速さを v としているので，重力加速度の大きさを g〔m/s²〕とすると，等加速度直線運動の公式より，

$$v=gt$$

が成り立ち，傾きが正の直線グラフで表される。

問3　実験ア，イ，ウのすべてで，小球は鉛直方向には自由落下するから，いずれの場合も小球は同時に床に到達する。

また，力学的エネルギー保存の法則より，小球の落下距離はすべて同じであるから，落下による位置エネルギーの減少分，すなわち運動エネルギーの増加分は実験ア，イ，ウのすべてで等しい。よって，はじめの運動エネルギーの大きい実験イの場合が，床に到達したときの運動エネルギーが最大となり，小球の速さは最も大きくなる。

問4　鉛直投げ上げ運動の公式より，小球Bを投げ上げてから t〔s〕後の鉛直上向き方向の速度を v_t〔m/s〕とすると，

$$v_t=V_0-gt$$

で表される。再び床に戻るときの小球Bの速度は $-V_0$ より，投げ上げてから再び床に戻るまでの時間を T〔s〕とすると，

$$-V_0=V_0-gT\quad より，T=\frac{2V_0}{g}\quad\cdots\cdots(\mathrm{i})$$

小球Aは T〔s〕間に h の距離を自由落下するから，

$$h=\frac{1}{2}gT^2\quad\cdots\cdots(\mathrm{ii})$$

(i)，(ii)式より，T を消去して，

$$h=\frac{1}{2}g\left(\frac{2V_0}{g}\right)^2\quad より，V_0=\sqrt{\frac{gh}{2}}$$

問5　小球Bが床から最高点に達するまでの時間と，最高点から床に達する時間は運動の対称性から等しく，$\frac{1}{2}T$〔s〕である。よって，小球Bが最高点から自由落下して床に達する時間 $\frac{1}{2}T$〔s〕は，小球Aが自由落下して床に達する時間 T〔s〕より短いから，$h_B<h$ となる。以上のことから，速度 0 の状態から床に達するまでに失われた重力による位置エネルギーは小球Bの方が小さく，これらの失われた位置エネルギーはそれぞれの運動エネルギーに変換されるから，$K_A>K_B$ となる。

4 力のつりあい

6 ⑤

解説 荷物，板，人を一体とみなし，その全体の質量を M〔kg〕，重力加速度の大きさを g〔m/s^2〕，持ち上がる直前の糸の張力の大きさを T〔N〕とおくと，板が床から受ける垂直抗力の大きさは0なので，右図のはたらく力のつりあいより，

$$3T=Mg \quad よって，\ T=\frac{Mg}{3}$$

題意より，$M=50+10+60=120$ kg，$g=9.8$ m/s^2 を代入して，

$$T=392\fallingdotseq 3.9\times 10^2\ \mathrm{N}$$

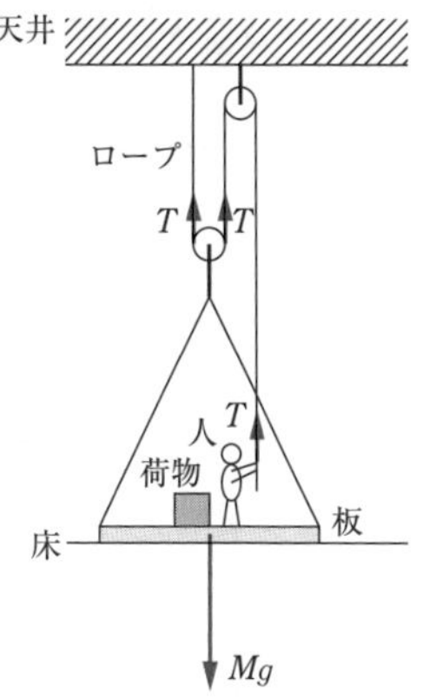

7 問1 1：⑥，2：⑤ 問2 ④

解説 **問1** おもり A_2 には重力 Mg，ばね S_2 による復元力 kx_2 がはたらいて，力がつりあっているから，

$$kx_2-Mg=0 \quad よって，\ x_2=\frac{Mg}{k} \quad \cdots\cdots(\mathrm{i})$$

おもり A_1 には重力 mg，ばね S_1，S_2 による復元力が右図のようにはたらき，この3つの力がつりあう。よって，

$$kx_1-kx_2-mg=0 \quad (\mathrm{i})式より，\ x_1=\frac{(M+m)g}{k}$$

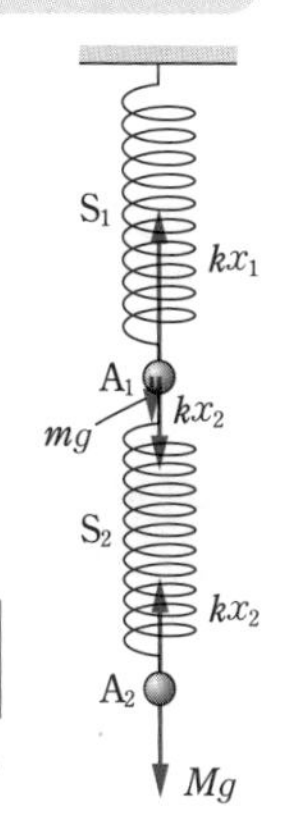

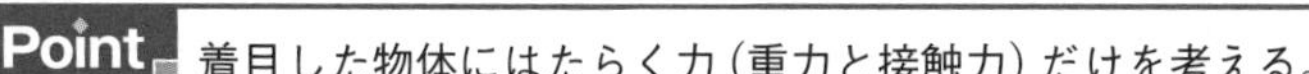
Point 着目した物体にはたらく力（重力と接触力）だけを考える。

問2 おもり A_1 には，ばねの復元力および重力のみがはたらいているから，力学的エネルギー保存則が成り立つ。重力による位置エネルギーの基準点を，ばね S_1 の自然の長さにとる。A_1 がこの位置にあるときの速さを v とすると，

$$\frac{1}{2}kx_1{}^2-mgx_1=\frac{1}{2}mv^2$$

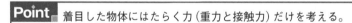

が成り立つ。よって，

$$kx_1{}^2-2mgx_1=mv^2 \quad より，\ v=\sqrt{\frac{k}{m}x_1{}^2-2gx_1}$$

Point ばねによる弾性エネルギーは，自然の長さからの伸び，縮みに依存する。

8 問1 ⑤　問2 ③　問3 ②

解説 問1　水深 h〔m〕の水圧 P_h〔Pa〕は，$P_h=\rho hg$ より，水深 100 m と 200 m での水圧の差は

$$P_{200}-P_{100}=\rho(200\ \mathrm{m}-100\ \mathrm{m})g=(1.0\times10^3\ \mathrm{kg/m^3})\times100\ \mathrm{m}\times9.8\ \mathrm{m/s^2}$$
$$=9.8\times10^5\ \mathrm{Pa}$$

問2　潜水艇全体が水中にあるから，潜水艇にはたらく浮力は ρVg である。バラストタンク内の水の体積を V' とすると，潜水艇全体にはたらく重力は $(M+\rho V')g$ で，この2力がつりあうから，

$$(M+\rho V')g=\rho Vg \quad よって，\ V'=V-\frac{M}{\rho}$$

問3　バラストタンク内の水を抜くと 浮力＞重力 となるから，潜水艇は鉛直上向きの加速度運動を始める。しかし，水の抵抗力 bv を受けるため次第に減速し，浮力と「重力 $+bv$」が等しくなるとこの3力はつりあうから，等速直線運動をするようになる。この終端速度を v とすると

$$Mg+bv-\rho Vg=0 \quad よって，\ v=\frac{(\rho V-M)g}{b}$$

参考 上昇中の加速度を a とすると，運動方程式は，
$$Ma=\rho Vg-Mg-bv$$

Point　3力がつりあうとき，潜水艇にはたらく力の合力＝0 になるから，加速度＝0 になる。

5 運動の法則

9 ③

解説 Bから手をはなすと，AとBは等しい大きさの加速度 a で等加速度運動をする。糸にかかる張力を T とすると，A，Bには右図のような力がはたらくので，各物体の運動方程式は，

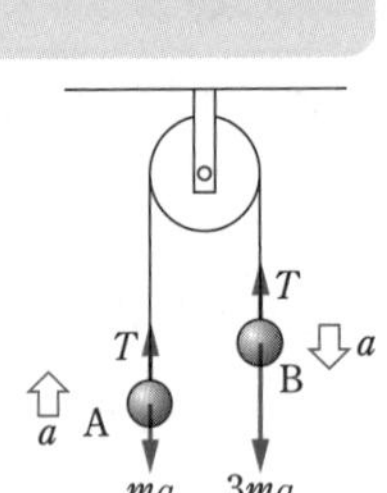

$$\mathrm{A}：ma=T-mg \quad \cdots\cdots(\mathrm{i})$$
$$\mathrm{B}：3ma=3mg-T \quad \cdots\cdots(\mathrm{ii})$$

(i)＋(ii)より，

$$4ma=2mg \quad よって，\ a=\frac{1}{2}g$$

等加速度運動の公式より，求める時間 t は，

$$h=\frac{1}{2}\left(\frac{g}{2}\right)t^2 \quad より，\ t=\sqrt{\frac{4h}{g}}$$

◀ $h=\frac{1}{2}at^2$

Point たるみのない糸でつながれた2物体にはたらく張力，速度，加速度は等しい。

10 問1 ⑥ 問2 ①

解説 問1 浮きとおもり全体にかかる鉛直方向の力がつりあい，静止している。全体にはたらく重力は，

$\rho SLg+mg$ ……(i)

◀浮きの質量はρSL

浮きの水中部分の体積は$(L-x)S$であるから，水による浮力の大きさは，

$\rho_0(L-x)Sg$ ……(ii)

(i)，(ii)式より，

$\rho_0(L-x)Sg=\rho SLg+mg$ ……(iii)

整理して，

$$L-x=\frac{\rho SL+m}{\rho_0 S} \quad \text{より，} \quad x=\left(1-\frac{\rho}{\rho_0}\right)L-\frac{m}{\rho_0 S}$$

問2 糸が切れた直後，浮きには(ii)式の浮力と重力ρSLgがはたらき，浮力＞重力 となるから，鉛直上方に加速度運動をする。加速度の大きさをaとすると，運動方程式は，

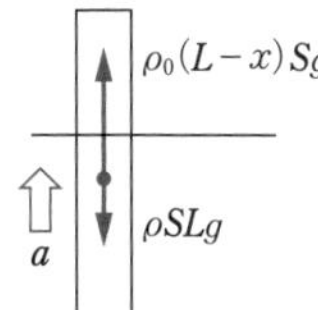

$$\rho SL\cdot a=\rho_0(L-x)Sg-\rho SLg \quad \text{(iii)式より，} \quad a=\frac{mg}{\rho SL}$$

11 問1 ② 問2 ⑤ 問3 ① 問4 ④

解説 問1 水平右向きを正とする。台Aと物体Bが一体となって等加速度運動（大きさをaとする）するとき，台Aと物体Bの間には静止摩擦力（大きさをf_2とする）がはたらいている。台Aには水平方向にf_2-f_1の力がはたらき，物体Bには$F-f_2$の力がはたらいている（右図）。台Aと物体Bの運動方程式は，

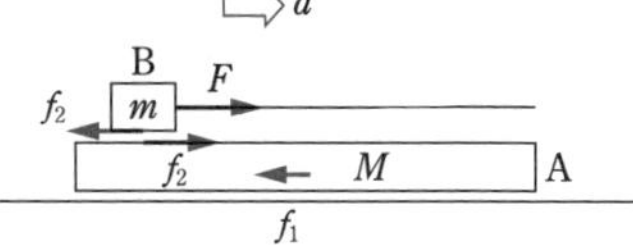

A：$Ma=f_2-f_1$ ……(i)，　B：$ma=F-f_2$ ……(ii)

(i)+(ii) より，

$$(M+m)a=F-f_1 \quad \text{よって，} \quad a=\frac{F-f_1}{M+m}$$

別解 台Aと物体Bを1つの物体と見なすと，

$$(M+m)a=F-f_1 \quad \text{よって，} \quad a=\frac{F-f_1}{M+m}$$

Point 動摩擦力は，物体の運動する向きと逆向き（運動を妨げる向き）にはたらく。

問2　台Aにはたらく垂直抗力を N_A，物体Bにはたらく垂直抗力を N_B とする。台Aも物体Bも鉛直方向には運動しないから鉛直方向にはたらく力はつりあうので，右図より，

$$A: N_A - N_B - Mg = 0 \quad \cdots\cdots(\text{iii})$$

$$B: N_B - mg = 0 \quad \cdots\cdots(\text{iv})$$

(iii)，(iv)式より，$N_A = N_B + Mg = (m+M)g$

よって動摩擦力は，

$$f_1 = \mu' N_A = \mu'(m+M)g$$

別解 台Aと物体Bを１つの物体と見なすと，床から受ける垂直抗力の大きさは $(m+M)g$ より，$f_1 = \mu'(m+M)g$

問3　台Aが等加速度運動する場合も等速直線運動する場合も，台A，物体Bにはたらく摩擦力は(i)，(ii)式の右辺となる。このとき台Aが床に対して等速直線運動するから，(i)式で加速度 a は0になり，水平方向にはたらく力がつりあう。よって $f_1 = f_2$ が成り立つ。

注意 **問1**での f_2 は静止摩擦力であるが**問3**での f_2 は動摩擦力になる。

問4　台Aと物体Bの間の動摩擦係数を μ'' とすると，式(iv)より，

$$f_2 = \mu'' N_B = \mu'' mg$$

よって $f_2 = f_1$ より，

$$\mu'' mg = \mu'(m+M)g \quad から，\ \mu'' = \left(1 + \frac{M}{m}\right)\mu'$$

12　問1　③　　問2　①　　問3　①

解説 **問1**　物体が点Aをすべり出す直前，物体には最大摩擦力 $\mu mg\cos\theta_0$ がはたらき，物体にはたらく重力の斜面方向の分力 $mg\sin\theta_0$ とつりあう。よって，

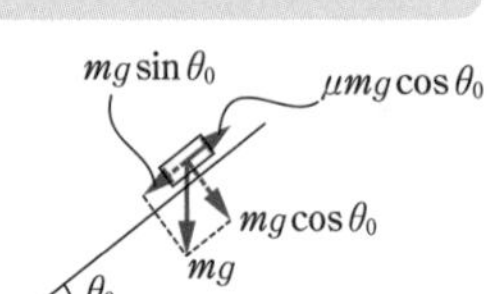

$$mg\sin\theta_0 = \mu mg\cos\theta_0 \quad より，\ \tan\theta_0 = \mu$$

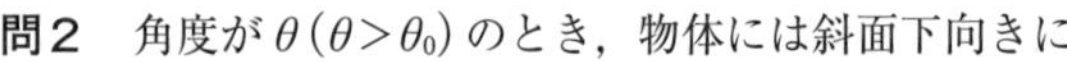

問2　角度が $\theta\,(\theta > \theta_0)$ のとき，物体には斜面下向きに

$$mg\sin\theta - \mu' mg\cos\theta$$

の力が加わる。物体の加速度の大きさを a とし，斜面下向きを正とすると，運動方程式は，

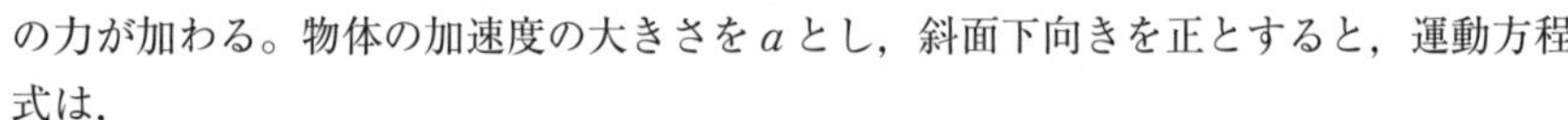

$$ma = mg\sin\theta - \mu' mg\cos\theta \quad より，\ a = g(\sin\theta - \mu'\cos\theta)$$

物体はAB間で等加速度運動をするから，

$$v^2 - 0^2 = 2al \quad より，\ v = \sqrt{2gl(\sin\theta - \mu'\cos\theta)}$$

問3　物体はAB間で，大きさ a の加速度で等加速度運動するから，時刻 t における速さ v は斜面下向きを正として，

$$v = at \quad (0 \leqq t \leqq t_0) \quad \cdots\cdots(\text{i})$$

点Bを通過したあと，物体は $mg\sin\theta$ より大きな動摩擦力（一定）を受けるため減速し，やがて静止するから，点Bを通過したあとも物体は等加速度運動をすることにな

る。その加速度の大きさを a' とすると，点Bを通過したあとは，

$$v=at_0-a'(t-t_0)$$

$$=-a't+(a'+a)t_0 \quad \left(t_0 \leqq t \leqq \left(1+\frac{a}{a'}\right)t_0\right) \quad \cdots\cdots(\text{ii})$$

(i)，(ii)式はいずれも t の１次関数で $t=t_0$ で連続であるから①のように変化する。

6 仕事と力学的エネルギー

13 ⑦

解説 小物体の速度の水平成分は落下中変化しないから，h の高さから落下し，基準面に達する直前の小物体の運動エネルギーは，位置エネルギーの減少分に等しい。よって，h の高さから基準面に達する直前の地球と月での運動エネルギーをそれぞれ E_K，E_K' とおくと，

$$E_K=mgh,\quad E_K'=\frac{mgh}{6}$$

と表せるから，求める運動エネルギーの差は，

$$E_K-E_K'=\frac{5}{6}mgh$$

14 1：⑤，2：③

解説 質量 m の小物体が水平な動摩擦係数 μ' のあらい面上を初速度 v_0 ですべり出し，水平方向に距離 L だけ動いて停止したとする。すべりはじめたときにもつ小物体の運動エネルギーは小物体が L の距離動いた際に動摩擦力のした負の仕事によって失われるから，

$$\frac{1}{2}mv_0{}^2-\mu' mgL=0$$

が成り立つ。よって，初速度が２倍になると運動エネルギーは４倍になるから，μ' が同じ場合に L は４倍になる。また，初速度が同じ場合には，はじめの運動エネルギーは変わらないから，μ' が $\frac{1}{2}$ 倍になると L は２倍になる。

15 問１ ④　問２ ③　問３ ①

解説 問１　物体の位置が点Aから点Bまでは糸がたるんでいるから，物体は斜面下向きに加速度の大きさ $g\sin\theta$ の等加速度運動をする。よって点Bに達するまでにかかった時間を t とすると，

$$l=\frac{1}{2}(g\sin\theta)t^2 \quad \text{より，}\quad t=\sqrt{\frac{2l}{g\sin\theta}}$$

問2　点Bを原点とし斜面下向きにx軸をとる。物体がxの位置にあるときの加速度をaとする。このとき物体にはたらく斜面方向の力は，重力の分力$mg\sin\theta$と，ばねの弾性力$-kx$であるから，運動方程式は，

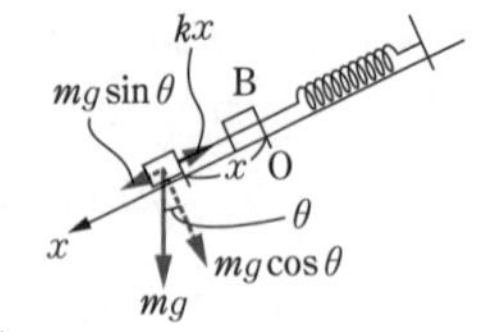

$$ma=mg\sin\theta-kx \quad より，\quad a=g\sin\theta-\frac{k}{m}x \quad \cdots\cdots(\text{i})$$

(i)式より加速度aは $x<\dfrac{mg\sin\theta}{k}$ のとき正，$x>\dfrac{mg\sin\theta}{k}$ のとき負になる。すなわち，xの値が $\dfrac{mg\sin\theta}{k}$ になるまでは加速するが，それを超えると減速する。よって，物体の速さが最大となるのは $\mathrm{BC}=x=\dfrac{mg\sin\theta}{k}$ のときで，

$$\mathrm{AC}=l+\frac{mg\sin\theta}{k}$$

別解1　上記の座標xに対し物体の速さをvとすると，力学的エネルギー保存の法則より，

$$mgl\sin\theta=\frac{1}{2}mv^2+(-mgx\sin\theta)+\frac{1}{2}kx^2$$

よって，

$$\frac{1}{2}mv^2=-\frac{1}{2}kx^2+mgx\sin\theta+mgl\sin\theta$$
$$=-\frac{1}{2}k\left(x-\frac{mg\sin\theta}{k}\right)^2+\frac{(mg\sin\theta)^2}{2k}+mgl\sin\theta$$

したがって，$x=\dfrac{mg\sin\theta}{k}$ のとき $\dfrac{1}{2}mv^2$ は最大となり速さvも最大となる。よって，求める値は，

$$\mathrm{AC}=l+\frac{mg\sin\theta}{k}$$

別解2　(i)式より，$a=-\dfrac{k}{m}\left(x-\dfrac{mg\sin\theta}{k}\right)$

これは物体が $x=\dfrac{mg\sin\theta}{k}$ を中心とする単振動をすることを表している。単振動する物体の速さは振動中心で最大になるから，

$$\mathrm{AC}=l+\frac{mg\sin\theta}{k}$$

問3　物体が斜面上を移動するとき，物体には保存力（重力とばねの弾性力）のみがはたらくから，力学的エネルギーは保存される。位置A，Dに物体があるとき，物体は静止しているから運動エネルギーは0。よって重力ならびにばねの弾性力による位置エネルギーのみをもつから，位置A，Dにおける位置エネルギーの和は等しい。よって，グラフは①または③となる。

一方，物体の速さは点Cで最大になるから，運動エネルギーも点Cで最大になる。よって，力学的エネルギー保存の法則より，位置エネルギーの和は点Cで最小になるので，グラフは①が正しい。

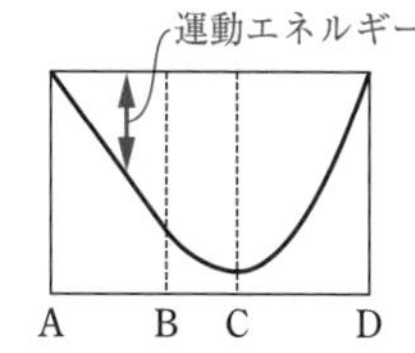

16 問1 ② 問2 ⑥ 問3 ③

解説 問1 小物体が床から受ける垂直抗力をNとする。右図の鉛直方向の力のつりあいより，

$$N+F\sin\theta-mg=0 \quad \text{よって，} N=mg-F\sin\theta$$

したがって，動摩擦力の大きさfは，

$$f=\mu' N=\mu'(mg-F\sin\theta)$$

問2 小物体には水平方向(右向きを正とする)に$F\cos\theta-f$(=一定)の力がはたらくから，等加速度運動をする。加速度の大きさをa_1とすると，運動方程式は，

$$ma_1=F\cos\theta-f \quad \text{より，} a_1=\frac{F\cos\theta-f}{m}$$

よって，点Pに到達したときの速さv_Pは，

$$v_P{}^2-0^2=2a_1l \quad \text{より，} v_P=\sqrt{2a_1l}=\sqrt{\frac{2l(F\cos\theta-f)}{m}}$$

別解 力Fは小物体がl移動する間に$F\cos\theta\cdot l$の仕事をする。一方，動摩擦力は$fl\cos180°=-fl$の仕事をする。この和が小物体の運動エネルギーに変わるから仕事と力学的エネルギーの関係より，求める速さをvとすると，

$$\frac{1}{2}mv^2=F\cos\theta\cdot l-fl \quad \text{より，} v=\sqrt{\frac{2l(F\cos\theta-f)}{m}}$$

問3 小物体は区間OPでは右向きの，区間PQでは左向きの加速度で等加速度運動をする。点Oをx軸の原点にとり，右向きを正，時間t後の変位をx，区間OPでの加速度の大きさをa_1，区間PQでの加速度の大きさをa_2，点Pでの速度をv_P，点OからPまでの移動にかかる時間をt_Pとすると，

区間OP：$x=\frac{1}{2}a_1t^2$ (下に凸の放物線)

区間PQ：$x=l+v_P(t-t_P)-\frac{1}{2}a_2(t-t_P)^2$ (上に凸の放物線)

したがって，グラフは③となる。

17 問1 ⑤　問2 ⑥

解説 問1　物体が動き出す直前の静止状態にあるときを考える。右図のように動滑車には鉛直下向きにF，鉛直上向きに糸の張力$2T$が加わり静止しているから，$2T=F$

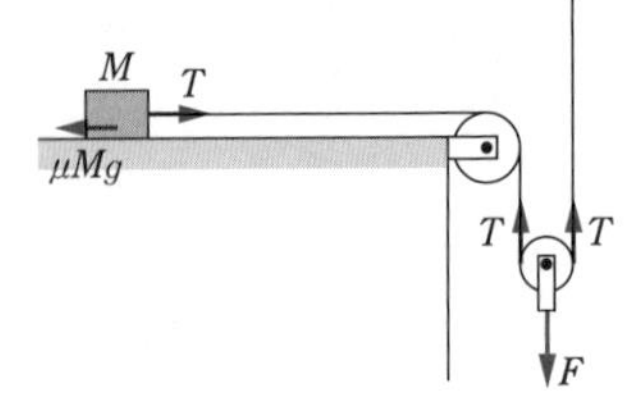

物体には最大摩擦力μMgと糸の張力Tがはたらき静止している。よって，$T=\mu Mg$

張力Tがこれよりも大きければ物体は動き出すから，$T>\mu Mg$であればよい。

注意 動滑車は“軽い”ので動滑車の重力は無視できる。

問2　物体と動滑車を1つの物体群として取り扱う。この物体群に力Fによる仕事Fdと，動摩擦力による仕事$-\mu' Mgl$を与えた結果物体が速さvに達したから，仕事と力学的エネルギーの関係より，

$$\frac{1}{2}Mv^2=Fd-\mu' Mgl \quad \text{よって，} v=\sqrt{\frac{2}{M}(Fd-\mu' Mgl)}$$

注意 動摩擦力による仕事は$\mu' Mgl\cos 180°=-\mu' Mgl$で，力学的エネルギーを$\mu' Mgl$だけ失ったと考えてもよい。また，動滑車は“軽い”ので重力による位置エネルギーの変化は0としてよい。

一方，右図で動滑車がAの位置にあるとき，糸の一端がPにあるとする。動滑車をdだけ下方へ動かしBの位置にくる間，糸は合計で$2d$だけ長くなった状態となり，これは物体が$l=2d$だけ移動したことを意味する。

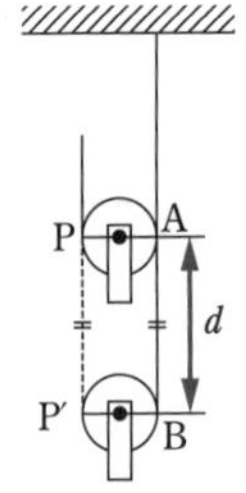

別解 vについては次のように求めることもできる。

物体の加速度の大きさをaとすると，運動方程式は，

$$Ma=T-\mu' Mg=\frac{1}{2}F-\mu' Mg$$

これより，$a=\frac{F}{2M}-\mu' g$

よって，$v^2-0^2=2al=2a\times 2d$ より，

$$v=\sqrt{4ad}=\sqrt{4\times\left(\frac{F}{2M}-\mu' g\right)\times d}$$

$$=\sqrt{\frac{2}{M}(Fd-2\mu' Mgd)}=\sqrt{\frac{2}{M}(Fd-\mu' Mgl)}$$

Point

本問で$l=2d$，$T=\frac{1}{2}F$より，動滑車をd移動させるには，糸の長さは$2d$必要となるが，それに要する力は$\frac{1}{2}F$である。これは天井の支える力が$\frac{1}{2}F$であることによる。

18 問1 ⑥　問2 ①　問3 1：③，2：④

解説 問1　小物体の質量を m とする。点Aを通過するときの小物体の速さを v とすると，力学的エネルギー保存の法則より，

$$\frac{1}{2}m\times 0^2+mgh=\frac{1}{2}mv^2+mg\times 0 \quad \text{より，}\ v=\sqrt{2gh}$$

問2　小物体の力学的エネルギーは，動摩擦力 $\mu' mg$ のした仕事の大きさ $\mu' mgL$ だけ減少する。点Pと点Qにおける小物体の位置エネルギーの差より，

$$mgh-\frac{7}{10}mgh=\mu' mgL \quad \text{よって，}\ \mu'=\frac{3h}{10L}$$

問3　小物体がAB間を移動している間は，つねに大きさ $\mu' mg$ の動摩擦力が進行方向と逆向きにはたらくから，1回通過するごとに小物体は $\frac{3}{10}mgh$ ずつ力学的エネルギーを失う。よって，力学的エネルギーは，

A　B
1回目 →
2回目 ←
3回目 →
4回目 ←

1回目通過後：$\frac{7}{10}mgh$

2回目通過後：$\frac{4}{10}mgh$

3回目通過後：$\frac{1}{10}mgh$

のように減少する。したがって，点Aを3回通過したあと，4回目に点Bから点Aへ向かう途中で静止する。$\mathrm{BX}=l$ とすると，

$$\frac{1}{10}mgh-0=\mu' mgl \quad \text{よって，}\ l=\frac{h}{10\mu'}=\frac{L}{3}$$

これより，$\mathrm{AX}=L-\frac{L}{3}=\frac{2}{3}L$

7 慣性力

19 問1 ⑥　問2 ②

解説 問1　小球は x 軸方向に初速度 $v_0\cos\theta$ の等速直線運動をし，y 軸方向に初速度 $v_0\sin\theta$，加速度 $-g$ の等加速度運動をするから，時刻 t の小球の座標は，

$$x=v_0\cos\theta\cdot t, \qquad y=v_0\sin\theta\cdot t-\frac{1}{2}gt^2$$

問2　台は右向きに加速度 a の等加速度運動をしているから，台の上で観測すると，x 軸方向に $-a$ の等加速度運動をすることになる。よって，$t=0$ に投げ上げたとして，時刻 t における小球の座標は，

$$x=v_0\cos\theta\cdot t-\frac{1}{2}at^2 \quad \cdots\cdots(\text{i}), \qquad y=v_0\sin\theta\cdot t-\frac{1}{2}gt^2 \quad \cdots\cdots(\text{ii})$$

注意 小球の質量を m とすると小球は x 軸方向に $-ma$ の慣性力を受ける。小球の x 軸方向の加速度を a' とすると $ma'=-ma$ より，$a'=-a$

小球は原点Oに戻ってくるから，$y=0$ のとき $x=0$ となる。(ii)式より，

$$0=v_0\sin\theta\cdot t-\frac{1}{2}gt^2 \quad \text{よって，} t=\frac{2v_0\sin\theta}{g} \quad \cdots\cdots\text{(iii)}$$

(i)式より，$0=v_0\cos\theta\cdot t-\dfrac{1}{2}at^2$

よって，$a=\dfrac{2v_0\cos\theta}{t}=\dfrac{2v_0\cos\theta}{2v_0\sin\theta}\cdot g=\dfrac{1}{\tan\theta}g=\dfrac{1}{\sqrt{3}}g$ （$\theta=60°$ より）

別解 台とともに運動する観測者から見ると，小球は重力と慣性力の合力（見かけの重力）によって等加速度運動しているように見える。小球が原点Oに戻ってきたことから，投げ上げた向きは合力と逆向きであり，右図より，$a=\tan 30°\times g=\dfrac{g}{\sqrt{3}}$

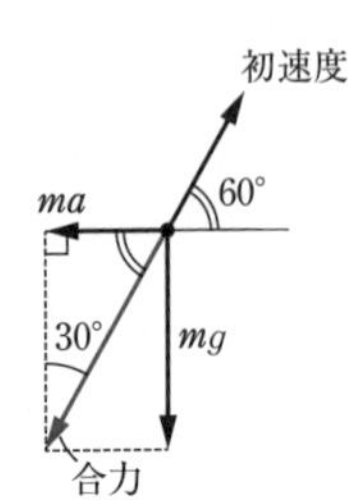

> **Point** 加速度 a〔m/s²〕で運動する観測者から見たとき，質量 m〔kg〕の物体に観測者の加速度と逆向きに ma〔N〕の力がはたらいているように見える。この力を慣性力という。

20 問1 ⑤ 問2 ⑨

解説 問1 台と小物体を一体のものと考えて，力学的エネルギー保存の法則より，

$$\frac{1}{2}(M+m)v^2=\frac{1}{2}(M+m)\times 0^2+\frac{1}{2}kd_1^{\,2} \quad \text{より，} d_1=\sqrt{\frac{M+m}{k}}v$$

問2 $d<d_2$ では小物体は台上をすべらないので，小物体と台は一体となって運動している。その加速度の大きさを a とすると，運動方程式は，

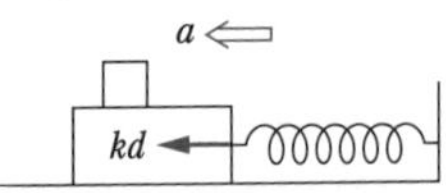

$$(M+m)a=kd \quad \text{より，} a=\frac{kd}{M+m}$$

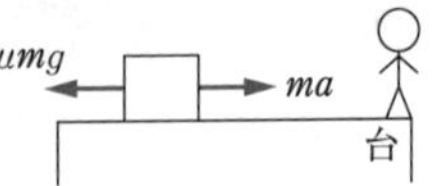

次に，すべり始める直前，台上の観測者から見ると，$d=d_2$ で小物体にはたらく最大摩擦力 μmg と慣性力 $ma=m\dfrac{kd_2}{M+m}$ がつりあうので，

$$\mu mg=ma=m\frac{kd_2}{M+m} \quad \text{よって，} d_2=\frac{M+m}{k}\mu g$$

8 剛体のつりあい

21 問1 ④　問2 ⑤

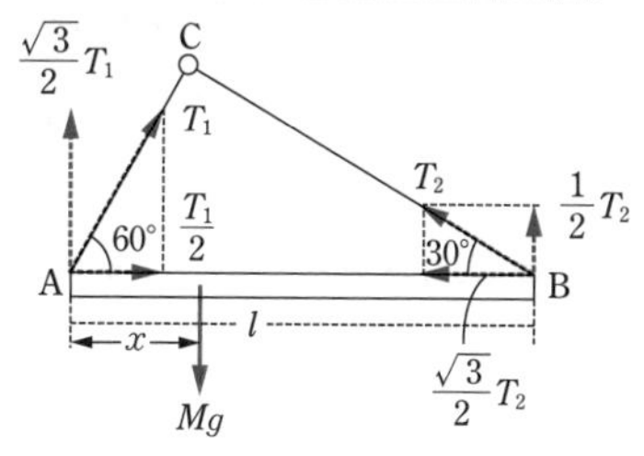

解説 **問1，問2**　糸AC，BCの張力 T_1，T_2 の水平方向の分力の大きさはそれぞれ $\frac{T_1}{2}$，$\frac{\sqrt{3}}{2}T_2$ である。鉛直方向の分力の大きさはそれぞれ $\frac{\sqrt{3}}{2}T_1$，$\frac{1}{2}T_2$ となる。棒は図の状態で静止しているので，力のつりあいより，

水平方向：$\frac{T_1}{2}=\frac{\sqrt{3}}{2}T_2$　……(i)

鉛直方向：$\frac{\sqrt{3}}{2}T_1+\frac{1}{2}T_2=Mg$　……(ii)

点Aのまわりの力のモーメントのつりあいより，

$\frac{1}{2}T_2l-Mgx=0$　……(iii)

(i)，(ii)式より，$T_1=\frac{\sqrt{3}}{2}Mg$，　$T_2=\frac{1}{2}Mg$　(**問2**の答)

また(iii)式より，$x=\frac{T_2}{2Mg}l=\frac{l}{2Mg}\cdot\frac{Mg}{2}=\frac{1}{4}l$　(**問1**の答)

参考　平行でない3力のつりあいでは，3つの力の作用線が1点で交わる。したがって本問では重心は点Cの真下にあり，右図より，

$\mathrm{AC}=\frac{l}{2}$　よって，$\mathrm{AG}=\frac{1}{2}\mathrm{AC}=\frac{l}{4}$

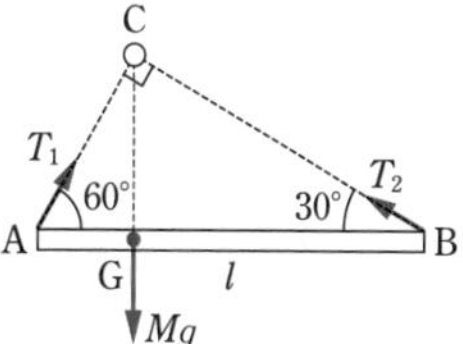

22 ②

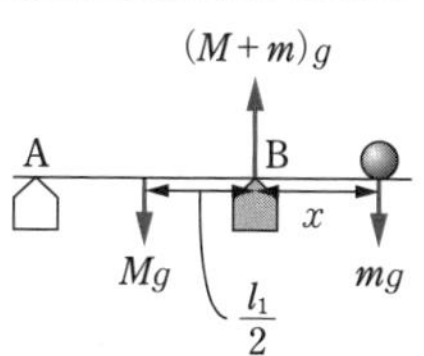

解説 小球が支点Bから距離 x にあるとき，支点Aからの抗力が0になるから，棒には右図のように鉛直下向きに mg，Mg，上向きに $(M+m)g$ の力がはたらきつりあっている。支点Bから重心までの距離は $\frac{l_1+2l_2}{2}-l_2=\frac{l_1}{2}$ であるから，点Bのまわりの力のモーメントのつりあいより，

$Mg\cdot\frac{l_1}{2}=mgx$　よって，$x=\frac{M}{2m}l_1$

23 ②

解説 ∠OPC を θ，重力加速度の大きさを g とおく。

円板にはたらく重力の大きさ Mg は，円板の重心である点Oにはたらくと考えてよいことに注意して，点Cのまわりの力のモーメントの和が0より，

$$Mg\cos\theta\cdot x-mg\cos\theta\cdot(d-x)=0$$

よって，$x=\dfrac{m}{M+m}d$

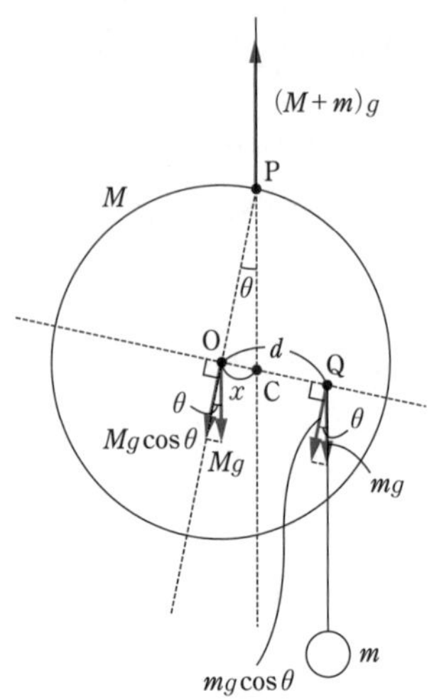

24 ④

解説 円柱が板と接している底面の中心を原点として，斜面下向きに x 軸，斜面に垂直下向きに y 軸をそれぞれとる。円柱の質量を m，重力加速度の大きさを g，板の傾斜角を θ とすると，円柱にはたらく重力の x 成分と y 成分は，$mg\sin\theta$，$mg\cos\theta$ とそれぞれ表される。円柱がすべらないとき，円柱にはたらく重力の x 成分の大きさは最大摩擦力以下であり，y 成分と円柱が板から受ける垂直抗力 N はつりあっているから，$N=mg\cos\theta$ を用いると，

$$mg\sin\theta\leqq\mu N=\mu mg\cos\theta \quad \cdots\cdots(\text{i})$$

が成り立つ。また，図のように，円柱が転倒する直前では円柱と板の接触面の x 座標が $\dfrac{a}{2}$ の点に垂直抗力と最大摩擦力の作用点がある。よって，この点の反時計まわりの力のモーメントが大きくなれば円柱は転倒するので，

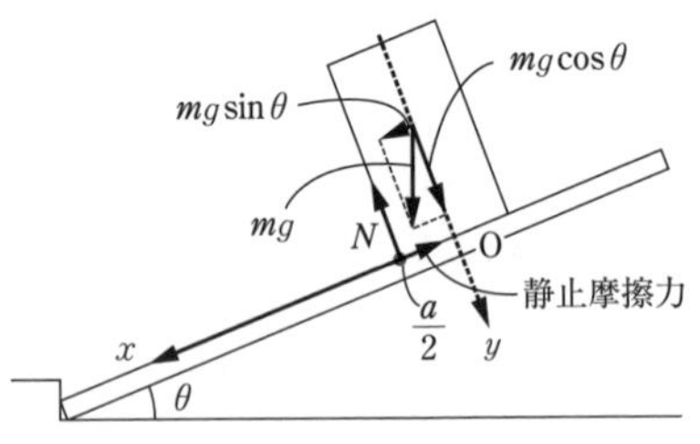

$$\frac{b}{2}mg\sin\theta>\frac{a}{2}mg\cos\theta \quad \cdots\cdots(\text{ii})$$

が成り立てばよい。(i)，(ii)式より，

$$\mu mg\cos\theta\geqq mg\sin\theta>\frac{a}{b}mg\cos\theta \quad \text{よって，}\ \mu b>a$$

25 問1 ③　問2 ③　問3 ②

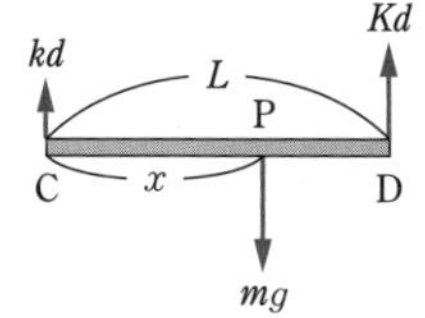

解説 問1　棒の左端をC，右端をDとする。点C，Dにkd，Kd，点Pにmgの力がはたらき，力はつりあっている。よって，

$$kd+Kd=mg \quad \text{より，} \quad d=\frac{mg}{k+K} \quad \cdots\cdots(\mathrm{i})$$

問2　ばねB，Aの弾性エネルギーはそれぞれ$\frac{1}{2}Kd^2$，$\frac{1}{2}kd^2$であるから，

$$\frac{\frac{1}{2}Kd^2}{\frac{1}{2}kd^2}=\frac{K}{k}\text{〔倍〕}$$

問3　棒は静止しているから，点Cのまわりの力のモーメントの和が0になる。CP$=x$とすると，

$$KdL-mgx=0 \quad (\mathrm{i})\text{式より，} \quad x=\frac{KdL}{mg}=\frac{K}{k+K}L$$

26 ④

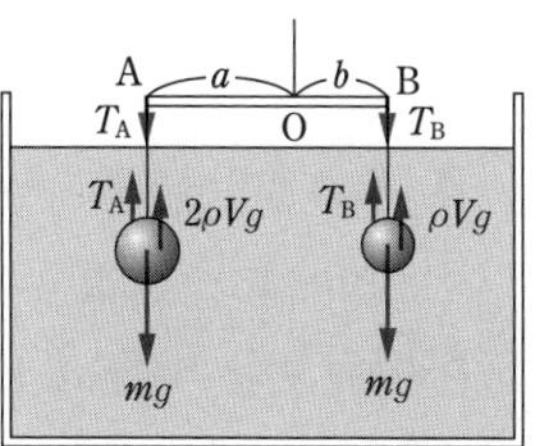

解説 棒の両端をA，Bとし，点A，点Bにはたらく糸の張力の大きさをT_A，T_Bとする。左右のおもりにはそれぞれ$2\rho Vg$，ρVgの浮力がはたらくから，各おもりの力のつりあいの式は，

左のおもり：$T_A+2\rho Vg=mg \quad \cdots\cdots(\mathrm{i})$

右のおもり：$T_B+\rho Vg=mg \quad \cdots\cdots(\mathrm{ii})$

また，点Oのまわりの力のモーメントのつりあいより，

$$T_Aa-T_Bb=0 \quad \cdots\cdots(\mathrm{iii})$$

(i)，(ii)式より，$T_A=mg-2\rho Vg$，$T_B=mg-\rho Vg$

(iii)式より，$\dfrac{a}{b}=\dfrac{T_B}{T_A}=\dfrac{(m-\rho V)g}{(m-2\rho V)g}=\dfrac{m-\rho V}{m-2\rho V}$

9 運動量保存と反発係数

27 ④

解説 台車Aとばね，台車Bを一体とみなすと，台車Aとばね，台車Bとばねの間にはたらく力は内力で，水平方向には外力がはたらかないので，衝突の前後で運動量保存の法則が成り立つ。図2より，台車Aの速度は0.6 m/sから0.4 m/sに変化し，台車Bの速度は0.3 m/sから0.7 m/sに変化しているから，

$$0.6m_A+0.3m_B=0.4m_A+0.7m_B \quad より，\frac{m_A}{m_B}=2.0$$

28 問1　1：⑤，2：②　問2　①　問3　②

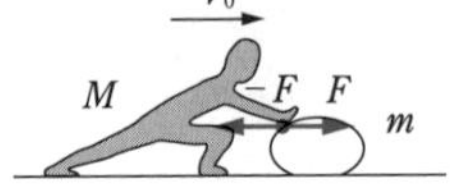

解説 問1　石は人から$F\Delta t$の力積を受けるから，運動量の変化と力積の式より，

$$mv-mV_0=F\Delta t \quad よって，v=V_0+\frac{F}{m}\Delta t \quad \cdots\cdots(\mathrm{i})$$

一方，人が石にFの力を加えるとき，作用・反作用の法則より人は石から$-F\Delta t$の力積を受けるので，

$$MV-MV_0=-F\Delta t \quad より，V=V_0-\frac{F}{M}\Delta t \quad \cdots\cdots(\mathrm{ii})$$

問2　題意よりΔt後に人は静止するから，(ii)式で$V=0$とおいて，

$$0=V_0-\frac{F}{M}\Delta t \quad より，\Delta t=\frac{MV_0}{F} \quad \cdots\cdots(\mathrm{iii})$$

石を押した後の運動エネルギーの合計は，(i)，(iii)式を利用して，

$$\frac{1}{2}M\times0^2+\frac{1}{2}mv^2=\frac{1}{2}m\left(V_0+\frac{F}{m}\Delta t\right)^2=\frac{(M+m)^2}{2m}V_0^2$$

石を押す前の運動エネルギーの合計は$\frac{1}{2}(M+m)V_0^2$であるから，

$$\frac{\dfrac{(M+m)^2}{2m}V_0^2}{\dfrac{1}{2}(M+m)V_0^2}=\frac{M+m}{m}〔倍〕$$

問3　あらい面をすべった距離をxとする。この区間では動摩擦力$\mu' mg$による仕事の大きさが運動エネルギーの減少となるので，

$$\frac{1}{2}mv^2=\mu' mgx \quad より，x=\frac{v^2}{2\mu' g}$$

29 問1 ⑥　問2 ④　問3 ⑤

解説 問1　水平面を重力による位置エネルギーの基準面とし，力学的エネルギー保存の法則より，

$$\frac{1}{2}mv_0{}^2+mgh=\frac{1}{2}mv_1{}^2 \quad よって，\ v_1=\sqrt{v_0{}^2+2gh}$$

問2　衝突前後で，小物体Aと小物体Bの運動量の和は等しい（運動量保存の法則）から，水平右向きを正として，

$$mv_1+M\times0=m\times0+Mv_2 \quad より，\ v_2=\frac{m}{M}v_1$$

問3　小物体Bが斜面 S_1 を上っているとき，Bは斜面から $Mg\cos\theta$ の垂直抗力を受けるので動摩擦力 $\mu'Mg\cos\theta$ の力を進行方向逆向きに受けている。

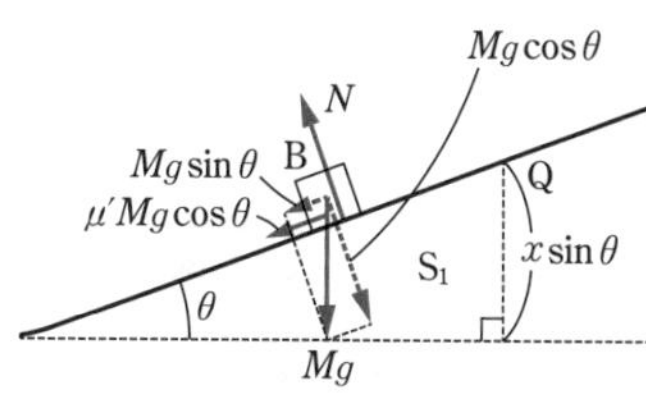

動摩擦力は非保存力なので，動摩擦力のした仕事の大きさの分だけ小物体Bの力学的エネルギーは減少する。斜面の端点から点Qまでの距離を x とする。小物体が点Qで静止するとき，その位置エネルギーは $Mg\cdot x\sin\theta$ である。よって，力学的エネルギーと仕事の関係より，

$$\frac{1}{2}Mv_2{}^2-Mg\cdot x\sin\theta=\mu'Mg\cos\theta\cdot x \quad よって，\ x=\frac{v_2{}^2}{2g(\sin\theta+\mu'\cos\theta)}$$

点Qの高さは，$x\sin\theta=\dfrac{v_2{}^2\sin\theta}{2g(\sin\theta+\mu'\cos\theta)}$

別解　重力の斜面方向成分 $-Mg\sin\theta$ が距離 x 移動する間にした仕事で考えると，運動エネルギーと仕事の関係より，

$$0-\frac{1}{2}Mv_2{}^2=-\mu'Mg\cos\theta\cdot x-Mg\sin\theta\cdot x$$

より求まる。

30 問1 ③　問2 ①，⑥　問3 ④

解説 問1　PQ 間で重力がした仕事は，mgh〔J〕

QR 間で，小物体にはたらく動摩擦力の大きさは $\mu'mg$〔N〕であり，この動摩擦力がした仕事は，$\mu'mgl\cos180°=-\mu'mgl$〔J〕

はじめ斜面に置かれた小物体が，P→Q→Rと移動して，点Rで再び静止することから，運動エネルギーと仕事の関係より，

$$0=mgh+(-\mu'mgl) \quad よって，\ \mu'=\frac{h}{l}$$

問2　台と小物体を一つの系と見ると，この系に水平方向の外力ははたらかないから，運動量が保存される。よって，$0=mv+MV$

また小物体がPからQまですべり下りるとき，系に床からはたらく垂直抗力は仕事をしないので，力学的エネルギー保存の法則も成り立つ。よって，

$$mgh=\frac{1}{2}mv^2+\frac{1}{2}MV^2$$

Point 運動量保存の法則では速度の向き（正負）がわからない場合は，正の向きを仮定して，それぞれの物体の運動量の和で式を立てる。

問3 台と小物体の系には水平方向に外力がはたらかないから，運動のすべての局面で運動量保存の法則が成り立つ。小物体が台に対して静止し，小物体と台が一体となって運動するときの速度を V' とすると，運動量保存の法則より，

$0=(m+M)V'$　よって，$V'=0$　したがって，④が正しい。

31 問1 ②　問2 ⑤　問3 ③

解説 点Pを原点とし，水平右向きに x 軸，鉛直上向きに y 軸をとり，時刻 $t=0$ に蹴り上げたとする。

問1 ボールは x 軸方向に初速度 $v_0\cos 45°=\frac{v_0}{\sqrt{2}}$ の等速直線運動をする。よって，ボールが壁に当たる時刻 t は，

$\frac{v_0}{\sqrt{2}}t=L$　より，$t=\frac{\sqrt{2}L}{v_0}$　……(i)

一方，ボールは y 軸方向に初速度 $v_0\sin 45°=\frac{v_0}{\sqrt{2}}$，加速度 $-g$ の等加速度運動をする。よって，時刻 t における高さ h は，

$$h=\frac{v_0}{\sqrt{2}}t-\frac{1}{2}gt^2=\frac{v_0}{\sqrt{2}}\cdot\frac{\sqrt{2}L}{v_0}-\frac{1}{2}g\left(\frac{\sqrt{2}L}{v_0}\right)^2=L-\frac{gL^2}{{v_0}^2}$$

問2 ボールには，蹴り上げられてから壁に衝突する直前まで重力しかはたらかないので，力学的エネルギーが保存される。求めるボールの速さを v とすると，

$\frac{1}{2}m{v_0}^2=mgh+\frac{1}{2}mv^2$　より，$v=\sqrt{{v_0}^2-2gh}$

問3 壁面は鉛直でなめらかであるから，ボールが衝突するとき摩擦は生じないので，ボールの鉛直方向の速度成分は変化しない。衝突直後の水平右向きの速度成分を v_x とする。反発係数が0.5であるから，

$-\frac{v_x-0}{\frac{v_0}{\sqrt{2}}-0}=0.5$　より，$v_x=-\frac{v_0}{2\sqrt{2}}$　◀$e=-\frac{v_1'-v_2'}{v_1-v_2}$

つまり，ボールは左向きに速さ $\frac{v_0}{2\sqrt{2}}$ ではねかえされる。壁がボールに与えた力積を I とすると，右向きを正として，

$I=mv_x-m\frac{v_0}{\sqrt{2}}=-\frac{mv_0}{2\sqrt{2}}-\frac{mv_0}{\sqrt{2}}=-\frac{3mv_0}{2\sqrt{2}}$　◀$I=mv'-mv$

よって，左向きに大きさ $\frac{3mv_0}{2\sqrt{2}}$ の力積をボールに与えた。

32 問1　1：②，2：④　問2　③　問3　④　問4　④　問5　③

解説 点Sを原点とし，水平右向きに x 軸，鉛直上向きに y 軸をとる。

問1　小球は水平投射されるから，鉛直方向には自由落下運動をする。よって，床に衝突するまでの時間 t_0 は，

$$0=h-\frac{1}{2}gt_0^2 \quad \text{よって，} t_0=\sqrt{\frac{2h}{g}}$$

◀点Sの変位は0

小球は水平方向には初速度 v_0 の等速直線運動をする。時間 t_0 で d 進むことになるから，

$$d=v_0t_0 \quad \cdots\cdots(\text{i}) \quad \text{より，} v_0=\frac{d}{t_0}=d\sqrt{\frac{g}{2h}}$$

問2　小球と床の衝突が弾性衝突であるから，小球が床に衝突する直前，直後の鉛直方向の速度の大きさは等しい。よって，小球が点Pから床まで落下する時間 t_0 と，床から点Qに到達するまでの時間は等しい。したがって，小球は時間 $2t_0$ で水平方向に d 進むことになるから，初速度を v_0' とすると，

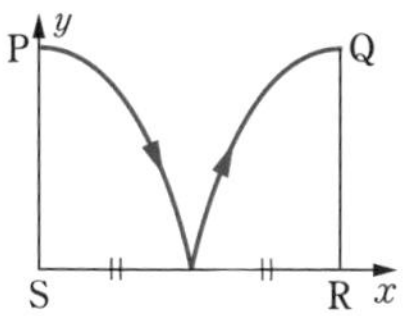

$$d=v_0'\cdot 2t_0 \quad \cdots\cdots(\text{ii})$$

(i)，(ii)式より，$v_0'=\frac{1}{2}v_0$

問3　小球は右図のような軌跡を描いて点Rに到達する。**問2**と同様に小球はP→T，T→U，U→Rと移動するのにそれぞれ t_0 ずつかかるので，$3t_0$ で点Rに到達する。よって小球の初速度を v_0'' とすると，

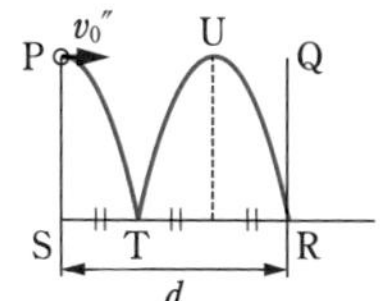

$$d=v_0''\cdot 3t_0 \quad \cdots\cdots(\text{iii})$$

(i)，(iii)式より，$v_0''=\frac{1}{3}v_0$

問4　小球の床に衝突する直前の速さを v，衝突直後の速さを v' とする。小球が床に衝突するまでの間，力学的エネルギーは保存されるから，

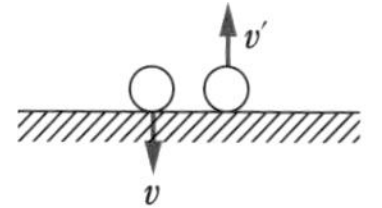

$$\frac{1}{2}mv^2=mgh \quad \cdots\cdots(\text{iv})$$

同様に衝突直後から最高点 $\frac{h}{3}$ に達するまで力学的エネルギーが保存されるから，

$$\frac{1}{2}mv'^2=mg\frac{h}{3} \quad \cdots\cdots(\text{v})$$

(iv)，(v)式より，失われた運動エネルギー ΔE は，

$$\Delta E=\frac{1}{2}mv^2-\frac{1}{2}mv'^2=\frac{2}{3}mgh$$

問5　(iv), (v)式より，$\dfrac{v'^2}{v^2}=\dfrac{1}{3}$　よって，$e=\dfrac{v'}{v}=\dfrac{1}{\sqrt{3}}$

参考　反発係数の式より，

$$-\frac{-v'-0}{v-0}=e \quad \text{よって，}\ \frac{v'}{v}=e$$

10　等速円運動

33　問1　②　　問2　③　　問3　①　　問4　①　　問5　④
問6　⑤

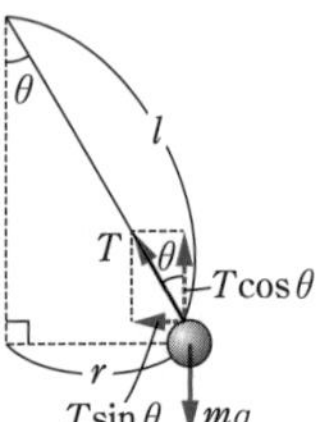

解説　**問1，問2**　おもりには重力 mg〔N〕，糸の張力 T〔N〕がはたらいている。鉛直方向の力のつりあいより，

$$T\cos\theta-mg=0 \quad \text{よって，}\ T=\frac{mg}{\cos\theta}\text{〔N〕}$$

また，$T\sin\theta$ が向心力 f となるから，

$$f=T\sin\theta=\frac{\sin\theta}{\cos\theta}mg=mg\tan\theta\text{〔N〕}$$

問3　おもりの速さを v〔m/s〕，円の半径を r〔m〕とする。円運動の運動方程式より，

$$m\frac{v^2}{r}=f$$

$r=l\sin\theta$ および**問2**の結果より，

$$v=\sqrt{\frac{rf}{m}}=\sqrt{l\sin\theta\cdot mg\frac{\sin\theta}{\cos\theta}\cdot\frac{1}{m}}=\sin\theta\sqrt{\frac{gl}{\cos\theta}}\text{〔m/s〕}$$

問4　図2より，半径 r' は $r'=(l+x)\sin\theta_1$〔m〕

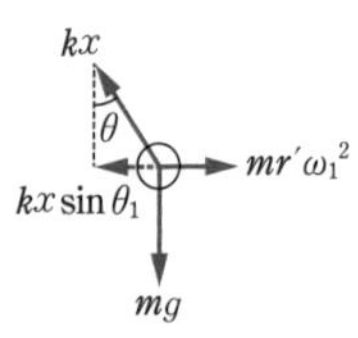

問5　小球と共に円運動する観測者から見ると，小球には重力 mg〔N〕，ばねの弾性力 kx〔N〕，遠心力 $mr'\omega_1{}^2$〔N〕が右図のようにはたらき，つりあっている。よって，水平方向のつりあいの式は，

$$kx\sin\theta_1=mr'\omega_1{}^2=m(l+x)\sin\theta_1\cdot\omega_1{}^2$$

よって，$kx=m(l+x)\omega_1{}^2$

問6　**問5**の結果より，

$$(k-m\omega_1{}^2)x=ml\omega_1{}^2 \quad \text{よって，}\ x=\frac{ml\omega_1{}^2}{k-m\omega_1{}^2}\text{〔m〕}$$

34 問1 ② 問2 ② 問3 ② 問4 ④

解説 問1 水平面上の速さを v とすると，力学的エネルギー保存の法則より，

$$mgh=\frac{1}{2}mv^2 \quad よって，v=\sqrt{2gh}$$

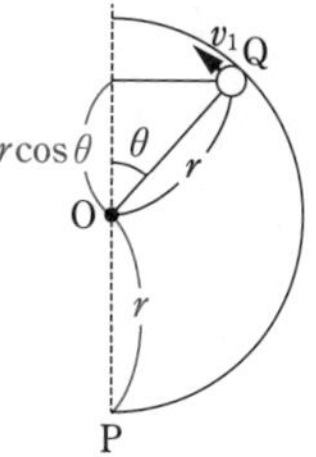

問2 小球を斜面の高さ h からはなしてから点Qに到達するまで，非保存力は仕事をしないから力学的エネルギーが保存される。点Qの水平面からの高さは $r+r\cos\theta$ である。点Qを小球が通過するときの速さを v_1 とすると，

$$mgh=\frac{1}{2}mv_1{}^2+mgr(1+\cos\theta)$$

よって，$v_1=\sqrt{2g\{h-r(1+\cos\theta)\}}$

問3 点Qを通過するとき，小球には中心方向に重力 mg の分力 $mg\cos\theta$ と半円筒面から受ける垂直抗力 N がはたらく。よって円運動の中心方向の運動方程式は，

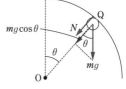

$$m\frac{v_1{}^2}{r}=N+mg\cos\theta$$

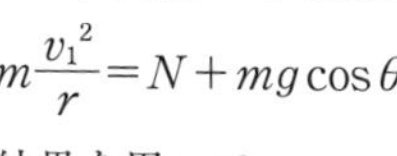

問2の結果を用いて，

$$N=\frac{m}{r}2g\{h-r(1+\cos\theta)\}-mg\cos\theta$$

$$=\frac{mg\{2h-r(2+3\cos\theta)\}}{r} \quad \cdots\cdots(\mathrm{i})$$

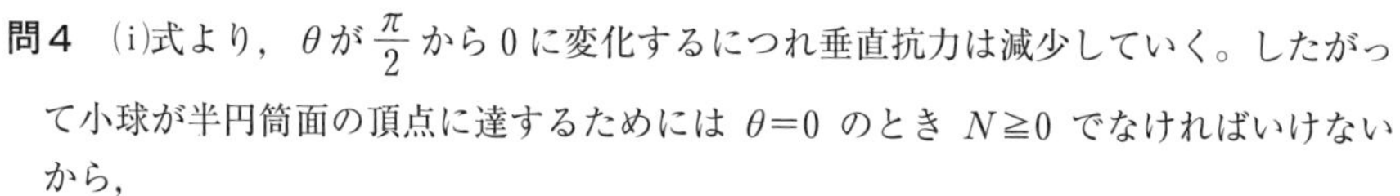

問4 (i)式より，θ が $\frac{\pi}{2}$ から0に変化するにつれ垂直抗力は減少していく。したがって小球が半円筒面の頂点に達するためには $\theta=0$ のとき $N\geqq 0$ でなければいけないから，

$$2h-r(2+3\cos 0)\geqq 0 \quad より，h\geqq\frac{5}{2}r$$

よって，h は r の $\frac{5}{2}$ 倍以上でなければならない。

Point $N<0$ になると，その時点で小球は面から離れる。

11 単振動

35 問1 ② 問2 ④ 問3 ③ 問4 ①

解説 問1 ばねに蓄えられた弾性エネルギーは，$\dfrac{1}{2}ka^2$

問2 力学的エネルギー保存の法則より，

$$\frac{1}{2}ka^2=\frac{1}{2}mv_0{}^2 \quad \text{よって，} v_0=a\sqrt{\frac{k}{m}} \quad \cdots\cdots(\text{i})$$

問3 自然の長さの位置を原点とし水平右向きを正とするx軸をとる。小球が位置xにあるとき，小球はばねから$-kx$の弾性力を受ける。このときの加速度をaとし，運動方程式を立てると，

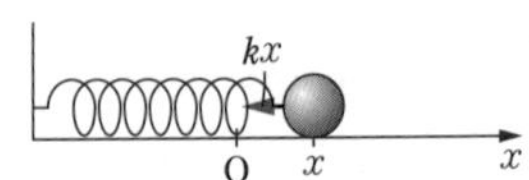

$$ma=-kx \quad \text{より，} a=-\frac{k}{m}x \quad \cdots\cdots(\text{ii})$$

となるから，小球は単振動する。角振動数をωとすると，

$$a=-\omega^2x$$

(ii)式と比べて，$\omega=\sqrt{\dfrac{k}{m}}$ ……(iii)

手をはなしてからばねの伸びが再び最大になる時間は1周期後であるから，

$$T_0=\frac{2\pi}{\omega}=2\pi\sqrt{\frac{m}{k}}$$

問4 (i)，(iii)式より，

$$v_0=a\omega=\frac{2\pi a}{T_0}$$

Point 単振動の周期Tは，

① 運動方程式 $ma=-kx$ より $a=-\dfrac{k}{m}x$ と変形し，

② $a=-\omega^2x$ と比べてωを定め，

③ $T=\dfrac{2\pi}{\omega}$ より求める。

36 問1 ② 問2 ⑤

解説 問1 位置x_Mでは，小物体にはたらくばねの弾性力と最大摩擦力がつりあうから，

$$kx_M=\mu mg \quad \text{よって，} x_M=\frac{\mu mg}{k}$$

問2 小物体が座標xのとき，小物体には水平方向にばねの弾性力と動摩擦力がはたらいているから，

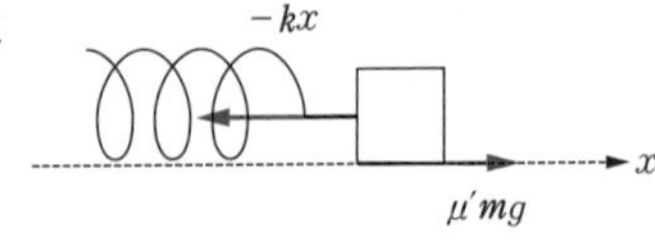

$$F=-kx+\mu' mg=-k\left(x-\frac{\mu' mg}{k}\right)$$

小物体の加速度を a とすると，小物体の運動方程式は，

$$ma=-k\left(x-\frac{\mu' mg}{k}\right)\quad よって，\ a=-\frac{k}{m}\left(x-\frac{\mu' mg}{k}\right)$$

と書けるから，小物体の運動は，

$$x=\frac{\mu' mg}{k}\ を中心とした角振動数\ \omega=\sqrt{\frac{k}{m}}\ の単振動$$

となる。よって，小物体を静かに放してから次に速度が0になるまでの時間 t_1 は単振動の周期の半分になるから，

$$t_1=\frac{2\pi}{\omega}\times\frac{1}{2}=\pi\sqrt{\frac{m}{k}}$$

37 問1 ② 問2 ④ 問3 ③ 問4 1：②，2：②
問5 ② 問6 ④ 問7 ② 問8 ③ 問9 ②
問10 ⑦

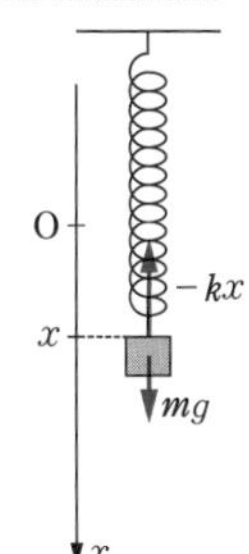

解説 問1　物体が位置 x にあるとき物体には重力 mg，ばねの弾性力 $-kx$ がはたらく。加速度を a_0 とすると，運動方程式は，

$$ma_0=-kx+mg$$

より，$a_0=-\dfrac{k}{m}x+g=-\dfrac{k}{m}\left(x-\dfrac{mg}{k}\right)$ ……(i)

振動の中心では加速度 a_0 が0となることから，物体は $x=\dfrac{mg}{k}$ を中心とする単振動をする。よって，$x_0=\dfrac{mg}{k}$ ……(ii)

Point 振動の中心（力のつりあいの位置）では，物体の加速度は0，速度は最大。

問2　(ii)式より $mg=kx_0$ であるから，位置 x のとき物体にはたらく力 f は，

$$f=-kx+mg=-kx+kx_0=-k(x-x_0)$$

問3　復元力。物体に，力のつりあいの位置からの変位 $(x-x_0)$ に比例した力がつねに中心方向にはたらくとき，物体は単振動をする。

問4　このときの角振動数を ω_0，周期を T_0 とし，(i)式を単振動の式 $a_0=-\omega_0{}^2(x-x_0)$ と比べて，

$$\omega_0=\sqrt{\frac{k}{m}}\quad より，\ T_0=\frac{2\pi}{\omega_0}=2\pi\sqrt{\frac{m}{k}}$$

また，物体を自然の長さの位置から静かにはなすと，自然長の位置 $(x=0)$ が振動の端点になり，振幅 A_0 は，$A_0=x_0=\dfrac{mg}{k}$

注意 (i)式は $a_0=-\dfrac{k}{m}(x-x_0)$ と書ける。振動の中心を原点として X 軸をとると，$X=x-x_0$ と表され，$X=0$ を中心とする単振動の式は $a_0=-\omega_0{}^2X$ となる。

問5　エレベーターの中で観測する人から見ると，物体には慣性力 ma が x 軸正の向き（鉛直下向き）に見かけ上はたらく。物体の加速度を a_1 として運動方程式は，

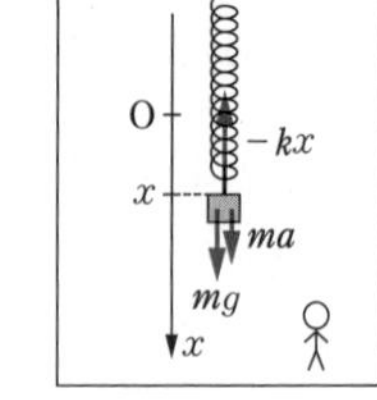

$$ma_1 = -kx + mg + ma$$

より，$a_1 = -\dfrac{k}{m}\left\{x - \dfrac{m(g+a)}{k}\right\}$　……(iii)

となるから，物体は $x = \dfrac{m(g+a)}{k}$ $(=x_1)$ を中心とする単振動をする。

問6　(iii)式で $x_1 = \dfrac{m(g+a)}{k}$ として，$a_1 = -\dfrac{k}{m}(x - x_1)$　……(iv)

問7　振動の中心を原点とする X 軸をとると，$X = x - x_1$ となり，(iv)式は，

$$a_1 = -\frac{k}{m}X$$

と表せるから，単振動の式 $a_1 = -\omega_1{}^2X$ と比べると，角振動数 ω_1 は，

$$\omega_1 = \sqrt{\frac{k}{m}}$$

問8　このときの周期を T_1 とすると，

$$T_1 = \frac{2\pi}{\omega_1} = 2\pi\sqrt{\frac{m}{k}} = T_0$$

であるから1倍である。

問9　自然の長さ $(x=0)$ の位置から静かにはなしているから，振幅 A_1 は，

$$A_1 = x_1 = \frac{m(g+a)}{k}$$

注意　自然の長さの位置 $(x=0)$ が振動の端点になる。

問10　問1，問5の結果より，

$$x_1 - x_0 = \frac{m(g+a)}{k} - \frac{mg}{k} = \frac{ma}{k}$$

よって，振動の中心は距離 $\dfrac{ma}{k}$ だけ下にずれている。

38　問1 ③　問2 ②　問3 ②　問4 ④　問5 ②
問6 ①　問7 ④　問8 ③　問9 ①　問10 ④

解説　問1　おもりが $x=0$（振動の中心）より左にあっても右にあっても，$x=0$ に向かう向きの力がはたらく。このような力を復元力という。

問2　問題文の図より，F は左向きなので，

$$F = -mg\sin\theta \quad \cdots\cdots(\text{i})$$

問3　$\sin\theta \fallingdotseq \dfrac{x}{l}$ より，(i)式を変形して，$F = -mg\dfrac{x}{l}$ と近似できる。

問4　単振動の式より，$a = -\omega^2 x$　……(ii)

問5，問6　おもりの接線方向の運動方程式は，

$$ma=F=-\frac{mg}{l}x \quad よって，\ a=-\frac{g}{l}x \quad \cdots\cdots(\text{iii})$$

(ii)，(iii)式を比べて，

$$\omega=\sqrt{\frac{g}{l}},\qquad T=\frac{2\pi}{\omega}=2\pi\sqrt{\frac{l}{g}}$$

問7　単振り子の周期は，振幅（十分小さいとき），振り子の質量に無関係である。このことを等時性という。

問8　点Bにあるときのおもりの位置エネルギーは $mgl(1-\cos\theta)$ であるから，力学的エネルギーEは，

$$E=\frac{1}{2}mv^2+mgl(1-\cos\theta)$$

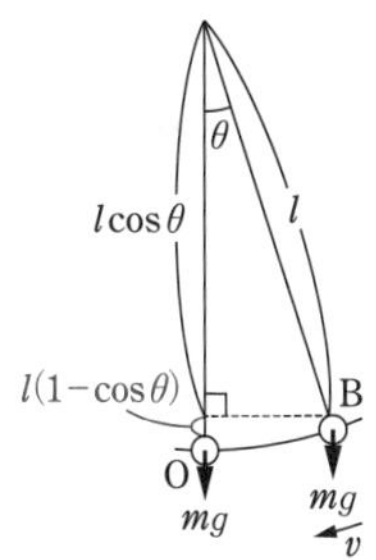

問9　おもりが最上点にあるとき，一瞬静止するから，速さは0である。

問10　点Oと点Aの間での力学的エネルギー保存の法則より，

$$\frac{1}{2}mv_0{}^2=mgl(1-\cos\theta_A) \quad よって，\ v_0=\sqrt{2gl(1-\cos\theta_A)}$$

39　問1　③　　問2　1：⑥，2：④　　問3　②
問4　3：②，4：④，5：⑥，6：⑦　　問5　③

解説　**問1**　力学的エネルギー保存の法則より，

$$m_a gh=\frac{1}{2}m_a v^2 \quad よって，\ v=\sqrt{2gh}$$

問2　運動量保存の法則より，

$$m_a v=m_a v_a+m_b v_b \quad \cdots\cdots(\text{i})$$

また，弾性衝突をするから反発係数は1であるから，

$$-\frac{v_a-v_b}{v-0}=1 \quad より，\ v_a-v_b=-v \quad \cdots\cdots(\text{ii})$$

(i)，(ii)式より v_b を消去すると，

$$m_a v=m_a v_a+m_b(v_a+v) \quad より，\ v_a=\frac{m_a-m_b}{m_a+m_b}v$$

(ii)式より，$v_b=\dfrac{2m_a}{m_a+m_b}v$

問3　2つの小球は衝突点を中心とした単振動をする。また，振幅は十分小さいので，単振り子と見なせ，質量に関係なく小球a，bの周期Tはいずれも等しく，$T=2\pi\sqrt{\dfrac{l}{g}}$ である。よって，$\dfrac{T}{2}$ 後に最初に衝突した位置Pで2度目の衝突をするので，

$$t_0=\pi\sqrt{\frac{l}{g}}$$

問4　2つの小球は運動の最中，力学的エネルギーを失わないから，小球が元の位置に戻ってくると，それぞれ速さが同じで運動の向きが逆になり，

2度目の衝突直前

v_a'　v_b'

2度目の衝突直後

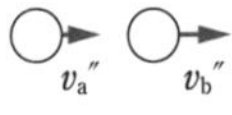

$$v_a'=-v_a,\qquad v_b'=-v_b$$

後半の2度目の衝突直後の小球a，bの速度を求める。運動量保存の法則より，

$$m_a v_a'+m_b v_b'=m_a v_a''+m_b v_b''$$

上の結果と(i)式を代入して，

$$m_a v_a''+m_b v_b''=-m_a v \quad \cdots\cdots\text{(iii)}$$

反発係数の式より，

$$-\frac{v_a''-v_b''}{-v_a-(-v_b)}=1 \quad \text{(ii)式を代入して} \quad v_a''-v_b''=-v \quad \cdots\cdots\text{(iv)}$$

式(iii)，(iv)より，$v_a''=-v$，$v_b''=0$

問5　最初の衝突直後のそれぞれの小球の速度は，

$m_b=2m_a$ より，

$$v_a=\frac{m_a-2m_a}{m_a+2m_a}v=-\frac{1}{3}v,\qquad v_b=\frac{2m_a}{m_a+2m_a}=\frac{2}{3}v$$

2つの小球はそれぞれ $\frac{1}{2}$ 周期の単振動をして，点Pの位置へ戻るが，$v_a<0$，$v_b>0$ であるから，変位は小球aは左方向$(x_a<0)$に，小球bは右方向$(x_b>0)$に振れるので，グラフは①か③か⑤である。また，点Pで2度目の衝突直後，$v_a''=-v$ であるから小球aはもとの位置に戻るので③が正解($v_b''=0$ であることからも③を選べる)。

12 万有引力による運動

40　問1　④　　問2　③　　問3　④

解説 **問1**　万有引力の法則より，求める万有引力の大きさFは，

$$F=G\frac{Mm}{(R+h)^2}$$

問2　宇宙船は万有引力を向心力として等速円運動する。円運動の運動方程式より，

$$m\frac{v_0^2}{(R+h)}=G\frac{Mm}{(R+h)^2} \quad \text{よって，} \quad v_0=\sqrt{\frac{GM}{R+h}}$$

問3　宇宙船は半径$R+h$の円周上を速さv_0で等速円運動するから，周期Tは，

$$T=\frac{2\pi(R+h)}{v_0}=2\pi(R+h)\sqrt{\frac{R+h}{GM}}$$

41 問1　1：⑧，2：⑧，3：⑥，4：①，5：④
問2　6：⑥，7：⑦，8：⑤　問3　9：⑤

解説 問1　1　長さ $2\pi R$ の円周を周期 T で運動しているから，速さ v は，

$$v=\frac{2\pi R}{T} \quad \cdots\cdots(\text{i})$$

2　円運動の運動方程式より向心力の大きさを F とすると，

$$F=m\frac{v^2}{R}=\frac{m}{R}\cdot\frac{4\pi^2R^2}{T^2}=\frac{4\pi^2mR}{T^2} \quad \cdots\cdots(\text{ii})$$

3，4　万有引力の大きさ F は，

$$F=G\frac{mM}{R^2} \quad \cdots\cdots(\text{iii})$$

宇宙船は万有引力を向心力として太陽のまわりを等速円運動しているから，(ii)，(iii)式で求めた2つの F は等しい。よって，

$$\frac{4\pi^2mR}{T^2}=\frac{GmM}{R^2} \quad \text{より，} \quad \frac{R^3}{T^2}=\frac{GM}{4\pi^2} \quad (\text{一定}) \quad \cdots\cdots(\text{iv})$$

5　(iv)式より，

$$M=\frac{4\pi^2R^3}{GT^2}$$

問2　6　点Aにおける面積速度は，$\frac{1}{2}Rv_A$

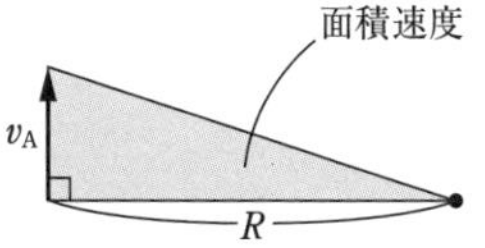

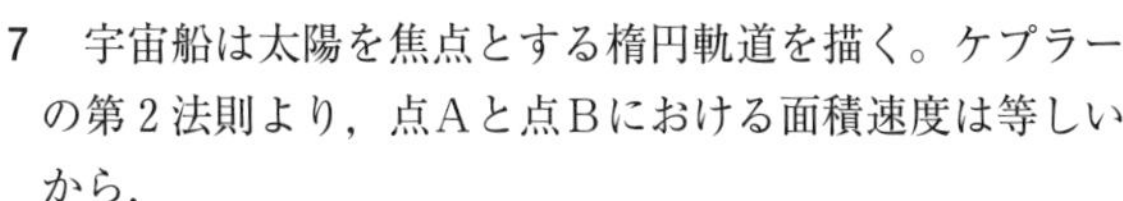

7　宇宙船は太陽を焦点とする楕円軌道を描く。ケプラーの第2法則より，点Aと点Bにおける面積速度は等しいから，

$$\frac{1}{2}Rv_A=\frac{1}{2}\cdot4R\cdot v_B \quad \text{よって，} \quad \frac{v_A}{v_B}=\frac{4}{1}=4$$

8　点Aにおける力学的エネルギーは，運動エネルギー $\frac{1}{2}m{v_A}^2$ と万有引力による位置エネルギー $-G\frac{mM}{R}$ の和であるから，

$$\frac{1}{2}m{v_A}^2-G\frac{mM}{R}$$

となる。同様に点Bにおける力学的エネルギーは，

$$\frac{1}{2}m{v_B}^2-G\frac{mM}{4R}$$

となる。これらが等しいから，

$$\frac{1}{2}m{v_A}^2-G\frac{mM}{R}=\frac{1}{2}m{v_B}^2-G\frac{mM}{4R}$$

$v_B=\frac{1}{4}v_A$ を代入して整理すると，

$$v_A=\sqrt{\frac{8}{5}}\times\sqrt{\frac{GM}{R}}$$

参考 万有引力による位置エネルギー U は，無限遠を基準として，$U=-G\frac{mM}{R}$ で与えられる。

問3 宇宙船が太陽系の外へ飛び出すためには，宇宙船が太陽から十分離れたとき（万有引力による位置エネルギーが0になるとき），力学的エネルギーが0以上でなければならない。よって，力学的エネルギー保存の法則より，

$$\frac{1}{2}mv_A{}^2-G\frac{mM}{R}\geqq 0 \quad \text{よって，} \quad v_A\geqq\sqrt{2}\times\sqrt{\frac{GM}{R}}$$

Point 宇宙船が太陽系外に飛び出すには，無限遠点において力学的エネルギーが0以上であればよい（ただし万有引力による位置エネルギーは0）。

第2章　熱

13 気体の状態変化

42 問1　③　　問2　④　　問3　③

解説 **問1**　ピストンにはたらく力のつりあいより，閉じ込められた気体の圧力 p_1 は，

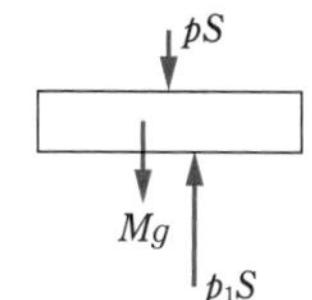

$$pS+Mg=p_1S \quad より，\ p_1=p+\frac{Mg}{S} \quad \cdots\cdots(\mathrm{i})$$

問2　図2ではシリンダー内の気体の圧力は大気の圧力 p に等しい。
図1→図2では温度が T に保たれている。よって，ボイル・シャルルの法則より，

$$\frac{p_1Sl}{T}=\frac{pSL}{T} \qquad ◀\frac{PV}{T}=\frac{P'V'}{T'}$$

(i)式を代入して整理すると，$\left(p+\frac{Mg}{S}\right)l=pL$　よって，$p=\frac{Mg}{S}\cdot\frac{l}{L-l}$

問3　容器内に閉じ込められた気体の物質量は変化しないので，ボイル・シャルルの法則が成り立つ。図2および，変化後の状態について，

$$\frac{pSL}{T}=\frac{p'SL'}{T'} \quad よって，\ \frac{T'}{T}=\frac{p'L'}{pL}$$

43 問1　④　　問2　②　　問3　②

解説 **問1**　J字管で，左の液面Mと等しい高さの右の液面をNとする(右図)。面Mと面Nが受ける圧力は等しくなるから，

$$p_1=p_0+\rho hg$$

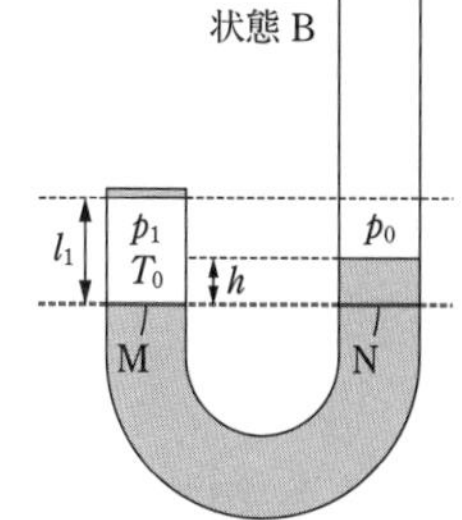

Point　1つながりの管では，同じ高さの液面どうしの圧力が等しくなる。

問2　J字管の断面積を S とする。閉じ込められた気体の状態Aから状態Bへの変化は，温度一定(T_0)の変化になるから，ボイル・シャルルの法則より，

$$\frac{p_0\cdot Sl_0}{T_0}=\frac{p_1\cdot Sl_1}{T_0} \quad よって，\ \frac{p_1}{p_0}=\frac{l_0}{l_1}$$

注意 閉じ込められた気体の物質量は変化しない。

問3　状態Bと状態Cで左右の液面差はいずれも h で変わらないから，**問1**と同じ関係が成り立つ。よって，状態Cの閉じ込められた気圧の圧力は p_1 である。状態Bと状態Cにボイル・シャルルの法則を用いて，

$$\frac{p_1\cdot Sl_1}{T_0}=\frac{p_1\cdot Sl_2}{T_1} \quad よって，\ l_2=\frac{T_1}{T_0}l_1$$

44 問1 ① 問2 ⑤ 問3 ③

解説 問1 容器A内の気体が容器Bに広がるとき，容器B内は真空なので，気体は仕事をしない。また，円筒容器，栓，ピストンは熱を通さないので，この変化は断熱変化である。気体の内部エネルギーの変化量を ΔU，気体が外部へした仕事を W_{out}，外部から気体に加えられた熱量を Q_{in} とすると，熱力学第一法則 $Q_{in}=\Delta U+W_{out}$ で $W_{out}=0$，$Q_{in}=0$ より，内部エネルギー $\Delta U=0$ となり，温度が変化しない。開栓後の圧力を P' とすると，ボイルの法則より，

$$P_0V_0=P'\cdot\frac{3}{2}V_0 \quad よって \quad P'=\frac{2}{3}P_0$$

これより，①が正しい。

Point 真空容器への断熱自由膨張では，その前後で気体の温度は一定である。

問2 問1の結果より，$P'<P_0$ である。よって，ピストンを一定の位置に保つためにはピストンに右向きの力 f を加えなければいけない。ピストンにはたらく力のつりあいの式より，

f
$P'S$
P_0S

$$f+P'S=P_0S \quad よって，\ f=P_0S-P'S=\frac{1}{3}P_0S$$

問3 ピストンが内部の気体に仕事をする。この過程も断熱変化であるから，熱力学第一法則 $Q_{in}=\Delta U+W_{out}$ で $Q_{in}=0$，$\Delta U=-W_{out}=W_{in}$（外部からされた仕事）より，内部エネルギーが増加する。絶対温度は内部エネルギーに比例するから T_1 は T_0 より高くなるので，

$$T_1>T_0$$

また，圧力 P_1 については，はじめの状態との間でボイル・シャルルの法則が成り立つから，

$$\frac{P_1V_0}{T_1}=\frac{P_0V_0}{T_0} \quad より，\ P_1=\frac{T_1}{T_0}P_0>P_0$$

よって，③が正しい。

45 問1 ③ 問2 1：③，2：② 問3 ②

解説 問1 シリンダー1，2の気体の圧力をそれぞれ p_1，p_2 とする。気体はいずれも大気と熱平衡にあるので温度は T_0 である。よって，それぞれの気体の状態方程式は，

シリンダー1：$p_1\cdot 3V=n_1RT_0$ ◀ $pV=nRT$

シリンダー2：$p_2\cdot V=n_2RT_0$

よって，$p_1=\dfrac{n_1RT_0}{3V}$，$p_2=\dfrac{n_2RT_0}{V}$

$p_1>p_2$ であれば，コックを開けたとき，気体はシリンダー1からシリンダー2へ流れるから，

$$\frac{n_1RT_0}{3V}>\frac{n_2RT_0}{V}\quad より，n_1>3n_2$$

問2　コックを開けて十分に時間が経つと，2つのシリンダー内の気体が混ざりあい，圧力は一定になる。このときの気体の圧力を p_3 とする。大気と熱平衡に保たれることに留意して気体の状態方程式を立てると，

$$p_3\cdot(3V+V)=(n_1+n_2)RT_0\quad より，p_3=\frac{(n_1+n_2)RT_0}{4V}\quad\cdots\cdots(\text{i})$$

Point 気体の混合の前後で，物質量の和は保存される。

この状態でコックを閉じると，圧力と温度が共通で物質量は各シリンダーの体積に比例配分されるから，$3V:V=3:1$ よりシリンダー1の気体の物質量は，

$$\frac{3}{3+1}(n_1+n_2)=\frac{3}{4}(n_1+n_2)$$

その後，シリンダー1の気体の温度を $\frac{5}{4}T_0$ に上げたから，気体の圧力も p_1' に変わる。

よって，シリンダー1の気体の状態方程式は，

$$p_1'\cdot3V=\frac{3}{4}(n_1+n_2)R\cdot\frac{5}{4}T_0\quad より，p_1'=\frac{5(n_1+n_2)RT_0}{16V}\text{〔Pa〕}$$

シリンダー2の気体の圧力 p_2' はピストンにおける力のつりあいより，(i)式のまま変化しないから，

$$p_2'=p_3=\frac{(n_1+n_2)RT_0}{4V}\text{〔Pa〕}$$

問3　気体の体積を $2V$（シリンダー1），$\frac{1}{2}V$（シリンダー2）に変えたのち，熱平衡に達しているので，各シリンダーの気体の温度は $\frac{5}{4}T_0$，T_0 になる。このときの各気体の圧力を p_1''，p_2'' とする。それぞれの気体について気体の状態方程式を立てると，

$$シリンダー1：p_1''\cdot2V=\frac{3}{4}(n_1+n_2)R\cdot\frac{5}{4}T_0$$

$$シリンダー2：p_2''\cdot\frac{1}{2}V=\frac{1}{4}(n_1+n_2)R\cdot T_0$$

よって，$p_1''=\frac{15(n_1+n_2)RT_0}{32V}$，$p_2''=\frac{(n_1+n_2)RT_0}{2V}$

$\frac{p_1''}{p_2''}=\frac{15}{16}<1$ より $p_2''>p_1''$ であるから，気体はシリンダー2からシリンダー1へ流れる。

14 気体の内部エネルギー

46 問1 ④　問2 ④　問3 1：③，2：④　問4 3：③，4：④，5：④　問5 ①

解説 問1　各部屋の気体の状態方程式は

部屋 A_1：$p_1V=n_1RT_1$，　部屋 A_2：$p_2V=n_2RT_2$

よって，$p_1=\dfrac{n_1RT_1}{V}$，$p_2=\dfrac{n_2RT_2}{V}$

問2　部屋 A_1 の内部エネルギーを U_1，部屋 A_2 の内部ネルギーを U_2 とすると

$$U=U_1+U_2=\frac{3}{2}n_1RT_1+\frac{3}{2}n_2RT_2=\frac{3}{2}R(n_1T_1+n_2T_2)$$

問3　シリンダーは断熱壁で隔てられているので，外界との熱のやりとりはない。また，気体は外部に対して仕事もしていないので，内部エネルギーが保存される。よって，

$$\frac{3}{2}R(n_1+n_2)T'=\frac{3}{2}R(n_1T_1+n_2T_2)\quad より，\ T'=\frac{n_1T_1+n_2T_2}{n_1+n_2}$$

> **Point** 体積一定の断熱容器内では，状態変化の前後で内部エネルギーの和は一定である。

気体の状態方程式より

$$p_1'=\frac{n_1RT'}{V}=\frac{n_1R}{V}\cdot\frac{n_1T_1+n_2T_2}{n_1+n_2},\qquad p_2'=\frac{n_2RT'}{V}=\frac{n_2R}{V}\cdot\frac{n_1T_1+n_2T_2}{n_1+n_2}$$

問4　熱力学第一法則の式 $Q_{in}=\varDelta U+W_{out}$ において，題意より，$Q_{in}=0$，$W_{out}=0$ であるから，$\varDelta U=0$ となる。したがって，温度変化 $\varDelta T=0$ であるから，

$$T''=T'=\frac{n_1T_1+n_2T_2}{n_1+n_2}$$

また，(n_1+n_2) モルの気体が体積 $2V$，温度 T'' に保たれていると考えてよいので，状態方程式より，

$$p''\cdot 2V=(n_1+n_2)RT''$$

よって，$p''=\dfrac{(n_1+n_2)RT''}{2V}=\dfrac{(n_1+n_2)R}{2V}\cdot\dfrac{n_1T_1+n_2T_2}{n_1+n_2}=\dfrac{R(n_1T_1+n_2T_2)}{2V}$

また，各部屋の圧力，温度が等しいから，物質量の比と体積の比は等しい。よって，

$$n_1:n_2=V_1'':(2V-V_1'')\quad より，\ V_1''=\frac{2n_1}{n_1+n_2}V$$

問5　内部エネルギーの和 U'' は，

$$U''=\frac{3}{2}n_1RT''+\frac{3}{2}n_2RT''=\frac{3}{2}(n_1+n_2)RT''\quad \cdots\cdots(\mathrm{i})$$

参考 (i)式をさらに計算すると，

$$U''=\frac{3}{2}(n_1+n_2)R\cdot\frac{n_1T_1+n_2T_2}{n_1+n_2}=\frac{3}{2}R(n_1T_1+n_2T_2)=U$$

つまり，**問2～4**のどの状態においても，気体の内部エネルギーの和は U に等しい。

47 問1 ③　問2 ③　問3 ⑤

解説 大気の温度を T とする。

問1 2つの容器は熱をよく通すので，気体の温度は大気の温度 T に等しくなる。それぞれの気体の状態方程式は，

$$\mathrm{A}：p_{\mathrm{A}}V_{\mathrm{A}}=n_{\mathrm{A}}RT \quad \cdots\cdots(\mathrm{i}),\qquad \mathrm{B}：p_{\mathrm{B}}V_{\mathrm{B}}=n_{\mathrm{B}}RT \quad \cdots\cdots(\mathrm{ii})$$

より，$\dfrac{p_{\mathrm{A}}}{p_{\mathrm{B}}}=\dfrac{n_{\mathrm{A}}V_{\mathrm{B}}}{n_{\mathrm{B}}V_{\mathrm{A}}}$

問2 コックを開いて十分に時間が経つと，2つの気体は混ざりあい，容器内の圧力が p，温度が T になる。よって，気体の状態方程式より，

$$p(V_{\mathrm{A}}+V_{\mathrm{B}})=(n_{\mathrm{A}}+n_{\mathrm{B}})RT \quad (\mathrm{i}),\ (\mathrm{ii})\text{式より}\quad p=\frac{p_{\mathrm{A}}V_{\mathrm{A}}+p_{\mathrm{B}}V_{\mathrm{B}}}{V_{\mathrm{A}}+V_{\mathrm{B}}}$$

問3 この気体の定積モル比熱を C_V とする。理想気体の内部エネルギーは物質量，絶対温度および C_V で決まるから，

$$U_0=C_Vn_{\mathrm{A}}T+C_Vn_{\mathrm{B}}T=C_V(n_{\mathrm{A}}+n_{\mathrm{B}})T$$

注意 単原子分子理想気体では $C_V=\dfrac{3}{2}R$ であるが，問題文では単原子分子とは断っていない。

コックを開けて十分時間が経つと，気体の温度は T，物質量は $n_{\mathrm{A}}+n_{\mathrm{B}}$ になるから，

$$U_1=C_V(n_{\mathrm{A}}+n_{\mathrm{B}})T \quad \text{よって，}\ U_0-U_1=0$$

15 熱力学第一法則

48 問1 ①　問2 ③　問3 ④

解説 **問1** ヒーターの発熱量を Q，電力を P とすると，

$$Q=Pt=\frac{V^2}{r}t$$

参考 電力 P は電流がした単位時間当たりの仕事で，$P=IV=\dfrac{V^2}{R}=RI^2$

電力量 W は $W=Pt$ で表され，これは時間 t の間に抵抗 R から発生する熱量 Q に等しい。

問2 熱力学第一法則 $Q_{\mathrm{in}}=\varDelta U+W_{\mathrm{out}}$ より，

$$\varDelta U=Q_{\mathrm{in}}-W_{\mathrm{out}}=5.6-1.6=4.0\mathrm{J}$$

問3 気体分子の運動論によれば，単原子分子理想気体において，

$$\frac{1}{2}m\overline{v^2}=\frac{3}{2}kT$$
（m：気体分子の質量，$\overline{v^2}$：分子の速さの2乗の平均値，k：ボルツマン定数，T：絶対温度）

が成り立つ。したがって，温度 T が高いほど，気体分子の平均運動エネルギーは大きくなるから，運動も激しくなる。また，定積モル比熱 C_V の理想気体では，内部エネルギー U は $U=nC_VT$ であるから，温度に比例して U も大きくなる。

49 1：②，2：④，3：①

解説 気体の圧力を p，ピストンの断面積を S とすると，ピストンにはたらく力のつりあいより，

$$pS=mg$$

また，気体の体積は Sh で表されるから，気体の状態方程式より，

$$pSh=nRT$$

以上2式より，

$$mgh=nRT$$

栓を抜いてピストンがゆっくり落下するとき，ピストンは気体に正の仕事をする。(気体はピストンから正の仕事をされる。) ピストンへの熱の移動を無視すると，シリンダーは断熱材でできているので，気体は熱のやりとりをしない。よって，熱力学第一法則より，気体はピストンからされた正の仕事の分だけ内部エネルギーが増加するので，温度は上がる。

注意 ピストンを動かないように固定して栓を抜いた場合は，気体は真空へ膨張することになるので，気体は仕事をしないし，されない。よって温度は変わらないことになる。

50 問1　⑧　　問2　①

解説 **問1**　ピストンをストッパーの位置まで動かす過程では気体は外部に仕事をするから，$(W_{out}=)\ W_1>0$

一方，容器，シリンダー，ピストンは断熱されているから，外部との熱の出入りはない ($Q_{in}=0$)。よって，熱力学第一法則 $Q_{in}=\Delta U+W_{out}$ より内部エネルギーの変化 ΔU は $\Delta U=-W_1<0$ で温度が下がったことを示すので，$T_1<T_0$

次に，ピストンをゆっくりシリンダーの奥まで押し込むと気体の温度がもとの T_0 に戻る。つまり，気体が外部にした仕事 W_1 と，気体が外部からされた仕事 $-W_2$ は等しいことを表すので，

$$W_1=-W_2 \quad \text{より，} \quad W_1+W_2=0$$

別解 全過程において，$Q_{in}=0$ (断熱変化)，$\Delta U=0$ であるから，全過程で気体がした仕事 W_{total} は $W_{total}=0$ となる。よって，$W_1+W_2=W_{total}=0$

問2　気体が真空中を広がるとき，仕事をしないので $W_{out}=0$。よって，熱力学第一法則より，

$$\Delta U=Q_{in}-W_{out}=0-0=0$$

内部エネルギーが変化しないので，温度は変化しない。よって，$T_3=T_0$

その後，ピストンを押してシリンダーの奥まで動かすので，気体は外部から仕事をされるから，内部エネルギーの変化量 ΔU は，

$$\Delta U=Q_{in}-W_{out}=0-W_{out}=W_{in}>0$$

以上より，$T_4>T_3$ で①が正しい。

51 問1 ④　問2 ②

解説 問1　過程A→Bは断熱変化であるから気体が吸収する熱量 $Q_{in}=0$。また，体積が増加しているから気体のする仕事 $W_{out}>0$。よって，熱力学第一法則より，

$$\Delta U = Q_{in} - W_{out} = 0 - W_{out} < 0$$

となるから状態Bの温度 T_B は状態Aの温度 T_A より下がるので，$T_B < T_A$ ……(i)

過程B→Cは定圧変化である。状態B，Cの体積を V_B，V_C とし，圧力を p_B とする。ボイル・シャルルの法則より，

$$\frac{p_B V_B}{T_B} = \frac{p_B V_C}{T_C} \quad よって，\quad T_C = \frac{V_C}{V_B} T_B > T_B \quad ……(ii)$$

過程C→Dは定積変化である。状態Dの温度は過程D→Aが等温変化であることから T_A に等しい。状態Dの体積は V_C で，圧力を p_D とすると，ボイル・シャルルの法則より，

$$\frac{p_B V_C}{T_C} = \frac{p_D V_C}{T_A} \quad よって，\quad T_C = \frac{p_B}{p_D} T_A < T_A \quad ……(iii)$$

(i)，(ii)，(iii)式より，$T_B < T_C < T_A$

問2　過程B→Cでは体積が増えているから，$W_{B\to C}>0$

過程C→Dでは体積変化0より，$W_{C\to D}=0$

過程D→Aでは気体がピストンに押し込まれるから，気体は負の仕事をする。

よって，$W_{D\to A}<0$

したがって正しい組合せは②である。

Point 気体が外部へした仕事 W_{out} は，気体の体積が増えるとき正，減るとき負である。

52 問1 ⑤　問2 ③　問3 ②

解説 問1　問題文より過程B→Cでは $pV=$(一定) であるから，気体の状態方程式 $pV=nRT$ より，絶対温度 T も一定になるので等温変化と考えられる。内部エネルギー U は T に比例するから，U も一定である。よって，⑤が正しい。

問2　熱力学第一法則 $Q_{in}=\Delta U + W_{out}$ によって，各過程の熱の出入りを調べる。

(i)　過程A→B：定圧変化で，体積が増加しているから，$W_{out}>0$

状態Bの温度を T_B とすると，ボイル・シャルルの法則より，

$$\frac{p_0 V_1}{T_B} = \frac{p_0 V_0}{T_0} \quad よって，\quad T_B = \frac{V_1}{V_0} T_0 > T_0$$

となるので，$\Delta U>0$

よって，$Q_{in}=\Delta U + W_{out}$ より，$Q_{in}>0$

(ii)　過程B→C：等温変化であるから，$\Delta U=0$

体積は増加しているから，$W_{out}>0$

よって，$Q_{in}>0$

(iii)　過程C→D：定圧変化で，体積が減少しているから，$W_{out}<0$

状態Cの温度は T_B に等しく，状態Dの温度を T_D とすると，ボイル・シャルルの法則より，

$$\frac{p_2V_0}{T_D}=\frac{p_2V_2}{T_B} \quad よって，\ T_D=\frac{V_0}{V_2}T_B<T_B$$

となるので，$\Delta U<0$

よって，$Q_{in}<0$ （気体が外部に熱を放出する）

(iv) 過程D→A：定積変化であるから，$W_{out}=0$

状態DとAでボイル・シャルルの法則より，

$$\frac{p_2V_0}{T_D}=\frac{p_0V_0}{T_0} \quad よって，\ T_D=\frac{p_2}{p_0}T_0<T_0$$

となるので，$\Delta U>0$

よって，$Q_{in}>0$

(i)〜(iv)より，熱の放出過程は過程C→Dである。

問3 状態Bと状態Cにおいて，ボイル・シャルルの法則より，

$$\frac{p_0V_1}{T_B}=\frac{p_2V_2}{T_B} \quad よって，\ \frac{p_2}{p_0}=\frac{V_1}{V_2}$$

したがって，

$$T_D=\frac{p_2}{p_0}T_0=\frac{V_1}{V_2}T_0$$

よって，$\frac{V_1}{V_2}$〔倍〕である。

第3章 波　　動

16 屈折の法則

53 問1 ⑥　　問2 ②

解説 問1　単位時間当たりに媒質1を波は v_1 進む。この中に含まれる山の数は $\dfrac{v_1}{\lambda_1}$ で，単位時間当たりに境界面上の一点に到達する山の数に等しい。媒質2へ出ていく山の数も同様に $\dfrac{v_2}{\lambda_2}$ で，これらが等しいことから，$\dfrac{v_1}{\lambda_1}=\dfrac{v_2}{\lambda_2}$

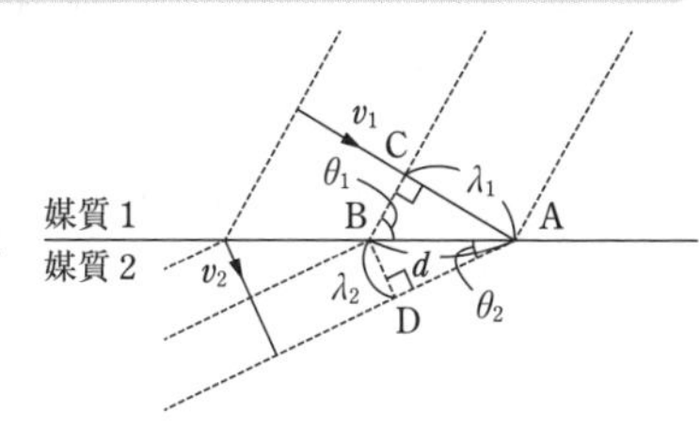

参考 波の基本式より $\dfrac{v}{\lambda}=f$ であるから，この山の数は振動数を表す。

問2　上図の△ABCで AC$=\lambda_1$ であるから，

$$\sin\theta_1=\frac{\lambda_1}{d}\quad \text{より，}\quad d=\frac{\lambda_1}{\sin\theta_1}\quad\cdots\cdots(\text{i})$$

同様に BD$=\lambda_2$ であるから

$$\sin\theta_2=\frac{\lambda_2}{d}\quad \text{より，}\quad d=\frac{\lambda_2}{\sin\theta_2}\quad\cdots\cdots(\text{ii})$$

(i)，(ii)式より，$\dfrac{\lambda_1}{\sin\theta_1}=\dfrac{\lambda_2}{\sin\theta_2}$

参考 上の結果より屈折の法則 $\dfrac{\sin\theta_1}{\sin\theta_2}=\dfrac{\lambda_1}{\lambda_2}=\dfrac{v_1}{v_2}$ が導かれる。

17 波の干渉

54 ②

解説 波源が逆位相の場合の干渉では，2つの波源からの距離の差が半波長の奇数倍の点で強めあうから，

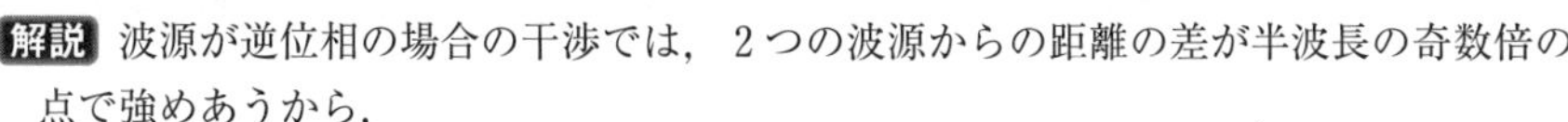

$$|l_1-l_2|=(2m+1)\frac{\lambda}{2}=\left(m+\frac{1}{2}\right)\lambda\quad (m=0,\ 1,\ 2,\ \cdots)$$

55 問1 ⑥　　問2 ②

解説 問1　仕切り板の位置をM，観測点をPとする。2つの波の経路差は，

$$|(\text{MA}+\text{AP})-(\text{MB}+\text{BP})|=|\text{AP}-\text{BP}|=|l_\text{A}-l_\text{B}|\quad (\text{MA}=\text{MB より})$$

波源の位相が逆位相（同位相のときに比べ $\dfrac{1}{2}$ 波長分の距離の差がついていることに

相当する$\Big)$であるから，点Pで波が強めあう条件は，波長をλとして，

$$|l_A-l_B|=\left(m+\frac{1}{2}\right)\lambda \quad (m=0,\ 1,\ 2,\ \cdots) \quad \cdots\cdots(\text{i})$$

ここで，波の基本式より，

$$\lambda=vT \quad \text{よって，} \ |l_A-l_B|=\left(m+\frac{1}{2}\right)vT$$

問2　仕切り板を右図のように下へ$d\,(d>0)$ずらした位置をM′とする。このとき，2つの波の経路差は，

$$|(d+\text{MA}+l_A)-(\text{MB}-d+l_B)|$$
$$=|l_A-l_B+2d|$$

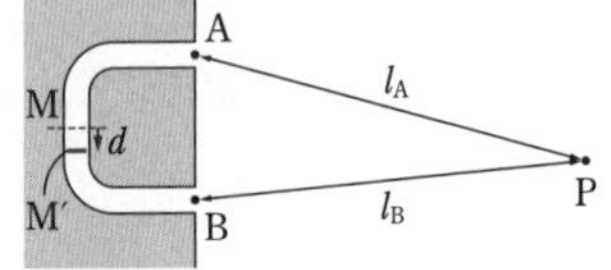

発生する波は逆位相なので，上式の経路差がλの整数倍のとき弱めあう。

ここで観測点Pは**問1**と同じなので，$|l_A-l_B|$は(i)式に等しく半波長分の距離で表される。よって，$2d$も半波長分の距離に等しければ，結果として$|l_A-l_B+2d|$は1波長分の経路差λの整数倍となる。したがって，

$$2d=\left(n+\frac{1}{2}\right)\lambda \quad (n=0,\ 1,\ 2,\ \cdots)$$

と表され，dを最小とするのは $n=0$ のときで，

$$2d=\frac{\lambda}{2} \quad \text{より，} \ d=\frac{\lambda}{4}=\frac{vT}{4}$$

Point 波源が逆位相で振動するときは，強めあう点と弱めあう点の条件は，同位相のときと逆になる。

56 問1 ② 問2 ① 問3 ②

解説 **問1**　Sから入った音はSATとSBTの2つの経路を通って，Tで合流する。はじめ2つの経路差は0であるから，分かれた2つの音は強めあっている。管Bをl引き出すと，経路差は$2l$になり，このときはじめて音の大きさが最小となるから，波の干渉の弱めあう条件：$2l=\left(m+\frac{1}{2}\right)\lambda$ において $m=0$ として，$\lambda=4l$

よって，波の基本式より，振動数fは，$f=\dfrac{v}{\lambda}=\dfrac{v}{4l}$ $\cdots\cdots$(i)

問2　はじめ振動数$f-f'$のうなりが聞こえる。管Bをl引き出すと，振動数fの音は干渉しあい最小になるのでほとんど聞こえなくなる。一方，振動数f'の音が最小になるときの引き出した長さをl'とすると，(i)式より，

$$f'=\frac{v}{4l'} \quad \text{よって，} \ l'=\frac{v}{4f'}$$

ここで，$f'<f$ より，$l'-l=\dfrac{v}{4}\left(\dfrac{1}{f'}-\dfrac{1}{f}\right)>0$

すなわち，l' は l より長く，先に振動数 f の音が最も小さくなる。よって，振動数 f' の音だけが目立って聞こえる。よって，①が正しい。

問3 (i)式より，$l=\dfrac{v}{4f}$ と変形すると，l の値の変化量 Δl は，音速の変化量を Δv として，

$$\Delta l=\frac{\Delta v}{4f}=\frac{(331.5+0.6\times30)-(331.5+0.6\times5)}{4\times500}=0.75\times10^{-2}\fallingdotseq0.8\times10^{-2}\ \mathrm{m}$$

18 ドップラー効果

57 問1 ⑧　問2 ②　問3 ①

Point

ドップラー効果の式：$f'=\dfrac{V-u}{V-v}f$

（音源と観測者が同一直線上を同じ方向に進む場合）

音源から観測者に向かう向きが正

解説 **問1** ドップラー効果の式より，観測者に聞こえる音の振動数 f' は，

$$f'=\frac{V-(-v)}{V}f_1=\frac{V+v}{V}f_1$$

であるから f' は f_1 より大きい。また，音源は静止しているから，音波の波長 λ は波の基本式より，$\lambda=\dfrac{V}{f_1}$ よって，⑧が正しい。

問2 時刻 $t=0$ のとき発した音波の先端は Δt の間に $V\Delta t$ 進む。一方，音源もその間 $v\Delta t$ 進む。音源は Δt の間に $f_2\Delta t$ 個の波を発することになるから，$V\Delta t-v\Delta t$ の間に $f_2\Delta t$ 個の波がある。よって，音波の波長 λ は，

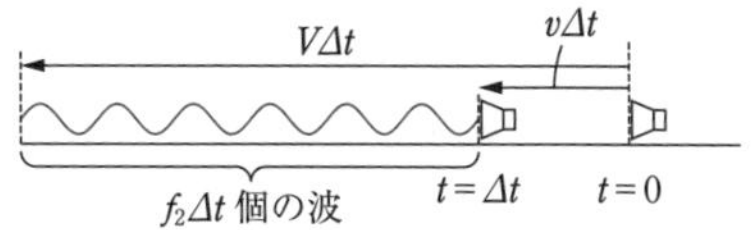

$$\lambda=\frac{V\Delta t-v\Delta t}{f_2\Delta t}=\frac{V-v}{f_2}\quad\cdots\cdots(\mathrm{i})$$

問3 反射板が受ける音波の振動数は**問1**の場合と同じ条件であるから，

$$f'=\frac{V+v}{V}f_1\quad\cdots\cdots(\mathrm{ii})$$

反射板は振動数 f' の音源として速さ v で観測者に向かうので，観測者に向かう音波の波長 λ' は(i)式の f_2 を f' にして，$\lambda'=\dfrac{V-v}{f'}$

静止した観測者は波長 λ' の音波を受信するから，その音の波動数 f_3 は(ii)式を利用して，

$$f_3=\frac{V}{\lambda'}=\frac{V}{V-v}f'=\frac{V+v}{V-v}f_1\quad\cdots\cdots(\mathrm{iii})$$

(iii)式を v について解くと，

$$(V-v)f_3=(V+v)f_1\quad より，\ v=\frac{f_3-f_1}{f_1+f_3}V$$

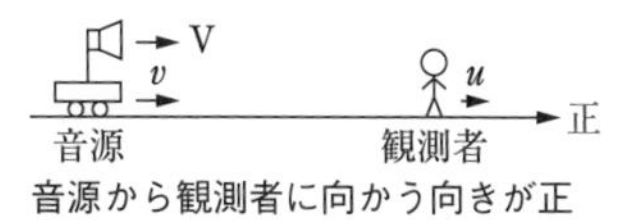

Point 反射板が受ける音：反射板を観測者と見なす
反射板で反射する音：反射板を音源と見なす

58 問1 ⑤　問2 ⑥　問3 ⑥　問4 ①　問5 ④

解説 **問1** 円運動する物体にはたらく向心力の大きさは，$\dfrac{mv^2}{r}$ で表される。円運動する物体の運動方向と向心力の向きはつねに直交しているから，向心力は仕事をしない。

問2 点Cと点Dを通過するとき，音源の速度の直線PQ方向成分が0になるので，ドップラー効果が起きない。よって，点Cと点Dで発せられた音が $f=f_0$ として測定される。

問3 音源は点Aでは観測者に速さ v で接近し，点Bでは速さ v で遠ざかる。点A，点Bで発せられた音を，観測者が測定する音の振動数は，ドップラー効果の公式より，

$$f_A=\frac{V}{V-v}f_0,\qquad f_B=\frac{V}{V+v}f_0$$

と表されるから，以上2式より，

$$f_A(V-v)=f_B(V+v)\quad よって，\ v=\frac{f_A-f_B}{f_A+f_B}V$$

問4 観測者が音源の方向の速度をもつ点Aで振動数が最も大きく測定され，観測者が音源と反対の方向の速度をもつ点Bで振動数は最も小さく測定される。

参考 観測者の速さを v_0 とおくと，観測者が点A，点Bで測定する音の振動数をそれぞれ f_A'，f_B' とおくと，

$$f_A'=\frac{V+v_0}{V}f_0,\qquad f_B'=\frac{V-v_0}{V}f_0$$

と表される。

問5 風の影響がなければ，音源から出る音波の速さは，音源や観測者の動きに関係なく一定であるから(a)は間違いで，(c)は正しい。

図1で，音源は等速円運動しているので，点Oに向かう速度成分は0である。よって，点Oを通過する音波の波長は，運動による変化を受けない（静止した音源から発せられる音波と同じ波長）。したがって，(b)は正しい。

音源が動いていなければ，音波の波長は一定であるから，(d)は間違い。

19 レンズ

59 問1 ①　問2 ⑦

解説 問1 ① ろうそくの先端から出た光はレンズで屈折後，1点に集まり，そこが像の先端となる。レンズの上半分を黒紙でおおっても物体，レンズの位置は元のままなので，形は変わらない。レンズを通過する光量が $\frac{1}{2}$ になるので，暗い像ができる。よって，①が正しい。

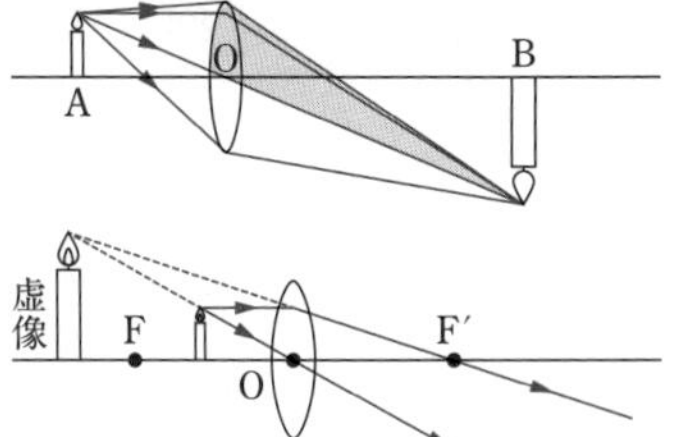

② スクリーン上にできる像は倒立実像である。

③ レンズから出た光は屈折の法則に従いスクリーン上に実像を作る。

④ ろうそくをレンズの焦点の内側まで近づけると，スクリーンに像を結ばない。正立虚像がろうそくの背後にできる。

問2 光軸に平行な光線が点Oから15 cmのところに集まるから，このレンズの焦点距離は $f=15$ cm である。
OA$=a$〔cm〕とすると，レンズの公式より，

$$\frac{1}{a}+\frac{1}{60}=\frac{1}{15}\quad よって，a=20\text{ cm}$$

像の倍率は $\frac{60}{20}=3.0$ 倍 になる。

◀レンズの公式
$$\frac{1}{a}+\frac{1}{b}=\frac{1}{f}$$
凸レンズでは，物体の位置 $a>f$ のとき，レンズの後方 b の位置に倒立実像ができる。

◀像の倍率 m は
$$m=\left|\frac{b}{a}\right|$$

60 ④，⑤

解説 レンズの手前の焦点Fを通った光は光軸に平行に進み，レンズの中心を通った光は直進するから，下図より，先端Aから出た光が到達できるのは④，⑤になる。

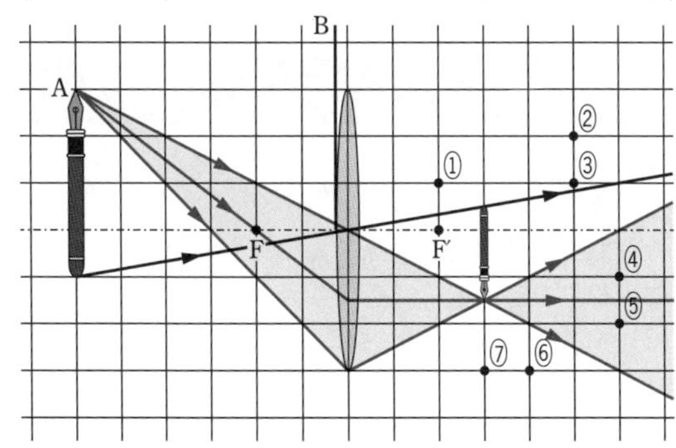

61　1：③，2：③

解説 スクリーンに映る像は倒立の実像となるから，上下，左右が反転する。

　また，レンズの上半分を遮っても下半分を通った光がスクリーンに実像を映し出すため，像が消えることはなく，スクリーンに到達する光の量が減少する分，全体的に暗くなる。

62　問1　⑥　　問2　①

解説 問1　右図の点Aから発する光のうち光軸に平行な光線と，レンズの中心を通る光線を作図すると，光線は屈折後点A′から発するように進む。これらの光線のうちFCの部分は実際には存在しないから，凹レンズによる像(A′B′)は虚像でレンズに対して物体と同じ側にできる。また，この像とレンズの距離(B′O)は物体とレンズの距離(BO)より小さい。よって，⑥が正しい。

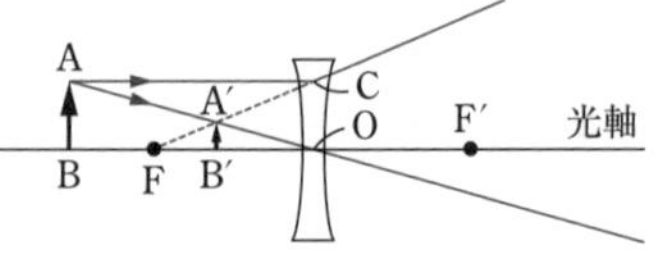

問2　近くの物体 A_1B_1 を見るときの焦点距離を OF_1 とする(右図)。物体を A_2B_2 の位置まで遠ざける。像とレンズの距離は変わらないので，点 A_2 の像は直線 A_2O と線分 $A_1'B'$ の交点 A_2' になる。点 A_2 から出る光軸に平行な光線は屈折した後，焦点を通るから，CA_2' と光軸の交点が焦点 F_2 になる。よって遠くのものを見るとき，焦点の距離は大きくなる(レンズのふくらみが小さくなる)。

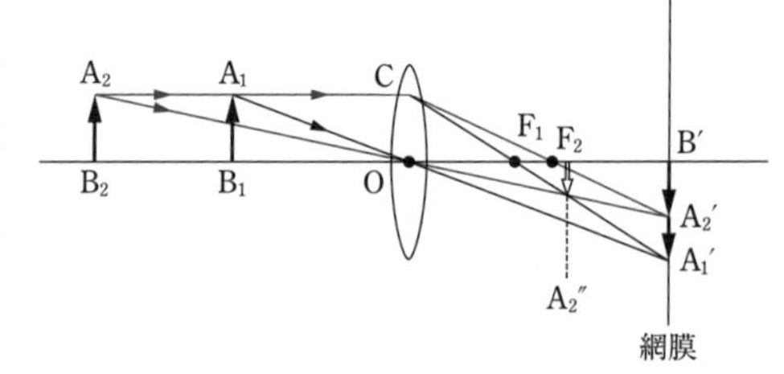

　レンズの焦点が F_1 のままのとき，点 A_2 の像は A_2'' になるから，物体の実像は網膜より前方にできる。よって，①が正しい。

20 光の屈折

63　⑥

解説 光が通過した経路を幾何学的に直線で表したものを光線とよび，この光線上を逆向きに通過する光も同じ経路をたどる(光の逆進性)。この問題ではこの性質を利用して，実際には人の目に入る光を逆にたどり，目を点光源とみなして目から出た光の経路で考える。

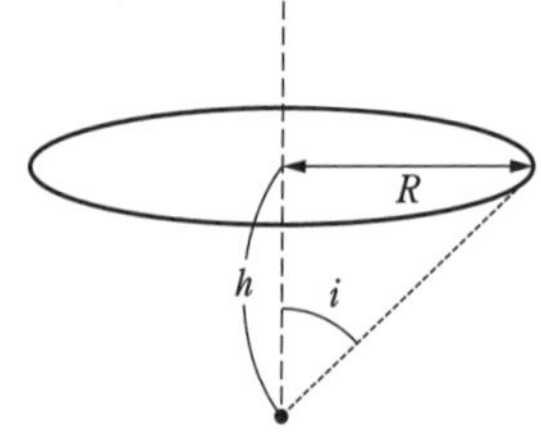

　目から円板の端に向かう光が水中から空気に出る際の入射角を i とすると，i が臨界角 i_0 以上になればよいか

ら，

$i \geqq i_0$

両辺の正弦をとって，屈折の法則から，

$$\sin i \geqq \sin i_0 = \frac{1}{n}$$

また，前ページの図より，

$$\sin i = \frac{R}{\sqrt{R^2+h^2}}$$

であるから，

$$\frac{R}{\sqrt{R^2+h^2}} \geqq \frac{1}{n} \quad より，\quad \frac{1}{\sqrt{1+\left(\frac{h}{R}\right)^2}} \geqq \frac{1}{n} \ (>0)$$

両辺を 2 乗して整理すると，$\left(\frac{h}{R}\right)^2 \leqq n^2-1$

ここで $\frac{h}{R}>0$ より，$\frac{h}{R} \leqq \sqrt{n^2-1}$　よって，$R \geqq \frac{h}{\sqrt{n^2-1}}$

64 問1 ⑤　問2 ④

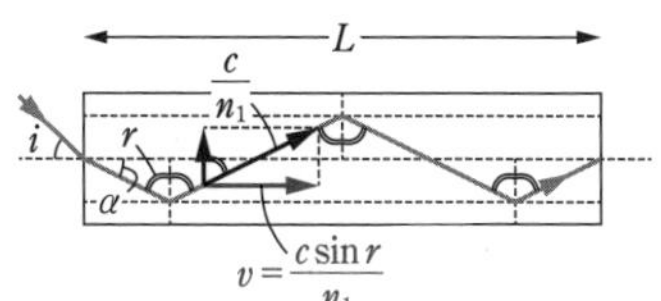

解説 **問1**　光は媒質 1 を速さ $\frac{c}{n_1}$ で進む。反射の法則より，媒質 1 と 2 の境界面への入射角と反射角はともに r で一定であるから，媒質 1 を進む光の速度の，中心軸に平行な成分の大きさ v も一定である。右図より，

$$v = \frac{c}{n_1} \times \sin r = \frac{c\sin r}{n_1}$$

求める時間 t は速さ v で距離 L を進むのにかかる時間となるから，

$$t = \frac{L}{v} = L \div \frac{c\sin r}{n_1} = \frac{n_1 L}{c\sin r}$$

問2　入射角 i が最大値 i_0 のとき，媒質 1 から媒質 2 への入射角 r は臨界角 r_0 となる。空気から媒質 1 へ入射角 i_0 で入射するときの屈折角を α_0 とすると，屈折の法則より，

$$1\cdot\sin i_0 = n_1\sin\alpha_0 \quad よって，\quad \sin i_0 = n_1\sin\alpha_0$$

図より $\alpha_0 = 90^\circ - r_0$ の関係があることがわかるから，

$$\sin i_0 = n_1\sin(90^\circ - r_0) \quad より，\quad \sin i_0 = n_1\cos r_0 \quad \cdots\cdots(\mathrm{i})$$

臨界角 r_0 は，$n_1\sin r_0 = n_2$　よって，$\sin r_0 = \frac{n_2}{n_1}$　……(ii)

$\cos^2 r_0 + \sin^2 r_0 = 1$ の関係を使って(i)，(ii)式から r_0 を消去すると，

$$\left(\frac{\sin i_0}{n_1}\right)^2 + \left(\frac{n_2}{n_1}\right)^2 = 1 \quad よって，\quad \sin i_0 = \sqrt{n_1{}^2 - n_2{}^2}$$

21 ヤングの実験，回折格子

65 問1 ①　問2 ③

解説 問1　スリット S_1，S_2 を出た光がスクリーン上の点Pに達するときの経路差 Δl は，右図の S_1B に近似できる。よって，

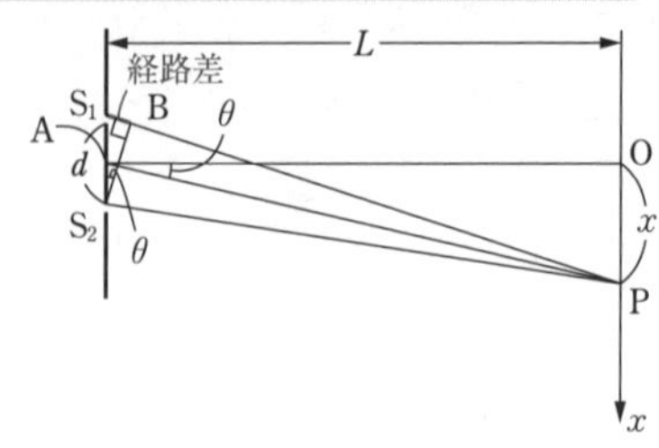

$$\Delta l = S_1P - S_2P = S_1B = d\sin\theta$$

（ただし $\angle OAP = \theta$）

$\theta \fallingdotseq 0$ のとき，$\sin\theta \fallingdotseq \tan\theta = \dfrac{x}{L}$ であるから，

$$\Delta l = d\tan\theta = d\frac{x}{L}$$

点Pで2つの光が強めあう条件は，$\Delta l = m\lambda$　($m=0,\ \pm1,\ \pm2,\ \cdots$)

よって，点Pが明線となるのは，

$$d\frac{x}{L} = m\lambda \quad より，\ x = m\frac{L}{d}\lambda$$

よって，$x=0,\ \pm\dfrac{L}{d}\lambda,\ \pm2\dfrac{L}{d}\lambda,\ \pm3\dfrac{L}{d}\lambda,\ \cdots$ となるから①が正しい。

問2　スリット S_0 から出て，スリット S_1，S_2 を通り原点Oで干渉する光の経路差は，$S_1O=S_2O$ であるから，l_2-l_1 に等しい。これが $\left(m+\dfrac{1}{2}\right)\lambda$ になるとき原点Oは暗線になるから，選択肢の中でこれを満たすものは $m=1$ のときの $l_2-l_1=\dfrac{3}{2}\lambda$ である。

66 問1 ③　問2 ②　問3 ④

解説 問1　右図のように隣りあう回折光の経路差は $d\sin\theta$ で，これが波長 λ の整数倍になるとき，各回折光の位相がそろい明線ができるから，

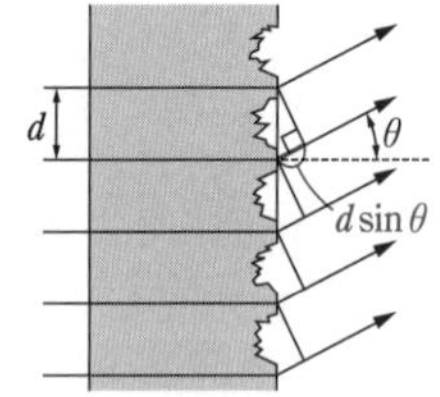

$$d\sin\theta = m\lambda \quad より，\ \sin\theta = \frac{m\lambda}{d}$$

問2　ガラス中の回折光の波長 λ' は，空気中からガラスの中へ屈折した光の波長に等しい。屈折の法則より，

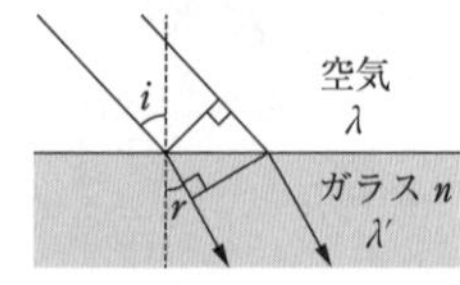

$$\frac{\lambda}{\lambda'} = n \quad よって，\ \lambda' = \frac{\lambda}{n}$$

問3　隣りあう2本の回折光について調べる。ガラス中を通過する距離は等しいのでガラス中での光路差はない（右図で AB＝CD）。よって，全体の経路差は $d\sin\theta''$ となるから，明線となる条件は，

$$d\sin\theta''=m\lambda \quad \text{より，} \quad \sin\theta''=\frac{m\lambda}{d}$$

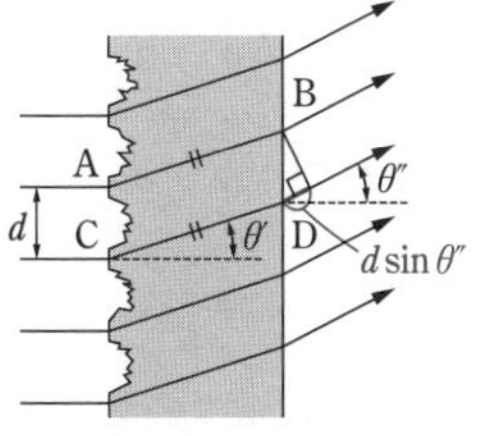

22　薄膜による光の干渉

67　問1　⑥　　問2　③

解説　**問1**　**ア**　薄膜の絶対屈折率は n であるから薄膜中の光速 v は $\frac{c}{n}$ になる。よって往復する時間 t は，

$$t=\frac{2d}{v}=\frac{2d}{\frac{c}{n}}=\frac{2nd}{c} \quad \cdots\cdots(\mathrm{i})$$

イ　往復に要する時間 t が光の周期 $T=\frac{1}{f}$ の $\left(m-\frac{1}{2}\right)$ 倍のとき2つの光は強めあうから，$t=\left(m-\frac{1}{2}\right)\frac{1}{f}$

よって，⑥が正しい。

参考　位相 π のずれは，時間では $\frac{T}{2}$ のずれに相当する。

別解　2つの光の光路差は $2nd$ であるから，強めあう条件は，

$$2nd=\left(m-\frac{1}{2}\right)\lambda=\left(m-\frac{1}{2}\right)\frac{c}{f}$$

(i)式より，$2nd=ct$　よって，$t=\left(m-\frac{1}{2}\right)\frac{1}{f}$

参考　絶対屈折率 n の媒質中の経路差 l は，真空中の経路差 nl に相当する。nl を光路差という。

問2　　**ウ**　薄膜の厚さは0と見なしてよい。このとき2つの光の相位差は π であるから，弱めあう。

エ　厚さ d を0から大きくしていくと $2nd=\frac{1}{2}\lambda$ のとき，はじめて強めあう。

オ　題意より再び弱めあうのは $2nd_1=\lambda$ より，$d_1=\frac{\lambda}{2n}$

λ が小さくなると d_1 も小さくなるから，d_1 が最小になるのは最も波長の短い青色の場合である。

よって，③が正しい。

68 問1 ③　問2 ⑤　問3 ①

解説 問1　屈折の法則 $\frac{\lambda}{\lambda'}=\frac{c}{c'}=n$ より

$$\lambda'=\frac{1}{n}\lambda,\ c'=\frac{1}{n}c$$

問2　光1，2の光路差は，

$$2na-b$$

薄膜の上面で反射するとき位相が $\pi\left(\frac{1}{2}\text{波長分}\right)$ ずれるが，下面での反射の際には位相はずれないから，2つの光が弱めあう条件は，

$$2na-b=m\lambda$$

両辺を λ で割って，

$$\frac{2na}{\lambda}-\frac{b}{\lambda}=m \text{ より，} \frac{2a}{\lambda'}-\frac{b}{\lambda}=m$$

参考 屈折率 n の薄膜中の経路長 l の光路長は nl である。光線1，2は波面ABまでは同位相で，光線1は空気中で b 進み，光線2は薄膜中で $\mathrm{BC}+\mathrm{CD}=a+a=2a$ 進み，点D以降では位相はずれない。よって，光路差は

$$n\cdot 2a-1\cdot b=2na-b$$

問3　①　回折格子では格子を通過した光が一定の角度のとき干渉しあって強めあう。

②　光の散乱による現象。波長の短い青い光は大気中の分子によって散乱されやすく，昼間はその青い光が多く見えるが，夕暮れ時の太陽を見るときは，太陽からの光が大気中を長く通ってくる過程で青い光が多く散乱され，残った赤い光が見える。

③　光の分散によって生じる。光の色によって屈折率がわずかに異なるため，白色光をプリズムにあてると白色光に含まれる各色の光に分かれる。

④　自然光は様々な振動面をもつが，水面からの反射光は特定の振動面をもつ偏光を多く含むので，偏光サングラスをかけると遮断される。

⑤　蜃気楼は，屈折率が温度の変化によって異なることから，遠くの物体からの光が曲げられて生じる現象。

よって，①が正しい。

23 くさび形空気層における光の干渉

69 問1 ② 問2 ⑥

解説 問1 空気層の厚さがxの位置が点Oから数えてm番目の明線になり，$x+\Delta x$の位置が$(m+1)$番目の明線になっているとする。ガラス板Aの下面での反射のときは位相の変化はなく，ガラス板Bの上面での反射のときはπずれるから，明線条件は，

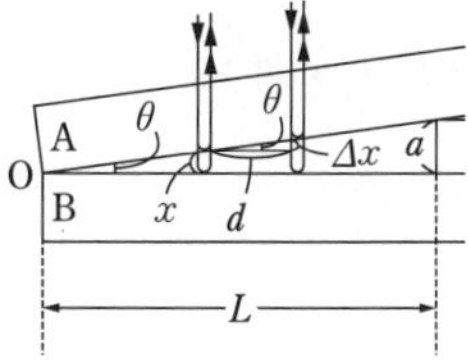

$$2x=\left(m+\frac{1}{2}\right)\lambda \quad \cdots\cdots(\text{i})$$

$$2(x+\Delta x)=\left(m+1+\frac{1}{2}\right)\lambda \quad \cdots\cdots(\text{ii})$$

(ii)−(i) より，$2\Delta x=\lambda$ よって，$\Delta x=\dfrac{\lambda}{2}$

ここで，2つのガラス板のなす角をθとすると，

$$\tan\theta=\frac{\Delta x}{d}=\frac{a}{L} \quad より，\ d=\frac{L\Delta x}{a}=\frac{L\lambda}{2a}$$

問2 ア 真上から見たときm番目の明線になる(i)式の位置について調べる。真下からの観測において，そのまま透過する光と2回反射したのち透過する光の経路差は$2x$である。また，それぞれの反射で位相がπずつずれるから，反射がない場合と同等になる。よって，(i)式の $2x=\left(m+\dfrac{1}{2}\right)\lambda$ は，真下から見たときには暗線条件となり，暗線が見える。

イ 屈折率nの液体ですきまを満たすとき，2つの光の光路差は$2nx'$（x'は液体層の厚さ）になる。よって，m番目，$m+1$番目の明線条件は，

$$2nx'=m\lambda \quad \cdots\cdots(\text{iii})$$

$$2n(x'+\Delta x')=(m+1)\lambda \quad \cdots\cdots(\text{iv})$$

(iv)−(iii) より，$2n\Delta x'=\lambda$ よって，$\Delta x'=\dfrac{\lambda}{2n}$

明線間隔をd'とすれば，

$$\tan\theta=\frac{\Delta x'}{d'}=\frac{a}{L} \quad より，\ d'=\frac{L\Delta x'}{a}=\frac{L}{a}\cdot\frac{\lambda}{2n}=\frac{d}{n}$$

参考 $1<n<1.5$ であるから，液体の屈折率はガラスの屈折率より小さい。よって，すきまを満たす媒質が液体でも空気でも反射による位相のずれは同じになる。

第3章 波動

第4章 電磁気

24 静電誘導，クーロンの法則

70 問1 ④　問2 ①　問3 ⑥

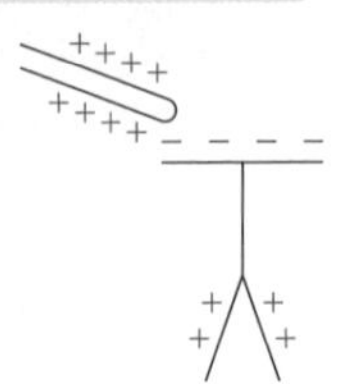

解説 問1　金属板に正の帯電体を近づけると，異種の電荷は互いに引きあうため，右図のように自由電子が金属板に集まる。箔検電器内では電気の総量は一定であるため，箔の部分では陽イオンによる電気の方が勝り正に帯電する。同種の電荷は互いに反発しあうから，箔は開く。よって，④が正しい。

問2　図2(b)において，負の帯電体を近づけると金属板の自由電子が箔の方へ移動して箔が閉じるので，(a)のとき箔には正の電荷があったことがわかる。よって，$Q>0$，$Q'>0$ である。

問3

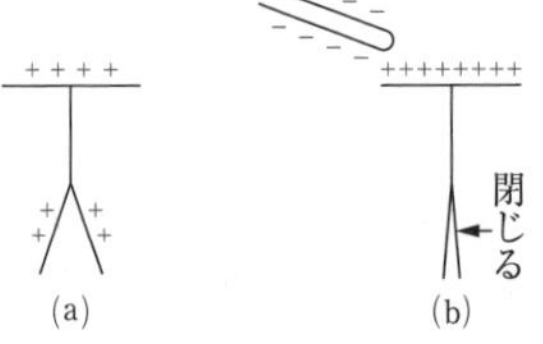

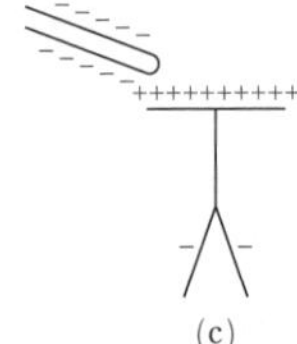

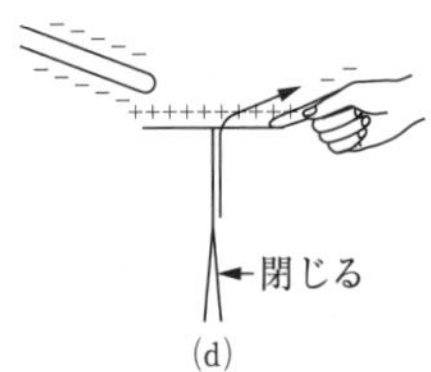

図2(a)では正電荷Qが全体に分布している。負に帯電した塩化ビニル棒を近づけると自由電子が箔の方に移動して，箔は閉じる(b)。さらに棒を近づけると，さらに自由電子が箔の方に移動するため，箔は負に帯電して開く(c)。

この状態のままで指で金属板に触れると，箔の負の電荷が指から人体へ流れ込むので，箔の開き方は小さくなる。金属板には，棒の負の電荷によって自由電子が反発したままなので正のままである。よって，⑥が正しい。

71 ⑧

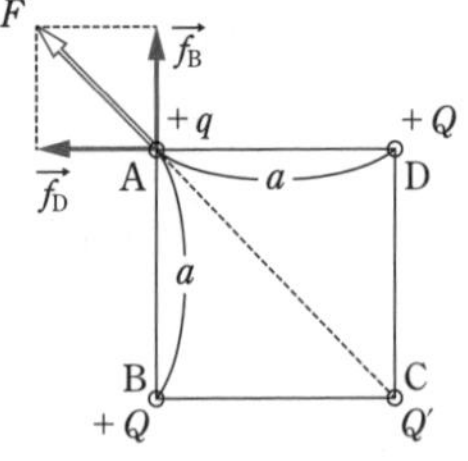

解説 正方形の1辺の長さをaとし，各頂点を右図のように定める。点Aにある電荷qは点Bにある電荷Qから$\overrightarrow{\mathrm{BA}}$の向きにクーロン力$\overrightarrow{f_{\mathrm{B}}}$を受ける。その大きさ$f_{\mathrm{B}}$は$k$をクーロンの法則の比例定数とすると，$f_{\mathrm{B}}=k\dfrac{qQ}{a^2}$

同様に，点Dにある電荷からは$\overrightarrow{\mathrm{DA}}$の向きに$\overrightarrow{f_{\mathrm{D}}}$を受ける。

その大きさf_{D}は，$f_{\mathrm{D}}=k\dfrac{qQ}{a^2}$ である。

よって，2力の合力$\vec{F}$は向きが$\overrightarrow{\mathrm{CA}}$の向きで，大きさ$F$は，

$$F=\sqrt{2}\,f_{\mathrm{B}}=\frac{\sqrt{2}\,kqQ}{a^2}$$

となる。電荷 q は点Cにある電荷 Q' からもクーロン力を受け，3力がつりあうから，Q' から受ける力 $\overrightarrow{f_C}$ は $\overrightarrow{AC}$ の向きで，その大きさ f_C はFに等しい。よって，

$$\frac{kq|Q'|}{(\sqrt{2}a)^2}=\frac{\sqrt{2}kqQ}{a^2} \quad より，|Q'|=2\sqrt{2}Q$$

力の向きを考えて $Q'<0$ より，$Q'=-2\sqrt{2}Q$

25 点電荷による電場・電位

72 ①

解説 点電荷による電場の向きと強さは，+1C の試験電荷を置いたときに受ける力のベクトルに等しい。$PA=PB=a$ とおき，電荷 Q，$2Q$ による点Pでの電場を $\overrightarrow{E_A}$，$\overrightarrow{E_B}$ とすると，電場の向きは右図のようになる。また，その大きさは k をクーロンの法則の比例定数とすると，

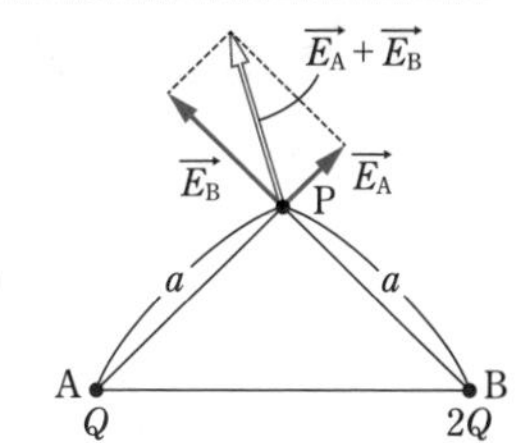

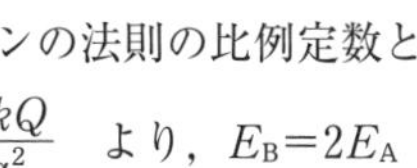

$$E_A=\frac{kQ}{a^2}，E_B=\frac{2kQ}{a^2} \quad より，E_B=2E_A$$

点Aにおける電場は2つのベクトルを合成すればよいから，電場の向きは①になる。

73 問1 ②　問2 ④　問3 ①

解説 **問1** 電位の傾きは電場の強さを表しているので，電場が強い所ほど等電位線の間隔が密になる。また，等電位線は電気力線と直交するので，$x=0$，$x=d$ の付近ではそこを2つのピークにもつ等高線のような円形になるが，電荷は $x=0$ の方が大きく，その周辺の電場の方が強くなるから②の図が正しい。

問2 $x=d'$ に置く電荷の大きさを q とする。この電荷の正・負に関係なく2つの点電荷による静電気力は逆向きにはたらく。その合力が0であるから，k をクーロンの法則の比例定数としてクーロンの法則より，

$$\frac{kQq}{d'^2}=\frac{k\frac{Q}{4}\cdot q}{(d-d')^2} \quad よって，d'^2=4(d-d')^2$$

$d'>0$，$d-d'>0$ であるから，$d'=2(d-d')$ より，$d'=\frac{2}{3}d$

問3 $x=\frac{2}{3}d$ の位置に置く電荷は，$x=0$ にある点電荷にはたらく静電気力の合力が0になることから，その符号は負である。その大きさを q' とすると，クーロンの法則より，

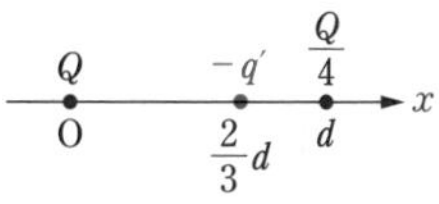

$$\frac{kQq'}{\left(\frac{2}{3}d\right)^2}=\frac{kQ\cdot\frac{Q}{4}}{d^2}\quad \text{よって,}\ q'=\frac{Q}{9}$$

$x=d$ にある点電荷にはたらく静電気力の合力は x 軸方向を正として,

$$\frac{kQ\cdot\frac{Q}{4}}{d^2}-\frac{k\cdot\frac{Q}{9}\cdot\frac{Q}{4}}{\left(d-\frac{2}{3}d\right)^2}=\frac{kQ^2}{4d^2}-\frac{kQ^2}{4d^2}=0$$

よって, ①が正しい。

74 問1 ② 問2 1：②, 2：③ 問3 ①
問4 ②

解説 問1 点電荷からの距離が r の点における電場の強さ E_r は, +1C の試験電荷が受ける力の大きさに等しく, $E_r=k_0\frac{Q}{r^2}$

問2 無限遠を基準とした点 A, B, C の電位を V_A, V_B, V_C とすると,

$$V_A=k_0\frac{Q}{4R},\quad V_B=k_0\frac{Q}{3R},\quad V_C=k_0\frac{Q}{2R}$$

仕事と静電気力による位置エネルギーの関係より,

◀静電気力による位置エネルギー U は $U=qV$

$$W_{AB}=q(V_B-V_A)=k_0\frac{qQ}{R}\left(\frac{1}{3}-\frac{1}{4}\right)=k_0\frac{qQ}{R}\times\frac{1}{12}$$

同様に,

$$W_{BC}=q(V_C-V_B)=k_0\frac{qQ}{R}\left(\frac{1}{2}-\frac{1}{3}\right)=k_0\frac{qQ}{R}\times\frac{1}{6}$$

問3 金属球殻内では静電誘導によって, 自由電子が電場の向きとは逆向きの力を受け内側の表面に現れる。そのため, 外側の表面に正の電荷が現れる。その結果, 導体内部には外部の電場と逆向きの電場が生じ, 両者が打ち消しあって内部の至るところで電場が 0 になったとき自由電子の移動が終わる。球殻内部の電場が 0 だから, 内側の表面に電荷 $-Q$ が一様に分布し, 球殻は帯電していないから外側の表面に電荷 Q が一様に分布する。

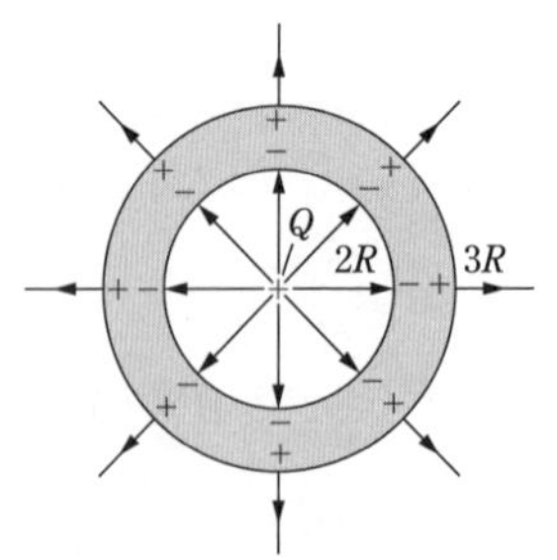

問4 $0<r<2R$, $3R<r$ のとき, 電気力線は金属球殻がない場合と同じように電荷 Q から出ているから, 電場の強さ E は $E=k\frac{Q}{r^2}$ のグラフになる。

$2R<r<3R$ のとき電場は 0 より, $E=0$ よって, グラフは②になる。

Point 電場中に置かれた導体では, 電荷が導体の表面に移動して導体内の電場は 0 になる (静電誘導)。

26 コンデンサー

75 問1 ② 問2 ④ 問3 ②

解説 金属板の面積をS，誘電率をε_0とする。

問1 金属板の間隔がdのときのコンデンサーの電気容量C_0は $C_0=\varepsilon_0\dfrac{S}{d}$ である。

スイッチSを閉じたときコンデンサーに蓄えられる電荷は $Q_0=C_0V_0$ で，コンデンサーの間隔を$2d$に広げると電気容量C'は，

$$C'=\varepsilon_0\frac{S}{2d}=\frac{1}{2}\varepsilon_0\frac{S}{d}=\frac{1}{2}C_0$$

スイッチを閉じたままであるから極板間の電位差はV_0で変わらない。よって，コンデンサーに蓄えられる電気量Q'は，

$$Q'=C'V_0=\frac{1}{2}C_0V_0=\frac{1}{2}Q_0$$

問2 スイッチSを開く前の静電エネルギーW_0は，

$$W_0=\frac{1}{2}Q_0V_0=\frac{Q_0{}^2}{2C_0}$$

スイッチを開いたから，コンデンサーに蓄えられている電気量はQ_0のままである。よって，間隔を$2d$に広げたときの静電エネルギーW'は，

$$W'=\frac{Q_0{}^2}{2C'}=\frac{1}{2}\cdot\frac{Q_0{}^2}{\frac{1}{2}C_0}=2W_0$$

問3 比誘電率2の誘電体を入れたときのコンデンサーの電気容量C''は，$C''=2C_0$となり，スイッチを開いているから，電気量はQ_0で変わらない。よって，極板間の電位差V''は，

$$V''=\frac{Q_0}{C''}=\frac{Q_0}{2C_0}=\frac{1}{2}V_0$$

◀比誘電率ε_rのとき $\varepsilon_r=\dfrac{C''}{C_0}$

76 問1 1：①，2：③ 問2 ⑤

解説 **問1** (a) 極板間の電場の強さEは一定であるから，位置xの電位Vは $V=Ex$ より，xに比例する。よって，①のグラフになる。

(b) 金属板には静電誘導によって，右側表面に負の電荷，左側表面に正の電荷が現れ，これによる電場と極板間の電場が打ち消しあうから，電場は0となり，金属板の内部は等電位となる。金属板の外部の電場は一様であり，極板間の電圧はV_0であるから，グラフは③になる。

問2 (a)のコンデンサーの電気容量をC_0，(b)のコンデンサーの電気容量をCとする。(b)は極板間隔を$2d$にしたコンデンサーと等価である。電気容量は極板間隔に反比例するから，

第4章 電磁気

$$C : C_0 = \frac{1}{2d} : \frac{1}{3d} \quad より，\ C = \frac{3}{2}C_0$$

よって，$\dfrac{U_b}{U_a} = \dfrac{\frac{1}{2}CV_0^2}{\frac{1}{2}C_0V_0^2} = \dfrac{C}{C_0} = \dfrac{3}{2}$

27 コンデンサーを含む回路

77 問1 ② 問2 ⑤ 問3 ①

解説 問1 2つのコンデンサーは直列に接続されているから，合成容量 C' は，

$$\frac{1}{C'} = \frac{1}{C} + \frac{1}{2C} = \frac{3}{2C} \quad より，\ C' = \frac{2}{3}C$$

問2 各コンデンサーに蓄えられる電気量Qは，

$$Q = C'E = \frac{2}{3}CE$$

電気容量が $2C$ のコンデンサーの c 側の極板には $-Q$，b 側の極板には $+Q$ の電荷が蓄えられるから，点 b の方が電位が高く，求める電位 V は，

$$V = \frac{Q}{2C} = \frac{\frac{2}{3}CE}{2C} = \frac{1}{3}E$$

問3 スイッチ S_2 を開き，スイッチ S_1 を閉じると，Cのコンデンサーは電源から切り離され充電，放電がなされないから，電荷は移動せず，静電エネルギーは変わらない。$2C$ のコンデンサーは，コンデンサー → 抵抗R → スイッチ S_1 → コンデンサーの回路ができるから，放電し極板に蓄えられる電荷はなくなり，静電エネルギーは 0 になる。よって，静電エネルギーの和は減少する(減少分のエネルギーは抵抗Rで発生するジュール熱に変わる)。

78 問1 ① 問2 ②

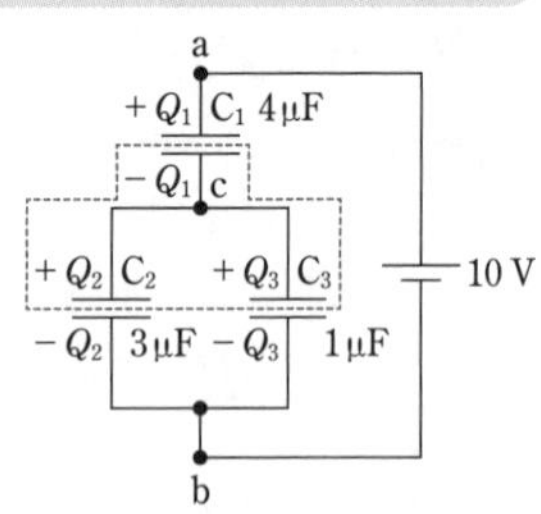

解説 問1 右図の点 c を含む破線部分の電気量保存より，

$$-Q_1 + Q_2 + Q_3 = 0 \quad よって，\ Q_1 = Q_2 + Q_3 \quad \cdots\cdots(\text{i})$$

3つのコンデンサーの合成容量を C〔μF〕とすると，

$$\frac{1}{C} = \frac{1}{4} + \frac{1}{3+1} = \frac{1}{2} \quad より，\ C = 2\,\mu\text{F}$$

電気量 Q_1 は電気容量がCのコンデンサーが 10 V の電源に接続されたときに蓄えられる電気量と等しいから，

$$Q_1 = 2 \times 10\,\mu\text{C} = 2 \times 10^{-5}\,\text{C}$$

よって，①が正しい。

別解 Q_1, Q_2, Q_3 の単位を μC として，ab 間の電圧が 10 V より，

$$\frac{Q_1}{4}+\frac{Q_3}{1}=10 \quad \cdots\cdots\text{(ii)}$$

3 μF と 1 μF のコンデンサーにかかる電圧は等しいから，$\frac{Q_2}{3}=\frac{Q_3}{1}$ ……(iii)

(i)，(ii)，(iii)式の連立方程式を解いて，$Q_1=20$ μC，$Q_2=15$ μC，$Q_3=5$ μC

問2 極板間の電位差は V_0，極板間隔は d であるから，電場の大きさ E は，$E=\frac{V_0}{d}$

図(a)のコンデンサーの電気容量を C_0 として，静電エネルギー U_0 は，

$$U_0=\frac{1}{2}C_0V_0^2$$

図(b)のコンデンサーには比誘電率 ε_r の誘電体が挿入してあるから電気容量 C は，

$$C=\varepsilon_r C_0$$

よって，静電エネルギー U は，

$$U=\frac{1}{2}CV_0^2=\frac{1}{2}\varepsilon_r C_0V_0^2=\varepsilon_r U_0$$

よって，②が正しい。

79 問1 1：②，2：③ 問2 ④

解説 問1 1 抵抗 R_1 を流れた電気量 Q はコンデンサーに蓄えられた電気量に等しい。充電後コンデンサーには V〔V〕の電圧が生じるから，$Q=CV$

2 スイッチ S_1 を開き，スイッチ S_2 を閉じると，コンデンサーに蓄えられた電気量が抵抗 R_2 を通って流れ，コンデンサーの電気量が 0 になる。エネルギー保存の法則より，コンデンサーに蓄えられた静電エネルギー $\frac{1}{2}CV^2$ が抵抗 R_2 で発生したジュール熱に等しい。

問2 充電が完了するとコンデンサーに電流は流れなくなり，E → R_1 → R_2 → E の回路を電流が流れる。このとき R_2 にかかる電圧は $\frac{R_2}{R_1+R_2}V$ である。R_2 とコンデンサーは並列に接続されているから，コンデンサーにかかる電圧もこれに等しい。よって，求める電気量 Q' は，

$$Q'=C\cdot\frac{R_2}{R_1+R_2}V=\frac{CVR_2}{R_1+R_2}$$

28 電気抵抗

80 問1 ② 問2 ④ 問3 ①

解説 問1 導体中に生じる電場の大きさをEとすると，

$$V=El \quad より，E=\frac{V}{l}$$

1つの自由電子にはeEとKvの力が逆向きにはたらき，一定の速さvで移動するから，力のつりあいより，

$$Kv=eE=e\cdot\frac{V}{l} \quad よって，v=\frac{eV}{lK} \quad \cdots\cdots(\mathrm{i})$$

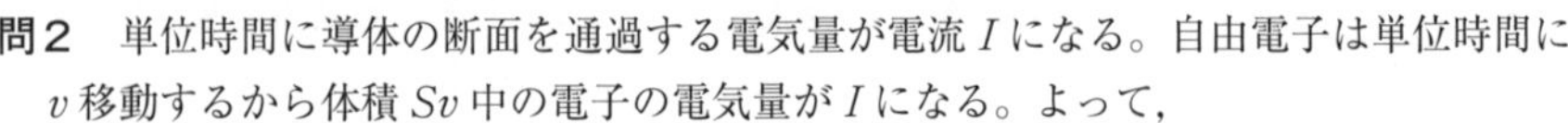

問2 単位時間に導体の断面を通過する電気量が電流Iになる。自由電子は単位時間にv移動するから体積Sv中の電子の電気量がIになる。よって，

$$I=enSv \quad \cdots\cdots(\mathrm{ii})$$

問3 (i)，(ii)式より，

$$I=enS\cdot\frac{eV}{lK}=\frac{e^2nS}{lK}V$$

オームの法則 $I=\dfrac{V}{R}$ と上式を比べて，$R=\dfrac{Kl}{e^2nS}$ ……(iii)

参考 (iii)式で $\dfrac{K}{ne^2}=\rho$ とおくと，$R=\rho\dfrac{l}{S}$ すなわち，「導体が同じ材質であれば，抵抗は長さに比例し，断面積に反比例する」ということを示している。ρは物質の長さ1 m，断面積1 m^{2}の抵抗値を示し，抵抗率とよばれる。

29 直流回路，ブリッジ回路

81 問1 ④ 問2 ② 問3 ⑥

解説 問1 スイッチSが開いているときは図1のような回路になる。回路の合成抵抗は$2R$であるから，オームの法則より，

$$I_3=\frac{E_1}{2R}$$

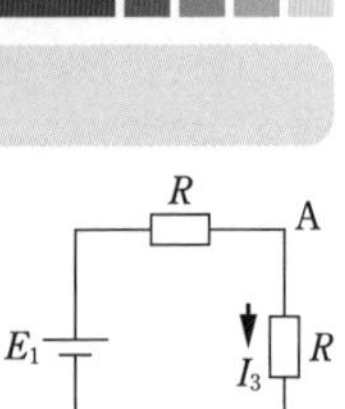

(図1)

問2 図2のように$E_1\to$A$\to$B$\to E_1$を経路1，$E_2\to$B$\to$A$\to E_2$を経路2として，それぞれの経路についてキルヒホッフの第2法則が成り立つ。

経路1：$E_1=RI_1+RI_3$ ……(i)

経路2：$E_2=RI_2-RI_3$ ……(ii)

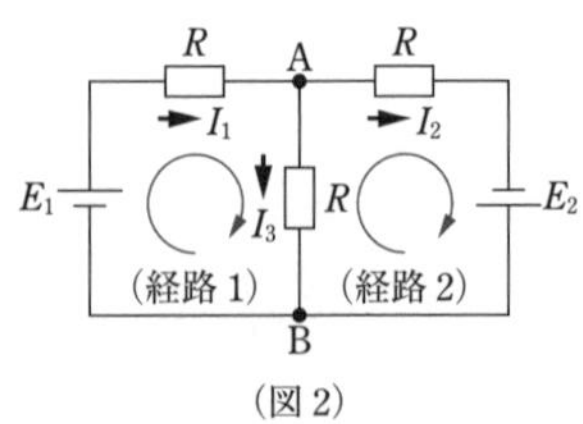

(図2)

問3 $E_1=12$ V，$E_2=3$ V，$R=30\ \Omega$ を(i)，(ii)式に代入して，

$$12=30I_1+30I_3 \quad より，I_1+I_3=0.4 \quad \cdots\cdots(\mathrm{i})'$$

$$3=30I_2-30I_3 \quad より，I_2-I_3=0.1 \quad \cdots\cdots(\mathrm{ii})'$$

点Aにおいてキルヒホッフの第1法則より,

$$I_1=I_2+I_3 \quad \cdots\cdots(\text{iii})$$

(i)′, (ii)′, (iii)式より,

$$I_1=0.30\ \text{A}, \qquad I_2=0.20\ \text{A}, \qquad I_3=0.10\ \text{A}$$

82 問1 ② 問2 ① 問3 ④

解説 **問1** スイッチを閉じると右図のような回路になる。各抵抗に流れる電流を図のように i_1, i_2, I とする。

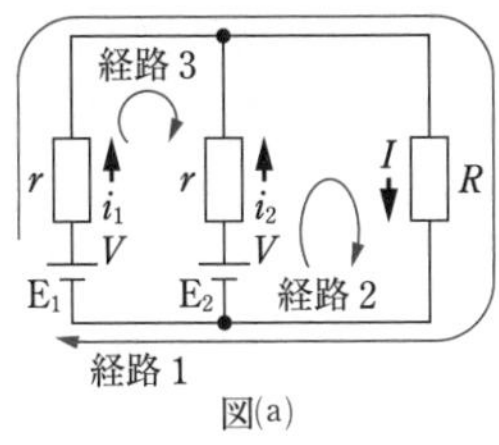

図(a)

キルヒホッフの第1法則より,

$$i_1+i_2=I \quad \cdots\cdots(\text{i})$$

キルヒホッフの第2法則より,

経路1 : $V=i_1r+IR \quad \cdots\cdots(\text{ii})$

経路2 : $V=i_2r+IR \quad \cdots\cdots(\text{iii})$

(ii)+(iii) より, $2V=(i_1+i_2)r+2IR$

(i)を代入して, $2V=I(r+2R)$ より, $I=\dfrac{2V}{r+2R}$

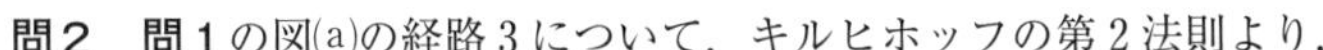

問2 問1の図(a)の経路3について, キルヒホッフの第2法則より,

$V-V=i_1r-i_2r$ よって, $i_1=i_2 \quad \cdots\cdots(\text{iv})$

すべてのスイッチを閉じたときも各電池に流れる電流について, (iv)式の関係が成り立つので,

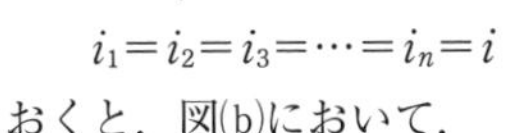

$$i_1=i_2=i_3=\cdots=i_n=i$$

とおくと, 図(b)において,

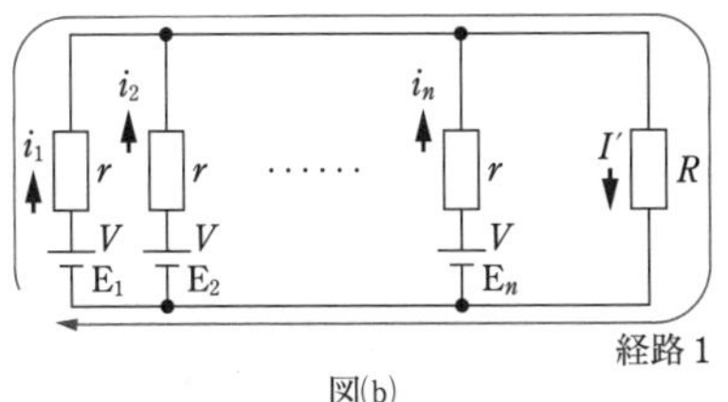

図(b)

$$I'=i_1+i_2+i_3+\cdots+i_n=ni \quad \cdots\cdots(\text{v})$$

経路1について, キルヒホッフの第2法則より,

$$V=i_1r+I'R=ir+niR \text{ より, } i=\frac{V}{r+nR} \quad \cdots\cdots(\text{vi})$$

よって, 電池 E_1 の内部抵抗で単位時間に発生するジュール熱 Q は,

$$Q=i^2r=\left(\frac{V}{r+nR}\right)^2r=\frac{rV^2}{(nR+r)^2}$$

◀ジュールの法則
$Q=IVt=I^2Rt=\dfrac{V^2}{R}t$
この問題では $t=1\text{s}$ である。

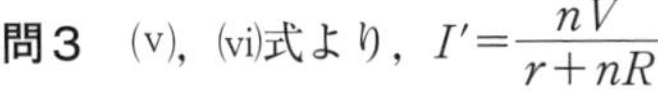

問3 (v), (vi)式より, $I'=\dfrac{nV}{r+nR}$

図2の回路には I' の電流が流れるのでオームの法則より,

$$V=I'(r'+R)=\frac{nV}{r+nR}(r'+R)$$

よって, $V(r+nR)=nV(r'+R)$ より, $r'=\dfrac{r}{n}$

83 問1 ② 問2 ⑤ 問3 ④

解説 問1 電流は点aで2つに分かれ点cで再び合流する。このとき回路は対称的になっているから，点aで分流する電流は等しい。分流した電流の大きさを i とする(右図)。ab間の電圧降下は ir，ad間の電圧降下も ir であるから，点bと点dは等電位になり，bd間に電流は流れない(このような形の回路をホイートストンブリッジという)。

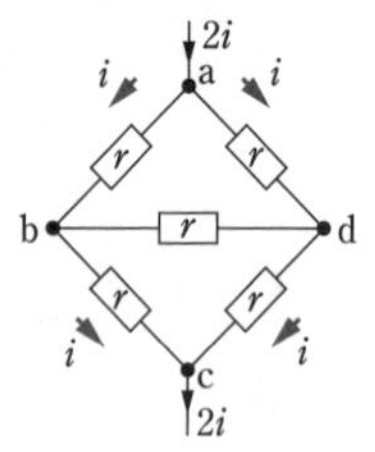

このときの合成抵抗を R_1 とすると，

$$\frac{1}{R_1}=\frac{1}{2r}+\frac{1}{2r}=\frac{1}{r} \quad \text{より，} R_1=r$$

よって，電流計に流れる電流 I_1 は $I_1=\dfrac{E}{R_1}=1\cdot\dfrac{E}{r}$

問2 図3においてb→a→d，b→d，b→c→dの並列接続になるから，合成抵抗 R_2 は，

$$\frac{1}{R_2}=\frac{1}{2r}+\frac{1}{r}+\frac{1}{2r}=\frac{2}{r} \quad \text{より，} R_2=\frac{r}{2}$$

よって，$I_2=\dfrac{E}{R_2}=\dfrac{E}{\frac{r}{2}}=2\cdot\dfrac{E}{r}$

問3 コンデンサーの充電が完了すると，コンデンサーには電流は流れず，c→d，c→b→a→dの並列接続の回路になる。点dに対する点bの電位は $\dfrac{2}{3}E$ であるから，コンデンサーに蓄えられる電荷 Q は，

$$Q=C\cdot\frac{2}{3}E=\frac{2}{3}CE$$

30 非直線抵抗

84 問1 ⑦ 問2 ① 問3 1：③，2：⑦

解説 問1 抵抗Rの抵抗値 R はグラフの原点を通る直線の傾きであるから，

$$R=\frac{V}{I} \ (\text{一定})$$

よって，直線上の1組の $(I,\ V)$ を読み取って，

$$(0.4\,\mathrm{A},\ 8\,\mathrm{V}) \quad \text{より，} R=\frac{8}{0.4}=20\,\Omega$$

問2 電流が多くなるとフィラメントの中を単位時間当たり通過する自由電子が増える。これが金属の陽イオンと衝突する際，熱を発生するため陽イオンの熱振動が激しくなり電流の流れを妨げる作用が増す。よって，①が正しい。

問3 (a) 電流計を流れる電流を I〔A〕, 豆電球にかかる電圧を V〔V〕とする。キルヒホッフの第2法則より,

$7=20I+V$ よって, $V=7-20I$ ……(i)

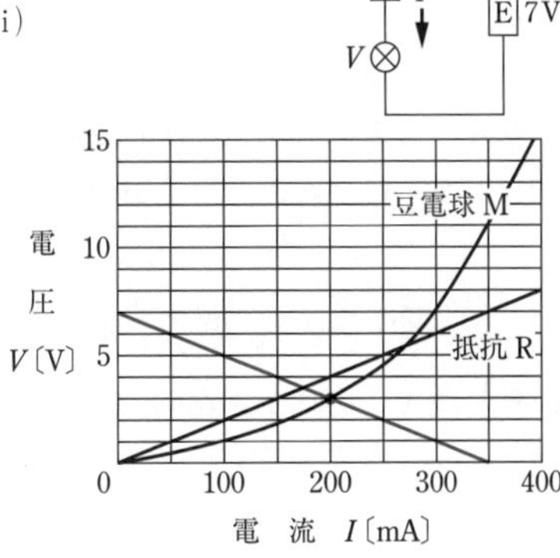

(i)式のグラフは (0 mA, 7 V), (350 mA, 0 V) を通る直線になる。これを図2に描くと右図となる。

(I, V) については豆電球の曲線で示された関係も成立するので, 交点の座標を読み取って, (200 mA, 3 V) となる。

(b) 抵抗Rと豆電球は並列に接続されているから, それぞれに7 V の電圧がかかっている。抵抗に流れる電流 i_R は, オームの法則より,

$$i_R=\frac{7}{20}=0.35\ \mathrm{A}$$

豆電球に流れる電流 i_M は, グラフの曲線で7 V の点を読み取り, $i_M=0.3$ A。よって, 電流計を流れる電流 I は,

$$I=i_R+i_M=0.35+0.3=0.65\ \mathrm{A}=650\ \mathrm{mA}$$

Point 非直線抵抗

豆電球の電流 (I)−電圧 (V) グラフが直線にならないので, ①I, V の関係式を作り, ②グラフに描き込み, ③$I-V$ グラフとの交点から電流, 電圧を求める。

31 電流と磁場

解説 問1 金属棒 A, B, 導線とレールの接点を右図のように a, b, c, d, e, f とする。スイッチSを閉じると金属棒Aには a → b の向きに電流が流れる。

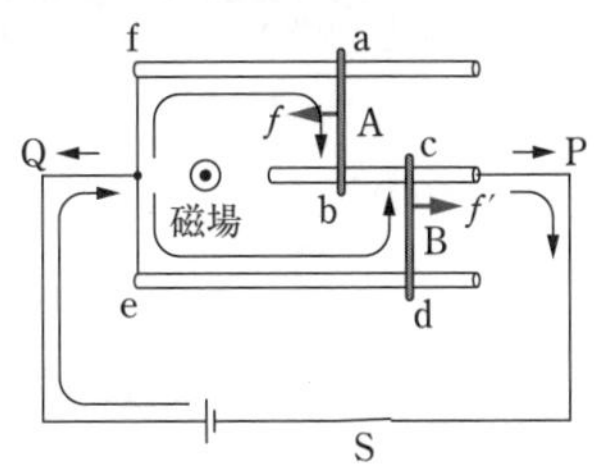

よって, フレミングの左手の法則より磁場から左向きの力 f を受けるのでQの向きに動く。

また, 金属棒Bには d → c の向きに電流が流れるので, 磁場から右向きの力 f' を受ける。よって, 金属棒BはPの向きに動く。

◀フレミングの左手の法則

力 F
磁場 H
電流 I
左手

問2　スイッチSを開くと右図のような回路ができる。磁場の強さを急激に増加させると，金属棒A，Bにはレンツの法則により，磁束の変化を妨げる向きに誘導起電力が生じ，回路にはa→b→c→d→e→f→aの向きに電流が流れる。この電流が磁場から左向きの力を受けるので，A，BともにQの向きに動き始める。

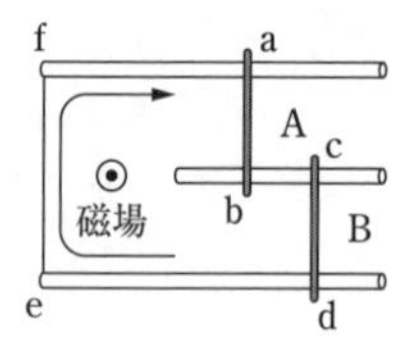

86　問1　⑤　　問2　②　　問3　⑧

解説　**問1**　小球が1回転（中心角 2π〔rad〕）するごとに，一点を通過する電気量は q になる。小球の角速度が ω_0 であるから，時間 t の回転角度は $\omega_0 t$ である。よって，電気量 Q は，$Q=\dfrac{\omega_0 t}{2\pi}q$

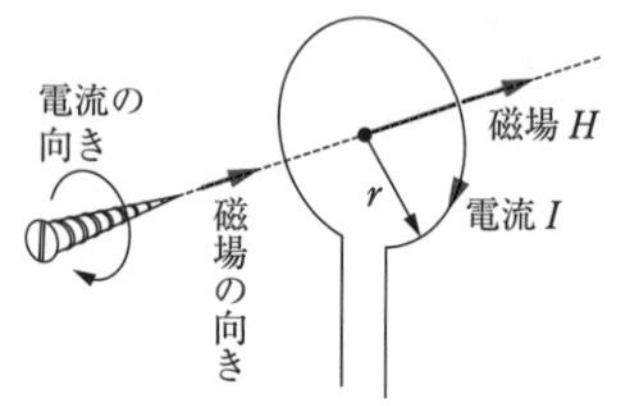

◀円形電流が中心に作る磁場の強さ

$H=\dfrac{I}{2r}$

問2　円形電流が中心Oに作る磁場の向きは右ねじの法則より，鉛直上向きである。この円形電流の半径は $l\sin\theta$ であるから磁場の強さ H は，

$$H=\frac{I}{2l\sin\theta}$$

よって，②が正しい。

問3　**ア**　電荷 q の荷電粒子が磁場中で円運動をしているから，磁場からローレンツ力を受ける。その向きはフレミングの左手の法則より外向きになる。

イ　磁場がないとき，右図aのように小球には重力（mg とする），糸の張力（T とする）がはたらき，等速円運動をする。中心方向の運動方程式は，

$$m(l\sin\theta\cdot\omega_0^2)=T\sin\theta$$

鉛直方向の力のつりあいの式は，

$$T\cos\theta=mg$$

2式より T を消去して，

$$ml\sin\theta\cdot\omega_0^2=mg\tan\theta \quad \cdots\cdots(\text{i})$$

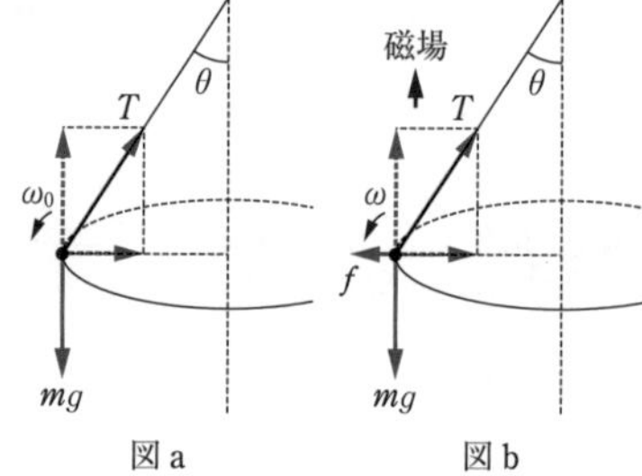

図a　　図b

磁場の中では図bのように，mg，T のほかにローレンツ力 f が外向きにはたらく。このときの角速度を ω として中心方向の運動方程式を立てると，

$$m(l\sin\theta\cdot\omega^2)=T\sin\theta-f$$

鉛直方向の力のつりあいの式は，

$$T\cos\theta=mg$$

2式より T を消去して，

$$ml\sin\theta\cdot\omega^2=mg\tan\theta-f \quad \cdots\cdots(\text{ii})$$

(ii)式の右辺は(i)式の右辺より小さくなるので ω は ω_0 より小さくする必要がある。よって，⑧が正しい。

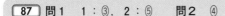

32 ローレンツ力

87 問1　1：③，2：⑤　問2　④

解説 問1　1　一様な電場であるから，受ける力は一定であり，加速度も一定である。図 a のように x 軸，y 軸をとる。点 P，点 Q における速度 $\overrightarrow{v_P}$，$\overrightarrow{v_Q}$ を x 成分，y 成分で表すと，

図 a

$$\overrightarrow{v_P}=\left(\frac{v}{\sqrt{2}},\ \frac{v}{\sqrt{2}}\right),\quad \overrightarrow{v_Q}=\left(\frac{v}{\sqrt{2}},\ -\frac{v}{\sqrt{2}}\right)$$

となり，x 軸方向には等速直線運動をし，y 軸方向には等加速度運動をしていることがわかる。加速度の向きは y 軸負の向きであるから正の荷電粒子は y 軸負の向きに一様な電場から力を受けている。よって，電場の向きは③が正しい。

参考 この場合の荷電粒子は放物運動をしている。

2　荷電粒子は磁場から進行方向に垂直なローレンツ力を受け，これが向心力となって等速円運動をする。点 P，点 Q を通りそれぞれの速度ベクトルに垂直な直線をひく（図 b）。この 2 直線の上に円の中心があるので，その交点が中心 O になる。点 P における向心力は $\overrightarrow{PO}$ の向きであるから，フレミングの左手の法則より磁場は紙面に垂直で裏から表の向きになるので，⑤が正しい。

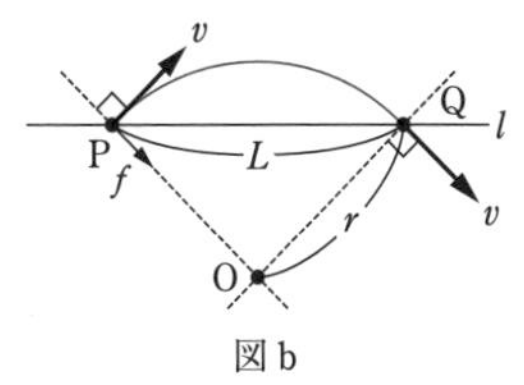

図 b

問2　問1の2より，粒子は点 O を中心とした半径 OP（$=r$ とする）の円弧 PQ 上を移動する。△OPQ は ∠OPQ＝∠OQP＝45° であるから ∠POQ＝90° よって，

$r=\dfrac{L}{\sqrt{2}}$ より，

$$\overset{\frown}{PQ}=2\pi r\times\frac{1}{4}=2\pi\times\frac{L}{\sqrt{2}}\times\frac{1}{4}=\frac{\sqrt{2}\,\pi L}{4}$$

したがって，P から Q までの運動に要した時間 t は，

$$t=\frac{\overset{\frown}{PQ}}{v}=\frac{\sqrt{2}\,\pi L}{4v}$$

88 問1　①　問2　①

解説 問1　荷電粒子が電極内を運動するときはローレンツ力のみを受ける。ローレンツ力は進行方向に対し常に垂直にはたらくから仕事をしない。よって，電極内を通過するとき運動エネルギーは変化しない。粒子が電極間を 1 回通過するごとに電場によって qV の仕事をされるので，仕事と力学的エネルギーの関係より，運動エネルギーは qV 増加する。よって，n 回通過後の運動エネルギー E_n は，

$$E_n=E_0+nqV$$

問2　速さ v より，

$$\frac{1}{2}mv^2=E_n \quad \text{よって，} v=\sqrt{\frac{2E_n}{m}}$$

一方，電極内で粒子は磁場から qvB のローレンツ力を受け，これが向心力となって等速円運動をする。よって，運動方程式は，

$$m\frac{v^2}{r}=qvB \quad \text{より，} r=\frac{mv}{qB}$$

◀ローレンツ力
$f=qvB$
中心方向の運動方程式
$m\frac{v^2}{r}=qvB$

33 電磁誘導

89 ⑤

解説 手回し発電機のリード線をつなぐ際，発電機から流れる電流が大きいほどハンドルの手ごたえは重く感じる。発電機の起電力が同じなら，電気抵抗の小さい方が大きな電流が流れるから，リード線どうしをつなぐ場合が最も重く感じ，豆電球，不導体の棒の順に軽くなる。よって，⑤が正しい。

90 問1　②　　問2　③　　問3　③

解説 **問1**　導体棒aが動くと，金属レールと導体棒a，bで囲まれる部分を上向きに貫く磁束が増加するので，レンツの法則より，下向きの磁束をつくるようにPの向きに誘導電流が流れる。

一方，導体棒aに生じる誘導起電力の大きさを V とすると，V は，

$$V=v_0Bd$$

で表せる。導体棒aを流れる誘導電流の大きさを I とすると，等価回路として，右図の閉回路にキルヒホッフの第2法則を適用して，

$$V=I(rd+rd) \quad \text{よって，} I=\frac{Bv_0}{2r}$$

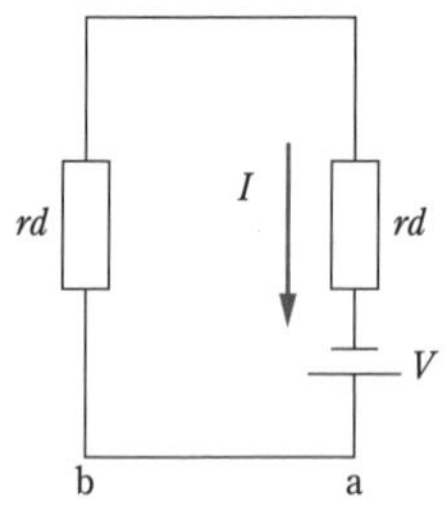

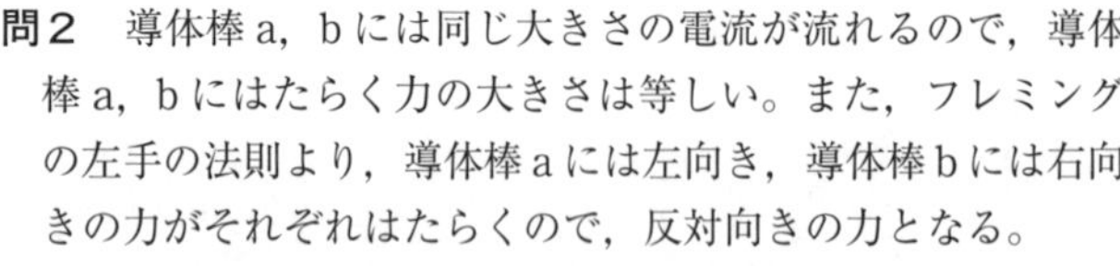

問2　導体棒a，bには同じ大きさの電流が流れるので，導体棒a，bにはたらく力の大きさは等しい。また，フレミングの左手の法則より，導体棒aには左向き，導体棒bには右向きの力がそれぞれはたらくので，反対向きの力となる。

問3　導体棒a，bを一体とみなすと，導体棒a，bが磁場から受ける力は内力とみなせる。導体棒aは減速し，導体棒bは加速され，導体棒a，bはやがて同じ速度に近づくと，流れる電流が0になり，導体棒a，bは磁場から力を受けなくなり，一定の速度で運動する。その速度を v，導体棒a，bの質量を m とおくと，運動量保存の法則より，

$$mv_0+m\cdot 0=2mv \quad \text{よって，} v=\frac{v_0}{2}$$

別解 導体棒 a，b について，力積と運動量の変化の関係から，

$$\text{a}: mv - mv_0 = -I$$
$$\text{b}: mv - m \cdot 0 = I$$
（I は導体棒 a，b が受けた力積の大きさ）

よって，$v = \dfrac{v_0}{2}$

91 問1 ① 問2 ④ 問3 ④

解説 **問1** コイルは一定の速さ v で落下するから，時間 Δt の間にコイルを垂直に紙面の裏から表の向きに貫く磁束の変化 $\Delta\Phi$ は，

$$\Delta\Phi = Bvw\Delta t \quad \cdots\cdots(\text{i})$$

で表される。よって，磁束 Φ と時刻 t の関係は，

$$\Phi = Bvwt$$

となり，Φ は一定の割合で増加し，コイルがすべて磁場中に入ると，

$$\Phi = Bwl$$

となって一定となる。よって，①が正しい。

問2 コイルが磁場中に進入しているとき（$0 \leqq t \leqq T$），コイルを紙面の裏から表の向きに貫く磁束が増加する。よって，レンツの法則によりその増加を妨げるように（紙面の表から裏の向きの磁束をつくるように）コイルに誘導電流が流れる。その向きは adcba となるので負の向きとなる。また，生じる誘導起電力 V の大きさは，(i)式を用いて，

$$|V| = \left| -\frac{\Delta\Phi}{\Delta t} \right| = Bvw$$

と表されるから，V は，$0 \leqq t \leqq T$ では一定値 Bvw，$T < t$ では 0 となり，④が正しい。

問3 I はオームの法則より，

$$I = \frac{V}{R} = \frac{Bvw}{R} \quad \cdots\cdots(\text{ii})$$

と表される。よって，$0 < t < T$ のとき，右図のように，辺 ad と辺 cb には互いに逆向きで同じ大きさの力が，辺 ba には y 軸正の向きに BIw の大きさの力がそれぞれはたらく。また，辺 dc は磁場中にないので力ははたらかない。コイルは一定の速さで落下しているので，コイルが磁場から受ける力の総和とコイルにはたらく重力がつりあうから，

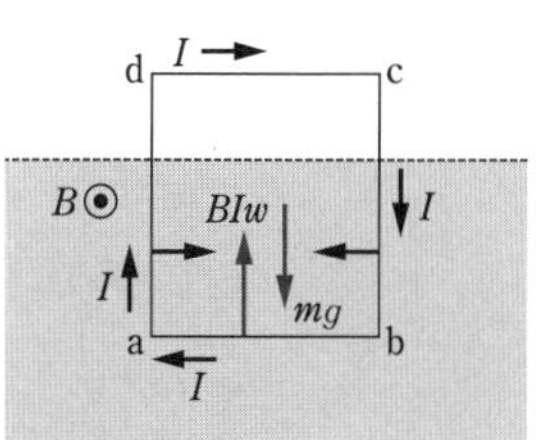

$$BIw = mg$$

(ii)式を用いて I を消去して，

$$\frac{B^2vw^2}{R} = mg \quad \text{よって，} v = \frac{mgR}{B^2w^2}$$

第4章 電磁気

34 交流回路

92 問1 ⑤　問2 ③

解説 **問1** 点Aの電位が点Bの電位より高いとき，すなわち図2のグラフの電位 V が $V \geqq 0$ のとき，ダイオードには逆方向に電圧がかかるので電流は流れない。したがって時刻を t として $0 \leqq t \leqq \frac{T}{2}$，$T \leqq t \leqq \frac{3}{2}T$ のとき点Dと点Cの電位差は0になる。

点Aの電位が点Bの電位より低いとき（$V<0$），ダイオードには順方向に電圧がかかるため，電源→B→D→抵抗→C→ダイオード→A→電源 の向きに電流が流れる。点Bと点D，点Cと点Aはそれぞれ等電位であるから，点Dを基準としたときの点Cの電位は図2の時間変化と等しい。よって，$\frac{T}{2} \leqq t \leqq T$，$\frac{3}{2}T \leqq t \leqq 2T$ では図2と同じ時間変化になるから，⑤が正しい。

問2 ダイオードが接続されているとき，抵抗には**問1**で見たように $\frac{1}{2}$ の電流がカットされる。したがって抵抗での消費電力の時間平均 $\overline{P}$ も抵抗だけが接続されている場合の $\frac{1}{2}$ になる。交流電源の最大電圧は V_0 であるから実効電圧 V_e は $V_e = \frac{V_0}{\sqrt{2}}$ より，

$$\overline{P} = \frac{1}{2} \cdot \frac{{V_e}^2}{R} = \frac{1}{2} \cdot \frac{{V_0}^2}{2R} = \frac{1}{4} \cdot \frac{{V_0}^2}{R}$$

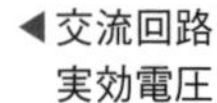

◀交流回路

実効電圧

$$V_e = \frac{V_0}{\sqrt{2}}$$

実効電流

$$I_e = \frac{I_0}{\sqrt{2}}$$

抵抗での消費電力の時間平均 $\overline{p}$〔W〕

$$\overline{p} = V_e I_e = \frac{I_0 V_0}{2}$$

別解 交流電源電圧の瞬間値 v は角振動数を ω として，

$$v = V_0 \sin \omega t$$

と表せる。抵抗にかかる電圧と抵抗に流れる電流に位相差はないから電流の瞬間値 i は，

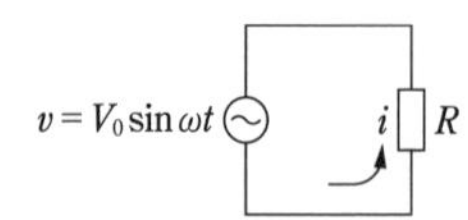

$$i = \frac{v}{R} = \frac{V_0}{R} \sin \omega t$$

よって，抵抗での消費電力 p は，

$$p = iv = \frac{{V_0}^2}{R} \sin^2 \omega t = \frac{{V_0}^2}{R} \cdot \frac{1 - \cos 2\omega t}{2}$$

時間平均すると $\cos 2\omega t = 0$ であることを考えて，

$$\overline{p} = \frac{{V_0}^2}{2R}$$

本問ではダイオードによりこの $\frac{1}{2}$ 倍となり，求める答えは，

$$\overline{P} = \frac{1}{2}\overline{p} = \frac{1}{2} \cdot \frac{{V_0}^2}{2R} = \frac{{V_0}^2}{4R}$$

第5章 原　　子

35 トムソンの実験

93 問1 ⑤　問2 ③

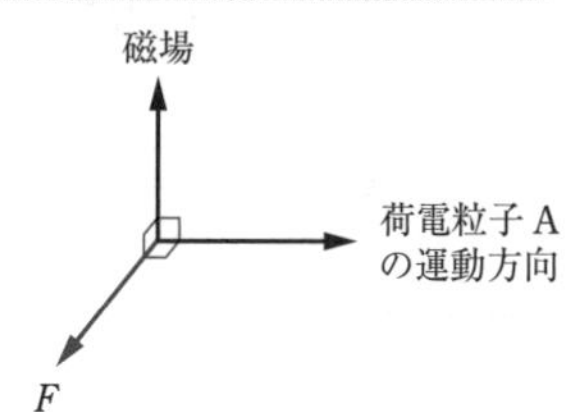

解説 問1　正の荷電粒子が受けるローレンツ力をFとすると，Fの向きは右図のようになるから，磁場中を運動する荷電粒子Aの軌道は(b)となる。

ローレンツ力は荷電粒子Aの運動方向とつねに垂直に作用するのでローレンツ力は仕事をしない。よって，磁場中を運動する荷電粒子Aの運動エネルギーは変化しない。

問2　荷電粒子Aは，電極P，Q間で，電場がする仕事の分だけ運動エネルギーが増すから，

$$\frac{1}{2}mv^2+qV=\frac{1}{2}m(2v)^2 \quad よって，V=\frac{3mv^2}{2q}$$

荷電粒子Bの質量を$m_B\,(>m)$，電極Qに達したときの速さをv_Bとおくと，

$$\frac{1}{2}m_Bv^2+qV=\frac{1}{2}m_Bv_B{}^2 \quad より，v_B=\sqrt{v^2+\frac{2qV}{m_B}}$$

と表せる。$m_B=m$ のとき $v_B=2v$ であるから，$m_B>m$ のときは $v_B<2v$ で，$2v$ よりも小さくなる。

36 光電効果

94 問1 ③　問2 ⑤　問3 ②　問4 ③

解説 問1　アインシュタインの光量子説によれば光子のエネルギーEは，$E=h\nu$

◀光子のエネルギー
$E=h\nu=\dfrac{hc}{\lambda}$

問2　光子の運動量pは，$p=\dfrac{h\nu}{c}\left(=\dfrac{h}{\lambda}\right)$

◀光子の運動量

$p=\dfrac{h\nu}{c}=\dfrac{h}{\lambda}$

問3　1個の光子のエネルギー$(E=h\nu)$が1個の電子に受け渡され，仕事関数Wを差しひいた差が電子の運動エネルギーの最大値E_0になるから，

$$E_0=h\nu-W \quad \cdots\cdots(\text{i})$$

が成り立つ。(i)式からE_0はνの1次関数になっていて，$\nu=0$ のとき $E_0=-W$ となる。

グラフより $(E,\ \nu)=(0,\ 10)$，$(8.2,\ 30)$ の2点を通るから(i)式に代入すると，

$$0=h\times10\times10^{14}-W \quad \cdots\cdots(\text{ii})$$

$$8.2 = h \times 30 \times 10^{14} - W \quad \cdots\cdots\text{(iii)}$$

(ii)式より，$h = \dfrac{W}{10 \times 10^{14}}$ を(iii)式へ代入すると，

$$8.2 = 3W - W \quad \text{より，} \quad W = 4.1\,\text{eV}$$

問4　問3の結果より，$1\,\text{eV} = 1.6 \times 10^{-19}\,\text{J}$ に注意して，

$$h = \frac{4.1 \times 1.6 \times 10^{-19}}{10 \times 10^{14}} = 6.56 \times 10^{-34} \fallingdotseq 6.6 \times 10^{-34}\,\text{J·s}$$

95　問1　⑧　　問2　④

解説　**問1**　図2のグラフは，電極aの電位が $-V_0$ のとき，電極bを飛び出した電子が，電極aに1つも到達できなくなったことを表している(この V_0 のことを阻止電圧とよぶ)。電極bを飛び出した電子の速さの最大値を v とすると，運動エネルギーの減少が電場からされた仕事に等しいことから，

$$0 - \frac{1}{2}mv^2 = -eV_0 \quad \text{より，} \quad v = \sqrt{\frac{2eV_0}{m}}$$

問2　ア　交換前と交換後のどちらも $V = -V_0$ で $I = 0$ となるから，電極bから飛び出した光電子の速さの最大値は同じである。よって，交換前と交換後の光の振動数は等しい。

イ　$V > -V_0$ の場合は，交換後の方が I が小さいので，光子1個が光電子1個を飛び出させることより，電極bに入射する光子の数は少ないと判断できる。

以上から答えは④。

37 X線の発生

96　問1　④　　問2　⑤　　問3　1：⑥，2：③

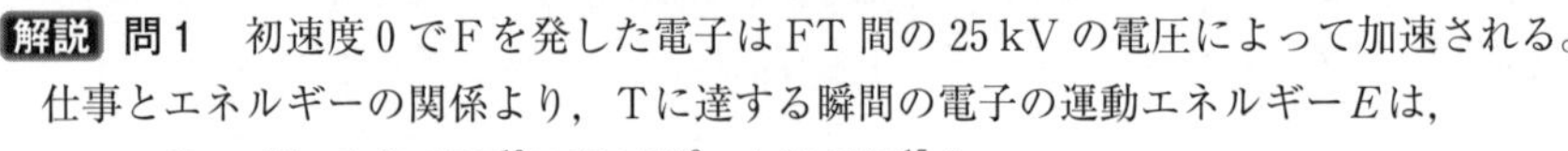

解説　**問1**　初速度0でFを発した電子はFT間の25 kVの電圧によって加速される。仕事とエネルギーの関係より，Tに達する瞬間の電子の運動エネルギー E は，

$$E = eV = 1.6 \times 10^{-19} \times 25 \times 10^3 = 4.0 \times 10^{-15}\,\text{J}$$

問2　電子1個のエネルギーの一部，または全部がX線光子1個のエネルギーに変わる。電子のすべてのエネルギーが変わるときX線光子のエネルギーは最大になり，光量子仮説によれば波長は最小になる。その波長 λ_0 は $E = \dfrac{hc}{\lambda_0}$ より，

$$\lambda_0 = \frac{hc}{E} = \frac{6.6 \times 10^{-34} \times 3.0 \times 10^8}{4.0 \times 10^{-15}} \fallingdotseq 5.0 \times 10^{-11}\,\text{m}$$

問3　ア　光子のエネルギーの式 $E = \dfrac{hc}{\lambda_0}$ (λ_0 は最短波長で，グラフの点Aにあたる)

より，$\lambda_0 = \dfrac{hc}{E}$

電子のもつエネルギーEが大きくなるとλ_0は小さくなる。よって，点Aは左へずれる。

固有X線(B，C)は，原子に衝突した電子が原子内の電子を外へたたき出し，より外側の軌道にある電子がその跡に落ち込むときに発するX線で，金属に固有なものであるから，加速電圧には関係しない。よって，B，Cは変わらない。以上より，⑥が正しい。

イ　加速電圧は変わらないので電子1個の運動エネルギーは変わらない(電子の個数が増えるだけであるので，X線の強度は増加する)。X線の発生は電子1個のエネルギーと，X線光子1個の変換で生じるから，最短波長λ_0は変わらない。また，**ア**で述べたように，B，Cも金属固有の値であるから，変わらない。よって，③が正しい。

97　1：②，2：④

解説 (II)のX線と(I)のX線の経路差は右図より，

$$2d\sin\theta$$

で表され，この経路差が波長の整数倍(半波長の偶数倍)のときに強めあう。

注意 $2d\sin\theta = n\lambda$ (nは正の整数) はブラッグの条件とよばれる。

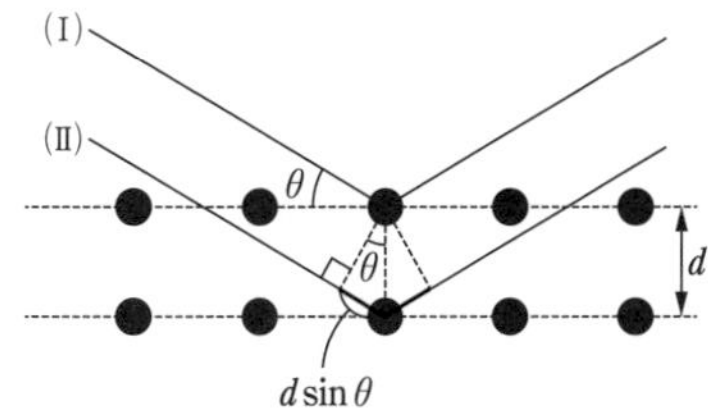

38 ボーア模型

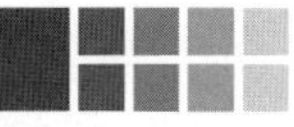

98　問1　③　問2　④　問3　⑥

解説 **問1**　He原子核であるα線は正の電気を帯びた粒子なので，原子核中の陽子から強い斥力を受けて軌道が曲げられる。斥力は原子核から離れるにしたがい弱くなるから③のような飛跡を描く。

問2　従来の電磁波の理論では，円運動する電子は電磁波を放射してエネルギーを失い，軌道半径が小さくなる。このラザフォードの原子模型では安定な原子の存在を説明できないという難点があった。ボーアは「定常状態」(量子条件)と振動数条件を仮定しその難点を解決した。

量子条件：原子には定常状態があり，その状態では電磁波を出さない。これによると定常状態の電子のエネルギー(エネルギー準位)はとびとびの値をとる。

振動数条件：電子が高いエネルギー準位から低いエネルギー準位に移るとき，その差のエネルギーをもつ光子を放出する。逆に，低位から高位のエネルギー準位に移るとき，その差のエネルギーをもつ光子を吸収する。よって，④が正しい。

問3　ド・ブロイによれば電子が波動としてふるまうとき，波長λと運動量pの間には光子と同様な関係

$$\lambda=\frac{h}{p}=\frac{h}{mv} \quad \cdots\cdots(\mathrm{i})$$

◀ド・ブロイ波長
$\lambda=\frac{h}{p}=\frac{h}{mv}$

が成り立つ。原子の定常状態では電子が原子核を中心とする軌道上に定常波を作っている。定常波になる条件は，軌道の長さが波長 λ の整数倍になることであるから，

$$2\pi r=n\lambda \quad \cdots\cdots(\mathrm{ii})$$

(i)，(ii)式より，$2\pi r=\dfrac{nh}{mv}$

99 問1 ⑥　問2 ④　問3 ④　問4 ②

解説 問1　微小時間 Δt の間に，電子は右図のように，長さ $r\omega\Delta t$ の円弧上を距離 $v\Delta t$ 進んだものと近似してよいので，

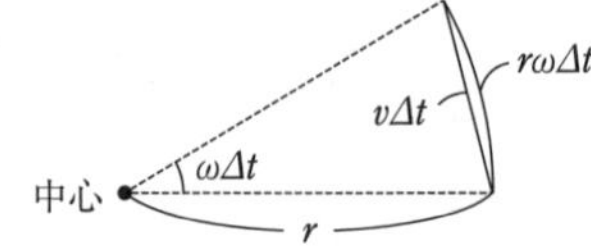

$$v\Delta t=r\omega\Delta t \quad よって，\omega=\frac{v}{r}$$

また，図2(b)より $\vec{v_2}-\vec{v_1}=\Delta\vec{v}$ とおくと，$|\vec{v_1}|=|\vec{v_2}|=v$ を用いて，

$$|\Delta\vec{v}|=v\omega\Delta t=\frac{v^2}{r}\Delta t$$

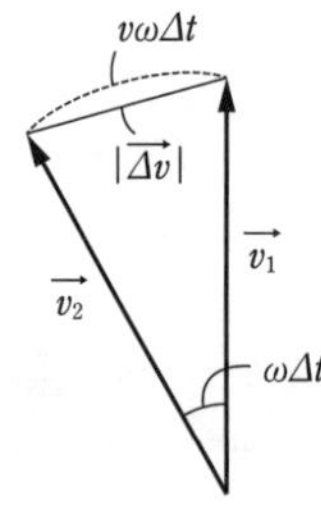

問2　水素原子中の電子と陽子の間にはたらく万有引力の大きさを F_G，静電気力の大きさを F_E とおくと，

$$F_G=G\frac{Mm}{r^2}, \qquad F_E=k_0\frac{e^2}{r^2}$$

と表されるから，

$$\frac{F_G}{F_E}=\frac{GMm}{k_0e^2}$$
$$=\frac{6.7\times10^{-11}\times1.7\times10^{-27}\times9.1\times10^{-31}}{9.0\times10^{9}\times(1.6\times10^{-19})^2}\fallingdotseq4\times10^{-40}$$

問3　電子の円運動の運動方程式は，

$$m\frac{v^2}{r}=k_0\frac{e^2}{r^2}$$

と書けるから，

$$E_n=\frac{1}{2}mv^2+\left(-k_0\frac{e^2}{r}\right)=-\frac{k_0e^2}{2r}$$

この式に，$r=\dfrac{h^2}{4\pi^2k_0me^2}n^2$ を代入して，

$$E_n=-2\pi^2k_0{}^2\times\frac{me^4}{n^2h^2}$$

問4　この場合，エネルギー準位の差に相当するエネルギーをもつ光子が放出される。光子のエネルギーは $h\nu$ で表されるから，

$$E-E'=h\nu \quad よって，\nu=\frac{E-E'}{h}$$

39 放射性崩壊，半減期

100 問1 ④　問2 ③　問3 ④

解説 問1　分裂によって生じる質量の減少 $\varDelta M$ が核エネルギー Q として放出される。α 粒子は ${}^{4}_{2}\mathrm{He}$ 原子核であるから，この場合の分裂の反応式は，

$${}^{210}_{84}\mathrm{Po} \longrightarrow {}^{206}_{82}\mathrm{Pb}+{}^{4}_{2}\mathrm{He} \quad これより，\varDelta M=M_{\mathrm{Po}}-(M_{\mathrm{Pb}}+M_{\alpha})$$

である。質量とエネルギーの等価性により，放出されるエネルギー Q は，

$$Q=\varDelta Mc^2=(M_{\mathrm{Po}}-M_{\mathrm{Pb}}-M_{\alpha})c^2$$

問2　分裂において運動量が保存される。よって，

$$0=M_{\mathrm{Pb}}v_{\mathrm{Pb}}-M_{\alpha}v_{\alpha} \quad より，\frac{v_{\mathrm{Pb}}}{v_{\alpha}}=\frac{M_{\alpha}}{M_{\mathrm{Pb}}}$$

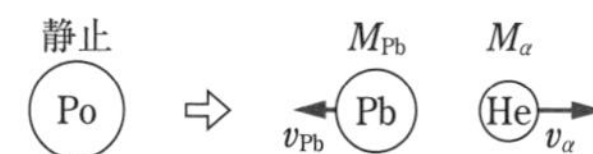

問3　半減期を T 日とする。420 日ではじめの個数の $\frac{1}{8}$ になるから，

$$\left(\frac{1}{2}\right)^{\frac{420}{T}}=\frac{1}{8}=\left(\frac{1}{2}\right)^3$$

$$\frac{420}{T}=3 \quad よって，T=140 日$$

40 核エネルギー

101 問1 ⑤　問2 ④　問3 ③

解説 問1　①　β 線は高速の電子で，α 線よりは弱いが電離作用ももつ。γ 線は波長の短い電磁波で，β 線より弱いが電離作用をもつ。

②　α 線は正の電荷をもつ He 原子核，β 線は負の電荷をもつ電子であるから，磁場からローレンツ力を受け，互いに反対方向に曲げられる。γ 線は電磁波であるから直進する。

③　β 崩壊では原子核中の中性子が陽子に変化し電子を放出するから，原子番号が1つ増える。

④　放射性元素は自然界にも多く存在する。
(例)　炭素の同位体 ${}^{14}_{6}\mathrm{C}$ は β 崩壊によって ${}^{14}_{7}\mathrm{N}$ に変わる。遺跡の木材に含まれる ${}^{14}_{6}\mathrm{C}$ の含有率を調べることで年代を測定できる。

⑤　放射線が吸収されるとき物質に与えるエネルギーを吸収線量といい，その単位はグレイ (記号 Gy) を用いる。人体への影響を考慮した放射線量を等価線量といい，

第5章 原子

その単位はシーベルト(記号 Sv)を用いる。

以上より，⑤が正しい。

問2　原子核の質量は，陽子と中性子がばらばらに存在するときの質量の和よりも小さい。原子核を構成する陽子は Z 個，中性子は $A-Z$ 個あるから，質量欠損 Δm は，

$$\Delta m = Zm_{\mathrm{p}} + (A-Z)m_{\mathrm{n}} - M$$

になる。質量とエネルギーの等価性から，結合エネルギー ΔE は，

$$\Delta E = \Delta mc^2 = \{Zm_{\mathrm{p}} + (A-Z)m_{\mathrm{n}} - M\}c^2$$

である。

問3　核反応によって ${}^{4}_{1}\mathrm{H}$ が n 個できたとすると，

$${}^{3}_{2}\mathrm{He} + {}^{3}_{2}\mathrm{He} \longrightarrow {}^{4}_{2}\mathrm{He} + n\,{}^{4}_{1}\mathrm{H}$$

核反応の前後で質量数，電気量が保存されるから，

質量数：$3+3=4+nA$

電気量：$2+2=2+n$

より，$n=2$，$A=1$ となり，$n\,{}^{4}_{1}\mathrm{H} = 2\,{}^{1}_{1}\mathrm{H}$

次に，核反応の前後の結合エネルギーを求める。

反応前：$2\times 7.7 = 15.4$ MeV　……(i)

反応後：${}^{1}_{1}\mathrm{H}$ は陽子 1 個からなる原子核なので結合エネルギーが 0 であることを考慮して，28.3 MeV　……(ii)

(i)，(ii)式より反応後の結合エネルギーの方が大きいので，

$$28.3-15.4=12.9\ \mathrm{MeV}$$

のエネルギーが放出される。

よって，③が正しい。

注意 右図に示したように，結合エネルギーの大きい状態の方がエネルギーが低い。より高い状態からより低い状態に変化したので，その差をエネルギーとして放出する。

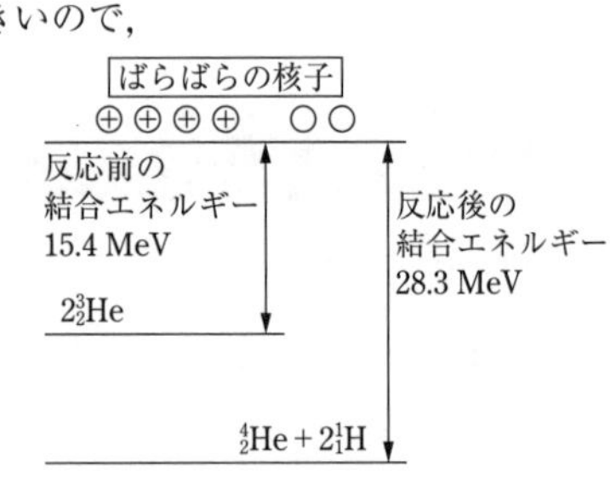

第6章 実験・考察問題

102 問1 ④　問2 ⑦　問3 ⑥　問4 1：②，2：⑥　問5 ④
問6 ④

解説 問1　矢の質量を m，放たれた矢の速さを v とおくと，矢の運動エネルギーは，

$$\frac{1}{2}mv^2=\frac{1}{2}\times20\times10^{-3}\times50^2=25\ \mathrm{J}$$

であるから，人が弓にした仕事も 25 J となる。よって，図 2 より弓を引く距離は，0.45 m となる。

問2　矢が最高点に達したとき，矢は水平方向の速度成分のみとなるから運動エネルギーは最小となる。また，矢には鉛直下向きに重力がはたらいている。よって，⑦が正しい。

問3　図 2 より，弓を 0.40 m 引いたときの人が弓にした仕事は 20 J である。よって，この仕事が抵抗力のした仕事として失われたことになる。その仕事の大きさは，抵抗力の大きさを R〔N〕とすると，「R×矢が的の中を進んだ距離」で表されるから，

$$R\times0.20=20\quad より，R=100\ \mathrm{N}$$

問4　選手の運動エネルギーは(b)で最も大きく，(b)以降は運動エネルギーが棒の弾性エネルギーに変わっていく。棒の弾性エネルギーは最も大きく曲がっている(c)で最大であり，(c)以降は棒の弾性エネルギーは選手の重力による位置エネルギーに変わっていく。よって，[1] は②，[2] は⑥が正しい。

問5　地面から選手の重心までの最大値を h〔m〕とする。助走時の選手の運動エネルギーのすべてが選手の位置エネルギーに変化したと仮定すると，選手の重心の上昇距離 d〔m〕は，

$$\frac{1}{2}\times50\times10^2=50\times10\times d\quad よって，d=5\ \mathrm{m}$$

と表される。(b)での選手の重心は地面から 1 m のところにあるから，

$$h=d+1\quad より，h=6\ \mathrm{m}$$

問6　選手が筋力を使うと棒はより曲がるので棒の弾性エネルギーは増し，選手の到達する高さを高くする。空気抵抗があると選手の運動エネルギーを減少させるので，選手の到達する高さを低くする。選手がバーを跳び越えるときの速さが 0 でない場合は，その速さ分の運動エネルギーは位置エネルギーに変化しないため選手の到達する高さを低くする。よって，④が正しい。

103 問1 ⑥　問2 ⑤　問3 ⑤　問4 ③　問5 ④
問6 ①　問7 ⑤

解説 **問1**　花子の方が下にさがるのは，

(i)　太郎がはじめのつりあいの位置のまま，花子がシーソーの後ろに動く場合

(ii)　花子がはじめのつりあいの位置のまま，太郎がシーソーの前に動く場合

(iii)　花子がはじめのつりあいの位置より後ろに動き，太郎がはじめのつりあい位置より前に動く場合

の3つである。よって，⑥が正しい。

問2　てこの原理では，

「力点に加える力×支点から力点までの距離」と「作用点に作用する力×支点から作用点までの距離」

が等しい。よって，QをAに置くと，力点に加える力を小さくする効果を生み，Cに置いても力点に加える力は変わらず，Bに置くと，力点に加える力を大きくする必要がある。よって，B→C→Aの順に仕事は小さくなるから，⑤が正しい。

問3　おもりには重力が鉛直下向きに，糸の張力が糸の方向にはたらいている。よって，⑤が正しい。

問4　点Aではおもりの速さが最も速くなるので運動エネルギーが最大となり，点Dではおもりは最下点Aより最も高いので位置エネルギーが最大となる。また，力学的エネルギーは保存されているので，点Aから点Dにおもりが移動する過程で，おもりの運動エネルギーと位置エネルギーの和は点Dでの位置エネルギーに等しい。これは点Aでの運動エネルギーにも等しい。よって，③が正しい。

問5　点Aでの運動エネルギーをEとおくと，Eは点Dでの位置エネルギーに等しいから，

$$E=mgh$$

で表せる。振り子の速さが点Aでの速さの半分になる点をXとおくと，点Xでの運動エネルギーは$\frac{1}{4}E$となるから，力学的エネルギー保存の法則より，求める高さをdとすると，

$$E=\frac{1}{4}E+mgd \quad よって，d=\frac{3E}{4mg}=\frac{3h}{4}$$

問6　仕事率$=\dfrac{力×力の方向に動いた距離}{かかった時間}$で表される。太郎と花子は同じ距離を引いているので，引き上げた荷物の質量が2倍の太郎は花子より大きな仕事をしている。また，太郎は花子より2倍の力で引き上げていて，4倍の時間を要しているので，仕事率は半分になる。よって，①が正しい。

問7　熱量は「比熱×質量×温度変化」で表される。はじめの物体の点Cを基準とした位置エネルギーがすべて熱量に変わったから，求める温度をt〔℃〕とすると，

$$42\,\mathrm{kg}\times10\,\mathrm{m/s^2}\times5\,\mathrm{m}=4.2\,\mathrm{J/(g\cdot K)}\times10\,\mathrm{g}\times(t-35)\,℃ \quad よって，t=85\,℃$$

104 問1 ⑥　問2 ⑧　問3 1：③，2：②　問4 ②　問5 ①

解説 問1　衝突後の小物体A，Bの速度をそれぞれ v_A，v_B とおくと，運動量保存の法則より，

$$mv-mv=mv_A+mv_B$$

反発係数の式より，

$$e=-\frac{v_A-v_B}{-v-v}$$

以上2式より，

$$v_A=ev$$

問2　小物体Aの衝突の前後での運動量変化は，

$$mev-(-mv)=(1+e)mv \quad \cdots\cdots(\mathrm{i})$$

であり，運動量変化は力積に等しいから，求める力の平均値をFとおくと，小物体Aが小物体Bから受ける力は正の向きであることに注意し，

$$F\varDelta t=(1+e)mv \quad よって，F=\frac{(1+e)mv}{\varDelta t}$$

問3　面積Sは台車Aが受けた力積に相当し，弾性衝突であるならば式(i)で $e=1$ として，$S=2mv$ となる。また，面積Sを三角形の面積として近似すると，

$$S=\frac{1}{2}f\varDelta t$$

と表される。

問4　台車Aは衝突後も速さは変わらずvであるから，台車Aの衝突の前後での運動量変化は，$2mv$であり，この値が力積に等しいから，

$$2mv=\frac{1}{2}f\varDelta t$$

である。よって，図2より $f=45\,\mathrm{N}$ と読めるから，衝突前の台車の速さvは，

$$v=\frac{f\varDelta t}{4m}=\frac{45\times(19.0-4.0)\times10^{-3}}{4\times1.1}=0.15\,\mathrm{m/s}$$

問5　衝突後の台車A，Bの速度をそれぞれ v_A'，v_B' とおくと，運動量保存の法則より，

$$2mv=mv_A'+mv_B'$$

反発係数の式より，衝突が弾性衝突とすると，$e=1$ なので，

$$1=-\frac{v_B'-v_A'}{2v-0}$$

以上2式より，

$$v_A'=2v,\ v_B'=0$$

となる。よって，台車Aの運動量変化は$2mv$となり，台車A，Bが等しい速さvで向かいあって衝突する場合の台車Aの運動量変化と一致する。台車Aが受けた力と台車Bが受けた力は，作用・反作用の法則により大きさは等しく向きが互いに逆向きになる。この力の最大値もfで変わらないから，F-tグラフは図3とまったく同じになる。よって，①が正しい。

105 問1 ①，③　問2 ④　問3 ②，③　問4 ①，⑥　問5 ④

解説 問1　$T=2\pi\sqrt{\frac{L}{g}}$ より周期を短くするにはLを小さくすればよいのでひもを短くすればよい。また，人が座った状態から立った状態になるとブランコの重心が高い位置に変化するので，ひもを短くすることと同じ効果を生む。よって，①と③が正しい。

問2　表1より，振動の端で測定した場合は，10^{-1} の位にばらつきがあるのに対し，振動の中心で測定した場合は 10^{-1} の位のばらつきは小さいと判断できる。よって，④が正しい。

問3　$T=2\pi\sqrt{\frac{L}{g}}$ の式は振り子が一直線上の運動の単振動としてみなせる場合に得られるので，振動の角度が大きくなると実測値との差が大きくなる。また，表2より，振れはじめの角度が大きくなると，周期も長くなっていることから，振り子の周期は，振幅が大きいほど長いという仮説を立てることができる。よって，②と③が正しい。

問4　$T^2=4\pi^2\frac{L}{g}$ と表せるので，横軸にL，縦軸にT^2をとると，グラフが直線になることで確認できる。よって，①，⑥が正しい。

問5　振れ幅の角度をθとおくと，右図より，糸の張力Tは，重力の向心方向成分の大きさ$mg\cos\theta$とつりあうので，

$$T=mg\cos\theta$$

と表せる。よって，Tは左端と右端で最小，中心では遠心力も加わって最大となるから，④が正しい。

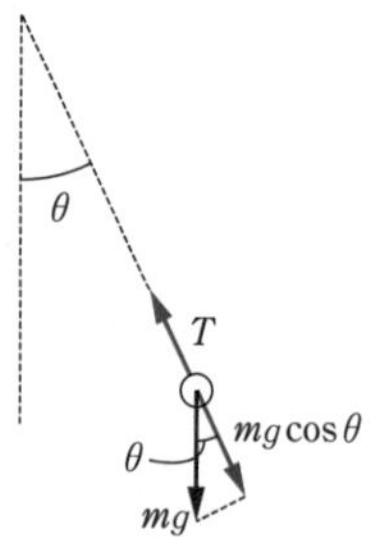

106 問1 ⑥　問2 1：①，2：⑤，3：⓪　問3 ②
問4 ④，⑧　問5 ⑨

解説 問1　空気の抵抗力は物体の落下方向と逆向きにはたらく。物体の速さが大きくなると抵抗力も増加し，重力を打ち消すようになるので，加速度は減少する。

問2　表1より，$n=3$ の列について，40 cm 以降の 20 cm ごとの落下時間はすべて 0.13 s であるから，終端速度は，

$$v_f=\frac{20\times10^{-2}}{0.13}=1.53\cdots\fallingdotseq1.5\times10^0\ \text{m/s}$$

問3　$v_f=\frac{mg}{k}$ とすると，$m\propto n$（記号$\propto$は「m はnに比例する」という意味の比例記号です）より $v_f\propto n$ であるから，v_f-n グラフは原点を通る直線となる。

しかし，図3の測定点のできるだけ近くを通るように引いた直線は，原点を通らな

い。よって，$v_f=\dfrac{mg}{k}$ が成り立たないことになる。

問4　$m\propto n$ より，$v_f\propto\sqrt{n}$ であり，両辺を2乗して，$v_f{}^2\propto n$ となるので，v_f-$\sqrt{n}$ グラフと $v_f{}^2$-n グラフは直線となる。

問5　$a=\dfrac{\Delta v}{\Delta t}$ であるから，v-t グラフの Δt ごとの速度変化を求めることで a-t グラフが得られる。

また，落下物体の運動方程式より，

$$ma=mg-R\quad よって，R=m(g-a)$$

107 問1 ④　問2 ③　問3 ①　問4 ④

解説 **問1**　右図より，Bさんの方がAさんより低い位置にいる場合は，

$$v_A<v_B,\qquad \theta_A<\theta_B$$

となる。

問2　水平方向の運動量は保存されるから，

$$mv_B\cos\theta_B=(m+M)V\quad より，\ V=\frac{mv_B\cos\theta_B}{m+M}$$

問3　捕球の前後でボールの高さは同じと考えると，重力による位置エネルギーは変化しないので，運動エネルギーの変化が ΔE となる。

$$\Delta E=\frac{1}{2}(m+M)V^2-\frac{1}{2}mv_B{}^2$$

$$=\frac{1}{2}mv_B{}^2\left(\frac{m\cos^2\theta_B}{m+M}-1\right)$$

ここで，

$$0<\cos\theta_B<1,\ 0<\frac{m}{m+M}<1\ より，\ \frac{m\cos^2\theta_B}{m+M}<1$$

よって $\Delta E<0$ である。

失われた力学的エネルギーは熱や音に変換される。

問4　そり上面とボールの間には摩擦力ははたらかないので，ボールが衝突した際，そりにはたらいた力の水平方向の成分はゼロとなる。鉛直方向には，衝突する直前の速度成分を v，直後の速度成分を v' とすると，ボールとそり上面との間の反発係数を e として，

$$v'=-ev$$

と書ける。$e=1$ の場合は弾性衝突となるが，$0\leqq e<1$ のときは非弾性衝突となる。つまり，水平方向にそりが動かなくても鉛直方向の運動によっては弾性衝突とは限らない。

参考「ボールからそりに与えられた水平方向の力積がゼロ」と言うことはできる。

108 問1 ① 問2 ③ 問3 ③ 問4 ③ 問5 ①

解説 問1 物体にはたらく力のつりあいより，

k_AL_A k_BL_B

$$k_AL_A-k_BL_B=0$$

問2 ばねがつねに伸びているためには，x_0 が L_A と L_B を超えてはならないから，求める条件は，

$$L_A>x_0 \quad かつ \quad L_B>x_0$$

問3 ばねBから物体にはたらく力は，ばねBの伸びが L_B-x となるので，

$$k_B(L_B-x)$$

と表せる。

問4 図2で，次の同位相になる点までの時間が周期だから，

$$T=2.8\ \mathrm{s}$$

また，図2より，振幅 A は，$A=0.14\ \mathrm{m}$ と読み取れるので，

$$v_{\max}=\frac{2\pi A}{T}\fallingdotseq 0.3\ \mathrm{m/s}$$

別解 $x=0\ \mathrm{m}$ で物体の速さが最大となる。図2の測定点を前後で読み取ると，

$$\frac{0.06\ \mathrm{m}}{0.2\ \mathrm{s}}\left(=\frac{0.03\ \mathrm{m}}{0.1\ \mathrm{s}}\right)=0.3\ \mathrm{m/s}$$

問5 はじめの合成ばねの弾性エネルギーがすべて物体の運動エネルギーになったとき，物体の速さは最大となるから，

$$\frac{1}{2}Kx_0{}^2=\frac{1}{2}mv_{\max}{}^2 \quad よって，\ m=\frac{Kx_0{}^2}{v_{\max}{}^2} \quad \cdots\cdots(\mathrm{i})$$

物体と水平面上との間にわずかに摩擦力がはたらくと，はじめの合成ばねの弾性エネルギーの一部が摩擦熱に変換されるため，$v_{\max}$ の値がやや小さくなる。このことを考慮すると，(i)式より，実験で求めた m の値は，真の質量よりわずかに大きいと考えられる。

109 問1 ④ 問2 1：①，2：⑨，3：② 問3 ⑤

解説 問1 $L=0.50\ \mathrm{m}$ のとき，$\dfrac{1}{L}=2\ /\mathrm{m}$ であるから，図2より，

$$f=1.9\times10^2\ \mathrm{Hz}$$

問2 f は両端が固定され腹が1つの振動（基本振動）の振動数であるから，弦を伝わる波の波長 λ は $2L=1.0\ \mathrm{m}$ となる。よって，弦を伝わる波の速さを v〔m/s〕とおくと，

$$v=f\lambda=1.9\times10^2\times1.0=1.9\times10^2\ \mathrm{m/s}$$

問3 弦を伝わる波の周期を T〔s〕とすると，$x=0$ の位置での振動は，

$$y_0=\frac{A_0}{2}\sin 2\pi ft=\frac{A_0}{2}\sin\frac{2\pi}{T}t \quad \left(f=\frac{1}{T}\ より\right)$$

と表せる。

この振動が左向きに進むとき，$x=x\ (>0)$ の位置の振動は，$x=0$ の位置での振動より $\dfrac{x}{v}$〔s〕だけ前に振動するから，

$$y_2=\frac{A_0}{2}\sin\frac{2\pi}{T}\left(t+\frac{x}{v}\right)$$

と表せる。$vT=\lambda$ を用いて，

$$y_2=\frac{A_0}{2}\sin 2\pi\left(ft+\frac{x}{\lambda}\right)$$

y_1 と y_2 の合成波は，重ねあわせの原理より，三角関数の和積公式を用いて，

$$y_1+y_2=A_0\cos\left(\frac{2\pi}{\lambda}x\right)\sin(2\pi ft)$$

と書ける。この式より，任意の t で，

$$\cos\frac{2\pi}{\lambda}x=0$$

になる点，すなわち，

$$x=\frac{\lambda}{4}(2n+1)\quad(n\text{ は整数})$$

の点ではつねに $y_1+y_2=0$ となり，定在波の節が現れる。よって，$x=\dfrac{\lambda}{4}$，および $x=\dfrac{3\lambda}{4}$ となる a，a′ が節となる。

注意 定在波は定常波ともよばれる。

参考 時間を少しだけ進めて合成波を考えても節の位置がわかる。下図のように，y_1 を少しだけ x 軸正の方向に動かし，y_2 を少しだけ x 軸負の方向に動かし，2つの波を合成すると，a，a′ が節となることがわかる。

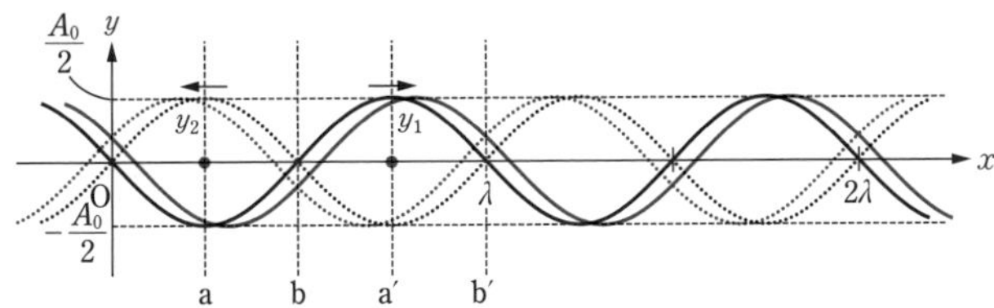

110 問1 ⑧　問2 ⑦　問3 1：③，2：⑧　問4 ④　問5 ⑤

解説 問1　一様な電場中では，2点間の電位差 V は2点間の距離 d に比例するから，

$$V=Ed\quad \text{よって，}E=\frac{V}{d}$$

ガウスの法則より，極板間の電気力線に垂直な平面の単位面積を垂直に貫く電気力線の本数が電場の大きさに等しいから，

$$E=\frac{4\pi k_0Q}{S}$$

より，

$$Q=\frac{ES}{4\pi k_0}=\frac{1}{4\pi k_0}\frac{S}{d}V$$

$Q=CV$ より，

$$C=\frac{S}{4\pi k_0 d}$$

問2　電流計の内部抵抗が無視できるので，抵抗の両端の電位差は電圧計の値 V〔V〕と一致する。抵抗の値を R〔Ω〕とおくと，オームの法則より，

$$V=IR \quad よって，R=\frac{V}{I}$$

題意より $V=5.0\,\mathrm{V}$ であり，また，図3で $t=0\,\mathrm{s}$ のとき $I=100\,\mathrm{mA}$ であるから，

$$R=\frac{5.0}{100\times10^{-3}}=50\,\Omega$$

問3　横軸 1 cm が 10 s，縦軸 1 cm が 10 mA より，1 cm^2 の面積は，

$$10\times10^{-3}\times10=0.1\,\mathrm{C}$$

に相当する。

また，1 cm^2 が 0.1 C に対応するから，45 cm^2 は，

$$45\times0.1=4.5\,\mathrm{C}$$

に相当する。この電気量がコンデンサーに蓄えられていたと考えると，はじめコンデンサーは 5.0 V で充電されたから，コンデンサーの電気容量を C〔F〕とすると，

$$4.5=C\times5.0$$

よって，

$$C=\frac{4.5}{5.0}=9.0\times10^{-1}\,\mathrm{F}$$

問4　$\frac{1}{2}$ 倍になっていく時間が 35 s より，最初の $\frac{1}{1000}$ になる時間 t〔s〕は，

$$\frac{1}{1000}=\left(\frac{1}{2}\right)^{\frac{t}{35}} \quad \cdots\cdots(\mathrm{i})$$

と表せる。ここで，$\left(\frac{1}{2}\right)^{10}=\frac{1}{1024}\fallingdotseq\frac{1}{1000}$ であることより，

$$\frac{t}{35}\fallingdotseq10 \quad よって，t\fallingdotseq350\,\mathrm{s}$$

参考　対数を用いて解くなら，(i)式の両辺に底が 10 の対数（常用対数）をとると，

$$\log_{10}10^{-3}=\log_{10}\left(\frac{1}{2}\right)^{\frac{t}{35}}$$

$$-3=-\frac{t}{35}\log_{10}2$$

よって，$t=\frac{35\times3}{\log_{10}2}$

$\log_{10}2\fallingdotseq0.301$ を用いて，

$$t=\frac{35\times3}{0.301}\fallingdotseq3.5\times10^2\,\mathrm{s}$$

問5　抵抗を流れる電流は，コンデンサーに残っている電気量に比例する。よって，電流が半分になるとき，電気量も半分になるから，

$$Q_1=\frac{Q_0}{2}\quad よって，Q_0=2Q_1$$

また，最初の方法で求めた電気量（$Q_0=4.5\,\mathrm{C}$）は，$t=120\,\mathrm{s}$ のときにコンデンサーに残っている電気量を無視しているため，$2Q_1$ より小さいので，求めた電気容量も正しい値よりも小さかった。

111　問1　1：⑤，2：①　問2　3：②，4：③，5：①　問3　⑤　問4　③　問5　④

解説　**問1**　台車がコイルの位置を通過する瞬間に最大の誘導起電力が発生する。図2の2つの波形の間隔は0.4 sと読み取れる。この時間に0.20 mの距離を台車が移動したから，台車の速さを v〔m/s〕とすると，

$$v=\frac{0.2}{0.4}=5\times10^{-1}\,\mathrm{m/s}$$

問2　台車がコイルに近づくと，コイルを貫く右向きの磁場が増加しようとするので，レンツの法則より，左向きの磁場を作るようにコイルに誘導電流が流れる。その結果，台車の速さを小さくする効果を生む。台車がコイルを通り抜けると，コイルを貫く右向きの磁場が減少するので，右向きの磁場を作るようにコイルに誘導電流が流れる(接近するときとは誘導電流の向きは逆になる)。これは通り抜けた台車をコイル側に引き戻そうとする効果を生むので，結果として，台車の速さを小さくすることになる。

一方，オシロスコープの内部抵抗は大きいので，コイルに流れる誘導電流は小さくなる。

また，台車にはたらく空気抵抗力の大きさが台車の速度 v に比例して kv で表せるとすると，台車の運動方程式は，台車の質量を m，加速度を a として，

$$ma=-kv$$

と書けるから，

$$a=-\frac{kv}{m}$$

となる。この式より，v が小さく，m が大きければ，a は小さくなるので，空気抵抗の影響は小さくなる。

問3　コイルに生じる誘導起電力の値が2倍になっているから，コイルを貫く磁束変化も2倍になっている。このような効果を生むためには，磁束の強さを2倍にするか，もしくは台車の速さを2倍にするかであるが，台車が2つのコイルを通過する時間は0.4 sで変化していないので，磁束の強さを2倍にしたと考えられる。つまり，台車に付ける磁石を

S	N
S	N

に交換したと考えられる。

なお，[S|N|S|N] は [S|N] と同じ結果となり，[N|S / S|N] は誘導起電力が発生しない。

問4　図6より，コイル1を通過するときにコイルに生じる誘導起電力の向きが逆になっているから，コイル1だけ巻き方が逆であったと考えられる。

問5　実験装置を傾けると，台車には重力の傾斜方向の成分がはたらくので，台車の速さは次第に速くなる。よって，1つ目のコイルを通過してから2つ目，3つ目のコイルを通過するまでの時間は次第に短くなり，また，生じる誘導起電力の大きさの最大値は次第に大きくなる。